危险化学品从业单位安全生产标准化培训教材

危险化学品从业单位安全标准化工作指南（第三版）

主　编　张海峰
副主编　曲福年　牟善军

U0264522

中国石化出版社

内 容 提 要

本书为《危险化学品从业单位安全标准化工作指南》的第三版，在原版的基础上，进行了修订，补充了新内容，删减了不符合新要求的内容。对《企业安全生产标准化基本规范》（AQ/T 9006—2010）和《危险化学品从业单位安全标准化通用规范》（AQ 3013—2008）进行了诠释；对2011年6月20日国家安全监管总局颁布的《危险化学品从业单位安全生产标准化评审标准》（安监总管三〔2011〕93号）和2011年颁布的《危险化学品从业单位安全生产标准化评审工作管理办法》（安监总管三〔2011〕145号）进行了介绍。

本书可作为从事危险化学品安全管理和安全标准化工作人员的培训教材，也可作为危险化学品从业单位实施安全标准化活动的重要参考资料。

图书在版编目（CIP）数据

危险化学品从业单位安全标准化工作指南 / 张海峰主编．—3版．—北京：中国石化出版社，2013.5（2022.1重印）
ISBN 978-7-5114-2093-0

Ⅰ．①危… Ⅱ．①张… Ⅲ．①化工产品－危险物品管理－标准化管理－指南 Ⅳ．①TQ086.5-62

中国版本图书馆CIP数据核字（2013）第075346号

中国石化出版社出版发行

地址：北京市东城区安定门外大街58号
邮编：100011 电话：(010)57512500
发行部电话：(010)57512575
http://www.sinopec-press.com
E-mail:press@sinopec.com
北京柏力行彩印有限公司印刷
全国各地新华书店经销

*

787×1092毫米 16开本 18印张 441千字
2013年5月第3版 2022年1月第10次印刷
定价：55.00元

《危险化学品从业单位安全标准化工作指南》（第三版）编审委员会

主　　编　张海峰

副 主 编　曲福年　牟善军

编写人员　曹永友　刘艳萍　任佃忠　程玉河
陈玖芳　田　敏　孙青松　郭秀云
于风清　赵永华　苏　明　吕晓蓉
张道斌　郭宗舟　付靖春　马浩然

《危险化学品从业单位安全标准化工作指南》（第二版）编审委员会

主　　编　刘　强

副 主 编　张海峰　张世昌

编写人员　曲福年　刘艳萍　任佃忠　程玉河
陈玖芳　田　敏　尚　连

《危险化学品从业单位安全标准化工作指南》（第一版）编审委员会

主　　编　刘　强

副 主 编　张海峰　张世昌

编写人员　曹永友　牟善军　王海军　牛开建
陆　旭　郭秀云　曲福年　刘艳萍
李运才　李永兴　于风清　张进萍
赵永华　李雪华　袁纪武　谢传欣
米红梅　叶从胜　纪国峰　姜　迎
张嘉亮　黄　飞　翟良云

序

危险化学品安全管理是安全生产工作中的重点、难点之一。近年来，党中央、国务院不断从法制、体制和机制等方面采取了一系列重要举措加强危险化学品安全管理工作，在各部门、各地区、各企业的共同努力下，危险化学品安全状况呈现平稳、趋向好转的态势。但是，由于企业安全生产措施不落实，安全生产责任不到位，基础工作薄弱，违规作业、违章指挥、违反劳动纪律的现象不断发生，从业人员缺少安全培训，自我保护意识和能力差，岗位操作规程不规范，加上危险化学品具有易燃、易爆、有毒和腐蚀等特性，重特大危险化学品事故时有发生，危险化学品安全状况依然严峻，不容乐观。

实现危险化学品安全状况的根本好转，需要采取切实有效的综合措施，其中开展危险化学品从业单位安全标准化活动就是重要内容之一。2005 年，在总结试点工作经验和广泛征求相关专家意见的基础上，国家安全生产监督管理总局颁布了《危险化学品从业单位安全标准化规范》，要求在全国范围内开展安全标准化活动。这对于夯实企业安全管理的基础，促进安全工作规范化、标准化、制度化，建立并完善严密、科学、有序的安全管理体系具有十分重要的作用。

为了切实落实《规范》的各项要求，帮助指导危险化学品从业单位有效开展安全标准化工作，准确把握安全标准化的基本内容，提高工作水平，国家安全生产监督管理总局组织编写了《危险化学品从业单位安全标准化工作指南》。该书分析了实施安全标准化的背景，阐述了安全标准化的意义，详细诠释了安全标准化的要求和做法，系统介绍了企业实施安全标准化的程序和考核评级程序，具有较强的针对性、实用性和指导性，是推行安全标准化工作的重要参考资料和培训教材。希望危险化学品生产、经营和储存单位，充分认识实施安全标准化工作的重要性，严格按照安全标准化的要求，规范安全生产行为，不断提高企业安全生产管理水平，逐步建立安全生产长效机制，为实现危险化学品安全生产状况进一步稳定、持续好转做出贡献。

国家安全生产监督管理总局副局长

第三版前言

《危险化学品从业单位安全标准化工作指南》自2006年出版以来，2009年修订再版，为危险化学品从业单位开展安全标准化提供了重要的参考依据，是全国开展安全标准化培训工作的主要教材之一，2008年被国家安全生产监督管理总局培训工作指导委员会推荐为危险化学品类安全生产培训教材。

2011年6月20日，国家安全生产监督管理总局颁布了《危险化学品从业单位安全生产标准化评审标准》(安监总管三〔2011〕93号，以下简称《评审标准》)，同年，又颁布了《危险化学品从业单位安全生产标准化评审工作管理办法》(安监总管三〔2011〕145号)，鉴于国家安全生产监督管理总局对安全标准化工作的重视和要求，以及危险化学品企业及有关人员的需求，并为了更好地贯彻实施《企业安全生产标准化基本规范》(AQ/T 9006—2010)、《危险化学品从业单位安全标准化通用规范》(AQ 3013—2008)，指导企业有效开展安全标准化工作，我们组织编写人员对《危险化学品从业单位安全标准化工作指南》(以下简称《工作指南》)进行了修订，补充了新内容，删减了不符合新要求的内容。

《工作指南》共七部分内容，包括危险化学品安全管理概况、危险化学品从业单位安全标准化的意义、危险化学品从业单位安全标准化通用规范1~4章诠释、危险化学品从业单位安全生产标准化评审标准诠释、评审程序、危险化学品从业单位安全生产标准化信息管理系统及附录。《工作指南》可作为从事危险化学品安全管理、安全标准化培训教材和危险化学品从业单位实施安全标准化的重要参考资料。

《工作指南》在修订过程中，国内许多从事危险化学品安全管理与技术的专家提出了很多宝贵意见，在此表示衷心的感谢。同时，在修订过程中，我们引用和借鉴了许多资料和信息等，在此也深表感谢。

由于受编写时间紧和编写人员水平限制，本书内容难免有不妥之处，敬请批评指正。

编　者

二〇一二年十二月

第二版前言

2006 年《危险化学品从业单位安全标准化工作指南》印刷出版以来，受到了危险化学品从业人员的好评，为危险化学品从业单位开展安全标准化活动提供了重要的参考内容。作为全国开展安全标准化培训工作的主要教材之一，2008 年被国家安全生产监督管理总局培训工作指导委员会推荐为危险化学品类安全生产培训教材。

2008 年 11 月 19 日，国家安全生产监督管理总局颁布了《危险化学品从业单位安全标准化通用规范》(AQ 3013—2008)、《氯碱生产企业安全标准化实施指南》(AQ/T 3016—2008)和《合成氨生产企业安全标准化实施指南》(AQ/T 3017—2008)三个安全生产行业标准，并于 2009 年 1 月 1 日施行。鉴于国家安全生产监督管理总局对安全标准化工作的重视和要求，以及危险化学品企业及有关人员的需求，并为了更好地贯彻实施《危险化学品从业单位安全标准化通用规范》，指导企业有效开展安全标准化工作，我们组织编写人员对《危险化学品从业单位安全标准化工作指南》进行了修订，补充了新内容，删减了不符合新要求的内容。

《危险化学品从业单位安全标准化工作指南》在修订过程中，国内许多从事危险化学品安全管理与技术专家提出了很多宝贵意见，同时得到了中国石化集团青岛安全工程研究院的大力支持和帮助，在此表示衷心的感谢。同时，在修订过程中，我们引用和借鉴了许多资料和信息等，在此也深表感谢。

由于受编写时间紧和编写人员水平限制，本书内容难免有不妥之处，敬请批评指正。

编　者

二〇〇九年三月

第一版前言

为了贯彻《中华人民共和国安全生产法》、《国务院关于进一步加强安全生产工作的决定》、国家安全生产监督管理总局颁布的《危险化学品从业单位安全标准化规范》及相关的法律法规，我们组织编写了《危险化学品从业单位安全标准化工作指南》（以下简称《指南》）。

《指南》共六章，包括危险化学品安全管理概况、危险化学品从业单位安全标准化的意义、危险化学品从业单位安全标准化规范诠释、危险化学品从业单位安全标准化考核评级办法、危险化学品从业单位安全标准化考核评价标准、企业申请考核评级应具备的条件和程序等。《指南》可作为从事危险化学品安全管理、安全标准化培训教材和危险化学品从业单位实施安全标准化活动的重要参考资料。

《指南》在编写过程中，国内许多从事危险化学品安全管理与技术研究的专家提出了很多宝贵意见，同时得到了中国石化集团公司安全工程研究院的大力支持和帮助，在此表示衷心的感谢！同时，在编写过程中，我们引用和借鉴了许多书籍、资料和信息等，在此也深表感谢。

由于受编写时间紧和编写人员水平的限制，错误之处在所难免，敬请批评指正。

编　者

二〇〇六年二月

目　录

第一章 危险化学品安全管理概况

化学工业是基础工业，既服务于其他工业，也制约着其他工业的发展。所以化学工业安全，是国民经济健康持续发展的重要保障条件之一，是保障人民生活质量的基本条件。发达国家的化学工业都有很大规模，大多是本国的支柱产业之一。但是，化学工业危险性很大，处理和生产的化学品大多数属于危险化学品，具有易燃、易爆、有毒、强腐蚀性特点，容易发生群死群伤和重大财产损失事故。如1984年美国联合碳化公司博帕尔农药厂甲基异氰酸酯泄漏事故，造成2000人死亡，5万人失明，20万人中毒；1989年美国德克萨斯州帕萨迪纳乙烯装置泄漏产生蒸气云，引燃爆炸，造成直接财产损失8.12亿美元。又如我国1998年陕西某厂发生(氯、油、硝铵)爆炸事故，造成22人死亡，50多人受伤；2004年云南文山州某加油站发生中毒窒息事故，造成3人死亡，3人受伤；1989年某油库发生雷击火灾、原油爆炸事故，造成19人死亡，78人受伤。

一系列的危险化学品事故无一不在社会上产生严重影响，因此，加强危险化学品安全管理是社会稳定和保护人民群众生命财产安全的需要，是国民经济健康持续发展的重要保障条件。

1 国外危险化学品企业安全管理概况

1.1 政府高度重视危险化学品管理

经济发达国家政府对危险化学品安全管理的主要做法，就是加强危险化学品安全立法和严格执法。以美国为例，针对危险化学品安全管理的法律法规有16部之多，劳工部直辖的联邦安全监察官多达2000多人。政府还积极支持和资助学术团体和行业协会制定了完备的安全卫生标准，使之既有执法的法律依据，又有执法的客观标准。

政府对企业的要求主要有：

(1) 危险化学品生产经营企业的设立，生产经营的安全卫生设施及管理条件必须符合相关标准，否则不得设立。

(2) 危险化学品生产必须到指定部门登记，否则不得生产。

(3) 化学品出厂和流通过程中必须附有安全技术说明书(MSDS)，其包装必须贴(挂)安全标签。

(4) 化学品生产经营企业必须建立化学品事故应急预案，包括制定现场应急预案和协助地方当局制定厂外应急预案。

(5) 企业必须将可能危及员工和公众的危险化学品的危害性和应急措施向员工、社区公众公开。

1.2 企业严格自我约束

发达国家的化工企业，尤其是大型石油和化工公司，把做好安全、健康、环境(HSE)工作看成是公司形象的标志，把这项工作当成企业生存发展的基础。

(1) 企业积极制定本单位的安全、健康、环境保护标准。企业制订和执行的标准越高、越严、越全面，企业的信誉和形象则越高。世界知名公司，如BP公司、杜邦公司、壳牌公司等都已推行了健康、安全与环境管理体系，遵循PDCA(计划、实施、检查、改进)的动态循环管理模式，安全生产管理水平不断提高，取得了很大的经济效益和社会效益。

(2) 企业积极进行安全卫生研究和开发。杜邦公司有自己的研究开发中心，其毒理研究和动物实验的规模相当宏大。美国石油公司研究和开发的《安全控制系统》和《故障分析控制系统》，不仅使本公司安全水准达到很高水平，也使世界石油化工界受益。

(3) 企业根据生产装置的具体状况，定期或不定期地对其进行安全评价。美国道化学公司研究开发的危险指数评价法、英国帝国化学公司研究开发的蒙德指数评价方法已在全球得到广泛应用。

(4) 加拿大化工企业界总结出《责任与关怀》——企业自愿采取的加强安全、健康与环保的管理理念和体系，包括化学品的生产、销售、储运、回收及废弃等的各个环节，强调要有员工、客户、供应商、社区公众的共同参与。《责任与关怀》有五大要素：指导原则、管理准则、自我评价、行业内互助、与社会(社区)沟通。最终实现零污染排放、零人员伤亡、零财产损失目标。

(5) 企业界普遍推行"职业安全健康管理体系"，强调企业内部的规范化管理，把安全、卫生工作分成若干要素，根据企业实际情况制订目标和计划，实施计划，审查评估，持续改进，在一定期限内完成从计划到改进的一个循环，反复进行，不断提高企业的安全管理水平。

1.3 国际组织积极参与化学品管理

目前，很多国际组织对化学品安全问题相当重视，参与此事的有国际劳工组织、国际卫生组织、联合国环境规划署、联合国危险货物运输专家委员会以及政府间化学品安全论坛等。我国政府的有关部门都参与了其中的活动。这些国际组织就化学品安全问题形成了几项规定，即：

①《关于化学品国际贸易资料交换的伦敦准则》(1989)；

②《关于控制危险货物越境转移及其处置的巴塞尔公约》(1989)；

③《关于保护臭氧层的维也纳公约》(1989)；

④《禁止化学武器公约》(1989)。

政府间化学品安全论坛正在组织制定《危险化学品鉴别分类的国际协调系统》(GHS)。预计，以后全球统一的化学品分类和标签将在所有国家通用，以确保安全并降低成本。

现在，我国化学品出口，必须按进口国要求提供标签和技术说明书，否则就会受到限制，这是非关税贸易壁垒的一个侧面。

所有国际公约中，最重要的是国际劳工组织170公约(1990)，即《作业场所安全使用化学品公约》。该公约明确规定了政府的责任、雇主的责任、工人的义务和权利、出口国的责任。我国是国际劳工组织成员国，1994年10月27日，全国人大八届十次会议已批准了该公约，正式承诺执行该公约。1996年原化工部和劳动部共同组织制订并颁布了《工作场所安全使用化学品规定》。

170公约和我国的《工作场所安全使用化学品规定》的核心内容是：

① 对化学品进行危险性鉴别和分类并进行登记；

② 危险化学品包装上必须加贴安全标签；

③ 向危险化学品用户提供安全技术说明书；

④ 对作业场所的工作人员进行培训教育，并提供必要的安全卫生设施和防护措施；

⑤ 制定化学事故应急预案，提供应急措施。

2 我国危险化学品企业安全管理现状

2.1 危险化学品法规体系

2002年3月15日，国务院总理温家宝在《中国发展高层论坛》上说，“中国把加入WTO作为新起点，以更加积极的姿态参与国际经济合作与竞争，按国际准则和我国国情，进一步完善法律法规体系，建立有利于公平竞争的统一市场”。

针对危险化学品安全管理的特点，国家先后颁布了《中华人民共和国民用爆炸物品管理条例》《中华人民共和国农药管理条例》《化学品毒性鉴定管理规范》《使用有毒物质作业场所劳动保护条例》《工作场所安全使用化学品的规定》《有毒作业危害分级监察规定》《化学品安全技术说明书编写规定》《化学品安全标签编写规定》《重大危险源辨识》《危险化学品名录》《剧毒化学品目录》等规章、标准。

2002年《危险化学品安全管理条例》施行后，先后制定了《危险化学品登记管理办法》《危险化学品经营许可证管理办法》《危险化学品包装物、容器定点生产管理办法》《危险化学品生产储存建设项目安全审查办法》等部门规章。《安全生产许可证条例》和《国务院关于进一步加强安全生产工作的决定》发布实施后，又制定了《危险化学品生产企业安全生产许可证实施办法》。各省、区、市人民政府也制定了一系列地方性法规和规章。目前，危险化学品安全法律法规体系已经初步形成并逐步完善，危险化学品安全工作基本上可以做到有法可依。这些法律和行政法规对依法加强安全生产管理工作发挥了重要作用，促进了安全生产法制建设。

2.2 危险化学品企业现状

我国是化学品生产和使用大国，主要化学品产量和使用量都居世界前列，目前全球能够生产十几万种化学品，我国能生产各种化学品40000多种(品种、规格)。据统计，2004年化肥总产量4519.8万吨、硫酸3824.9万吨、纯碱1266.8万吨、染料84.3万吨，居世界第一；原油加工量2.73亿吨、烧碱1060.3万吨，居世界第二；乙烯625万吨，居世界第三。近几年，这一数据仍呈上升趋势。截止2012年4月底，全国共有危险化学品从业单位26万余家，其中生产单位20769家，储存单位3473家，经营单位231622家，使用单位8243家。

我国危险化学品生产企业安全管理水平参差不齐，大体可分为4种情况：一是中国石油、中国石化、中国海油等中央企业，技术和装备先进，规章制度健全，管理水平较高，安全状况比较稳定。二是地方国有化工企业，约8000多家，大多建于20世纪50~60年代，企业安全管理有一定基础，但多数单位历史包袱重，经济效益差，安全投入不足，生产工艺陈旧，设备带病运转，安全保障能力下降。三是以私营为主的小化工企业，约15000多家，普遍工艺落后，设备简陋，人员素质低，安全管理差，事故多发。四是大型化工跨国公司在华企业，工艺、技术和设备先进，安全环保管理较严，职工队伍素质较高。

随着我国改革开放的逐步深化，国内经济市场化和国际经济活动全球化的深刻变化，化学品安全管理工作也面临着许多新的问题和难点。我国经济成分的多样化，给化学品安全管理造成了非常复杂的局面。在一些地区、一些企业，以牺牲安全为代价获取短期、局部经济利益的情况相当普遍，整体安全素质下降趋势比较明显。我国国有企业长期以来习惯于上级行业部门的行政管理，政府的行业主管部门也习惯于直接管理企业内部事物。国家机关改革后，行业行政职能削弱甚至撤销(如化工部、石油和化学工业局以及地方化工厅局相继撤销)，要求企业依法自主经营、自我约束、自己承担法律责任。但是，由于相关的法律法规的不健全或监督执行不力，安全工作又不直接与收益相关联，有些危险化学品企业在工作中就往往把经济效益放在首要的位置，而仅仅把“安全第一”放在口头上。某些私企、合资或小型外商独资化工企业的安全工作比国有企业还要差，频频发生事故。有相当一部分从事危险化学品生产的中小企业没有建立和完善安全生产规章制度和操作规程，有的即使有基本安全生产规章制度和操作规程，也只是为了应付检查，做表面文章，没有真正落到实处。并且，许多企业的安全生产规章制度和操作规程多年不进行修订，满足不了不断变化的新技术、新设备、新工艺的安全要求。有的企业没有建立和健全安全生产管理机构，未按规定配备足够的安全管理人员，造成安全管理混乱，安全事故不断发生。表1-1是2004年200起典型危险化学品事故案例统计情况。

表1-1 2004年200起典型危险化学品事故统计

环　节	事故起数	比　例/%	环　节	事故起数	比　例/%
生产环节	33	16.5	运输环节	61	30.5
储存环节	26	13.0	使用环节	58	29.0
经营环节	8	4.0	处置环节	14	7.0

面对这种严峻的安全生产形势，迫切要求国家建立更完备的化学品安全管理机制，制定更加完备的危险化学品安全管理法规，加大依法严管的力度，推行现代化的安全生产管理模式。

第二章　危险化学品从业单位安全标准化的意义

1　安全标准化的提出

自 20 世纪 80 年代以来，我国一些企业就开展了安全质量标准化工作，收到了较好的效果。这些企业包括煤炭、冶金、有色、建材、黄金等部门，他们为加强安全生产基础工作，适应企业改革和发展的需要，在行业内开展安全质量标准化活动，为加强企业安全生产管理打下了很好的基础，积累了一定的经验。2004 年初，国务院《关于进一步加强安全生产工作的决定》(以下简称《决定》)，进一步明确提出要在全国所有工矿、商贸、交通运输、建筑施工等企业普遍开展安全质量标准化活动。在国务院安委会第二次全体会议上再次强调，要制订颁布各行业的安全质量标准，规范安全生产行为，指导各类企业建立健全各环节、各岗位的安全质量标准，推动企业安全质量管理上等级、上水平。国家安全生产监督管理总局为贯彻落实国务院《决定》和国务院的相关指示精神，下发了《关于开展安全质量标准化活动的指导意见》(安监管政法字〔2004〕62 号)，对开展此项工作进行了全面部署，提出了明确要求。

2004 年，国家安全生产监督管理总局组织起草了《危险化学品从业单位安全质量标准化标准及考核评级办法》(征求意见稿)，并在江苏省、山东省的 4 市 26 个试点单位进行了安全标准化试点工作。试点工作取得了阶段性的成效，提高了试点单位的安全管理水平。

根据试点工作取得的经验，在广泛征求专家意见和建议的基础上，国家安全生产监督管理总局对“征求意见稿”进行了修订，形成了《危险化学品从业单位安全标准化规范》(以下简称《规范》)，并通过了国家安全生产监督管理总局组织的专家评审，已于 2005 年 12 月16 日下发“关于印发《危险化学品从业单位安全标准化规范》(试行)和《危险化学品从业单位安全标准化考核机构管理办法(试行)》的通知”，开始在全国范围内的危险化学品从业单位实施安全标准化活动。

根据《国家安全生产监督管理总局关于下达 2007 年安全生产行业标准项目计划的通知》(安监总政法〔2007〕96 号)安排，国家安全监管总局化学品登记中心起草了《危险化学品从业单位安全标准化通用规范》(AQ 3013—2008)，国家安全监管总局于 2008 年 11 月 19 日发布，2009 年 1 月 1 日施行。为进一步促进危险化学品从业单位安全生产标准化工作规范化、科学化，2011 年，国家安全监管总局制定、发布了《危险化学品从业单位安全生产标准化评审标准》(安监总管三〔2011〕93 号)。

2　安全标准化工作的意义

第一，开展安全标准化工作，是贯彻落实安全发展理念的重要措施。开展安全标准化工作，是贯彻落实安全发展理念的重要措施，是树立可持续发展思想的重要手段，是贯彻落实党在最近一个时期安全发展的重要体现。党的十六届五中全会从经济社会发展的全局出发，把安全摆在与资源、环境同等重要的战略位置上。明确提出，要坚持节约发展、清洁发展、安全发展，把安全发展作为一个重要理念纳入我国社会主义现代化建设的总体战略。坚持以人为本，牢固树立全面、协调、可持续的科学发展观，这是我们对科学发展观认识的深化，安全发展正式成为全党全社会的共识。安全发展的本质，一是把安全发展建立在安全的基础上，其核心是以人为本，二是以发展来解决安全生产中的深层次矛盾和问题，体现安全与发展的辩证统一关系。党的十七大提出科学发展观，树立以人为本和安全发展理念。科学发展观是发展中国特色社会主义的重大战略思想，是我国经济社会发展的重要指导方针。我们要坚持把发展作为第一要务，着力转变经济发展方式，调整经济结构，提高经济增长质量和效益；坚持以人为本，注重统筹兼顾，推动全面协调可持续发展。

第二，开展安全标准化工作是贯彻实施《中华人民共和国安全生产法》(以下简称《安全生产法》)，落实企业安全生产主体责任的重要举措。实现各地区、各行业、各企业安全生产状况的稳定好转，必须从生产经营单位的基础工作抓起，落实企业安全主体责任，建立自我约束、持续改进的安全生产机制。《安全生产法》对生产经营单位在遵守法规、加强管理、健全责任制和完善安全生产条件等方面都作出了明确规定，同时还明确了生产经营单位的主要负责人、安全管理人员和所有从业人员的安全生产责任。安全标准化工作要求生产经营单位将安全生产责任从生产经营单位的法定代表人开始，逐一落实到每个从业人员、每个操作岗位，强调包括安全生产工作在内的企业全部工作的规范化和标准化，强调真正落实企业作为安全生产主体的责任，从而保证企业的安全生产。所以，开展好安全标准化工作，有利于促进《安全生产法》的更好贯彻落实，有利于企业主体责任的落实和安全工作的落实，能够促使企业通过自我约束主动地遵守各项安全生产法律、法规、规章、标准。

第三，开展安全标准化工作，是实施安全生产许可制度、强化源头管理的有效措施。2004 年，国务院颁布了《安全生产许可证条例》，对矿山、危险化学品、民爆器材、建筑施工等高危行业实行安全生产许可制度。《安全生产许可证条例》从制度保障、组织机构、安全评价和作业条件等 13 个方面对高危企业的安全生产做出了明确的规定，这是有效实施安全监管和消除事故隐患的重要措施，是实现安全生产状况稳定好转的法律保障。而安全标准化工作内容已完全涵盖了安全生产许可规定的 13 个条件，是核心。开展安全标准化工作就是要求企业各部门、生产岗位、作业环节的安全工作和各种设备、设施、环境，必须符合法律、法规、规章、规程等规定，达到和保持安全生产许可制度所规定的条件和标准，使企业生产始终处于良好的安全运行状态，从而满足高危企业安全生产的市场准入要求。安全标准化工作有助于促进危险化学品(简称危化品)行业的安全工作符合安全许可条件的要求。贯彻安全许可制度也有利于促进安全标准化工作的开展。只有开展好安全标准化工作，才能为实施安全生产许可制度奠定好基础，创造好条件；而实施安全生产许可制度，又有利于促进安全条件的改善和整个安全生产工作上台阶、上水平。所以，通过开展安全标准化工作，提高企业的安全意识，保证安全许可制度的实施，最终达到强化源头管理的目的。

第四，开展安全标准化工作，是构建“科技、制度、监管”三位一体保障体系的重要方法。科技是安全生产工作的基本保障。危化品行业在我国国民经济中的比重越来越大，事故风险率高，只有依靠科技创新，不断提高产业的科技水平，提高企业的整体生产效率，才能从根本上改变严峻的危化品安全形势。制度是安全生产工作的基础。安全生产制度不仅具有维持生产秩序，保护员工生命财产的作用，还起着创建良好的经济秩序、维护社会和谐的作用。监管是安全生产的关键。科学化、系统化的安全制度，必须依靠科学的、系统的、权威的安全监管，才能构建政府与企业、企业与员工、企业与社区等之间的职责分明、各负其责的和谐的安全生产环境。各级安监部门要把安全标准化工作与日常安全监管工作结合起来，督促和指导企业提高开展安全标准化工作的自觉性，使企业尽快了解和掌握安全标准化的基本方法、程序和要求，逐步加大安全投入，提高企业安全管理水平。

第五，开展安全标准化工作，是预防事故，保障广大人民群众生命和财产安全的重要手段。我国危化品行业中，中、小型企业的安全生产管理基础薄弱，生产工艺和装备水平较低，作业环境相对较差，事故隐患较多，伤亡事故时有发生。生产安全事故多发的主要原因之一就是企业安全生产责任不到位，基础工作薄弱，管理混乱，“三违”现象不断发生。开展安全标准化工作，就是要求企业加强安全生产基础工作，建立严密、完整、有序的安全管理体系和规章制度，完善安全生产技术规范，使安全生产工作经常化、规范化、标准化。安全标准化是以风险管理为核心和基础，强调任何事故都是可以预防的和零事故理念，将传统的事后处理，转变为事前预防。要求企业建立健全岗位标准，严格执行岗位标准，杜绝违章指挥、违章作业和违反劳动纪律现象，切实保障广大人民群众生命和财产安全。

第六，开展安全标准化工作，是建立安全生产长效机制的一种有效途径。安全标准化借鉴了以往开展质量标准化活动的经验，是新形势下安全生产工作方式方法的创新和发展。安全标准化要求企业各个生产岗位、生产环节的安全工作，必须符合法律、法规、规章、规程等规定，达到和保持一定的标准，使企业生产始终处于良好的安全运行状态，以适应企业发展的需要，满足从业人员安全生产的愿望。安全标准化突出了安全生产工作的重要地位，要求企业自觉坚持“安全第一，预防为主，综合治理”的方针，做到安全生产工作的规范化和标准化。要求企业的安全生产行为必须合法、规范，安全生产各项工作必须符合《安全生产法》等法律法规和规章、规程以及技术标准。安全标准化就是要求企业落实主体责任，建立健全安全生产责任制、安全生产规章制度和操作规程，提高本质安全水平和安全管理水平，建立安全生产长效机制。企业应增强抓好安全工作的自觉性，把安全标准化当作关系企业生存发展和从业人员根本利益的“生命工程”、“民心工程”来抓，采取有力措施，深入持久地坚持下去。

第七，开展安全标准化工作，是企业自身在竞争的市场环境中生存发展的需要。随着社会主义市场经济体系的建立、发展和不断完善，企业间的竞争更加激烈。企业要跻身于世界，在日益激烈的市场竞争中立足、生存和发展，必须有一个好的安全状况。安全标准化是企业安全生产工作的基础，是提高企业核心竞争力的关键。安全标准化搞不好，安全生产没有保证，企业就没有进入市场、参与竞争的能力，生存发展就是一句空话。只有抓好安全标准化，做到强根固本，才能迎接市场经济的挑战，在市场竞争中立于不败之地。

一个现代化企业除了它的经济实力和技术能力外，还应具有强烈的社会责任感，树立对职工安全与健康负责的良好形象。现代企业在市场中的竞争不仅是资本和技术的竞争，也是品质和形象的竞争。因此，开展安全标准化将逐渐成为现代企业的普遍需求。通过开展安全标准化，一方面可以改善作业条件，增强劳动者身心健康，提高劳动效率；另一方面由于有效地预防和控制工伤事故及职业危险、有害因素，对企业的经济效益和生产发展也具有长期的积极效应。

第八，开展安全标准化工作，是迎接“工业化、信息化、城镇化、市场化、国际化”进程带来的新问题新挑战的有效手段。党的十七大报告指出，要“全面认识工业化、信息化、城镇化、市场化、国际化深入发展的新形势新任务，深刻把握我国发展面临的新课题新矛盾，更加自觉地走科学发展道路”。“五化”是强国富民的必由之路，是加快中国特色社会主义建设的重要推动力，是改革开放、加快发展的必然结果。加快“五化”进程，有利于安全监管的信息交流，强化各级政府对安全生产的监管；有利于促进化工行业安全生产技术进步，提高工艺本质安全度；有利于加快淘汰落后的生产工艺和设备，提升全行业安全生产水平。通过开展安全标准化工作，可以提升政府安监部门及企业安全意识，加强监管力度和手段，解决“五化”带来的新问题、新挑战，不断提高企业的安全管理水平，为社会进步做出应有贡献。

总之，危化品企业开展安全标准化工作，具有重要的实际意义，需要我们深入研究行业特点，深入贯彻执行国家安全生产监督管理总局的要求，深入学习法律法规，广泛吸收国内外先进经验，结合企业的自身特点，有效开展安全标准化工作，建立安全生产长效机制，以实现危化形势根本好转。

第三章　危险化学品从业单位安全标准化通用规范 1~4 章诠释

1　范围

本标准规定了危险化学品从业单位(以下简称企业)开展安全标准化的总体原则、过程和要求。

本标准适用于中华人民共和国境内危险化学品生产、使用、储存企业及有危险化学品储存设施的经营企业。

本标准的主要目的是对企业开展安全标准化提出了总体原则、要求和实施过程，以使企业能够按照本标准的要求开展安全标准化工作。

在全国范围内，只要是从事危险化学品生产、储存活动的企业，使用危险化学品从事化工、制药等的企业，以及有危险化学品储存设施的经营单位，无论是国企，还是私企，无论是合资企业，还是独资企业，都必须按照本标准的要求，开展安全标准化工作。

制定本标准的主要依据为《安全生产法》、《国务院关于进一步加强安全生产工作的决定》(以下简称《决定》)、《危险化学品安全管理条例》、《安全生产许可证条例》及其他相关的安全生产法律法规、标准，目的是为了规范企业的安全生产管理，确保企业的安全生产管理水平稳步提高。

在制定本标准时，吸收和借鉴了国内外关于安全管理体系的运行模式和先进理念，将 PDCA 动态循环、持续改进的思想引入到安全标准化管理工作中。

《危险化学品从业单位安全标准化通用规范》(以下简称《通用规范》)由五部分内容构成，即范围、规范性引用文件、术语及定义、要求、管理要素，其中，要求和管理要素为强制性条款。

说明：(1) 本章中字体颜色加黑的内容为《通用规范》原文。

(2) 危险化学品，简称危化品。

2　规范性引用文件

下列文件中的条款，通过本标准的引用而成为本标准的条款。凡是注日期的引用文件，其随后所有的修改单(不包括勘误的内容)或修订版均不适用于本标准，然而，鼓励根据本标准达成协议的各方研究是否可使用这些文件的最新版本。凡是不注日期的引用文件，其最新版本适用于本标准。

GB 2894　安全标志

GB 11651　劳动防护用品选用规则

GB 13690　常用危险化学品的分类及标志

GB 15258　化学品安全标签编写规定

GB 16179　安全标志使用导则

GB 16483　化学品安全技术说明书编写规定

GB 18218　重大危险源辨识

GB 50016　建筑设计防火规范

GB 50057　建筑物防雷设计规范

GB 50058　爆炸和火灾危险环境电力装置设计规范

GB 50140　建筑灭火器配置设计规范

GB 50160　石油化工企业设计防火规范

GB 50351　储罐区防火堤设计规范

GBZ 1　工业企业设计卫生标准

GBZ 2　工作场所有害因素职业接触限值

GBZ 158　工作场所职业病危险、有害因素警示标识

AQ/T 9002　生产经营单位安全生产事故应急预案编制导则

SH 3063—1999　石油化工企业可燃气体和有毒气体检测报警设计规范

SH 3097—2000　石油化工静电接地设计规范

3　术语和定义

本标准采用下列术语和定义。

3.1　危险化学品从业单位 chemical enterprise

依法设立，生产、经营、使用和储存危险化学品的企业或者其所属生产、经营、使用和储存危险化学品的独立核算成本的单位。

3.2　安全标准化 safety standardization

为安全生产活动获得最佳秩序，保证安全管理及生产条件达到法律、行政法规、部门规章和标准等要求制定的规则。

3.3　关键装置 key facility

在易燃、易爆、有毒、有害、易腐蚀、高温、高压、真空、深冷、临氢、烃氧化等条件下进行工艺操作的生产装置。

3.4　重点部位 key site

生产、储存、使用易燃易爆、剧毒等危险化学品场所，以及可能形成爆炸、火灾场所的罐区、装卸台(站)、油库、仓库等；对关键装置安全生产起关键作用的公用工程系统等。

3.5　资源 resources

实施安全标准化所需的人力、财力、设施、技术和方法等。

3.6　相关方 interested party

关注企业职业安全健康绩效或受其影响的个人或团体。

3.7　供应商 supplier

为企业提供原材料、设备设施及其服务的外部个人或团体。

3.8　承包商 contractor

在企业的作业现场，按照双方协定的要求、期限及条件向企业提供服务的个人或团体。

3.9　事件 incident

导致或可能导致事故的情况。

3.10　事故 accident

造成死亡、职业病、伤害、财产损失或其他损失的意外事件。

3.11　危险、有害因素 hazardous elements

可能导致伤害、疾病、财产损失、环境破坏的根源或状态。

3.12　危险、有害因素识别 hazard identification

识别危险、有害因素的存在并确定其性质的过程。

3.13　风险 risk

发生特定危险事件的可能性与后果的结合。

3.14　风险评价 risk assessment

评价风险程度并确定其是否在可承受范围的过程。

3.15　安全绩效 safe performance

基于安全生产方针和目标，控制和消除风险取得的可测量结果。

3.16　变更 change

人员、管理、工艺、技术、设施等永久性或暂时性的变化。

3.17 隐患 potential accidents

作业场所、设备或设施的不安全状态，人的不安全行为和管理上的缺陷。

3.18 重大事故隐患 serious potential accidents

可能导致重大人身伤亡或者重大经济损失的事故隐患。

4 要求

4.1 概述

本规范采用计划(P)、实施(D)、检查(C)、改进(A)动态循环、持续改进的管理模式。

企业应建立PDCA动态循环模式的安全标准化，每年至少完成1个循环，不断提高安全绩效，提高安全管理水平，建立安全生产长效机制。

4.2 原则

4.2.1 企业应结合自身特点，依据本规范的要求，开展安全标准化。

4.2.2 安全标准化的建设，应当以危险、有害因素辨识和风险评价为基础，树立任何事故都是可以预防的理念，与企业其他方面的管理有机地结合起来，注重科学性、规范性和系统性。

4.2.3 安全标准化的实施，应体现全员、全过程、全方位、全天候的安全监督管理原则，通过有效方式实现信息的交流和沟通，不断提高安全意识和安全管理水平。

4.2.4 安全标准化采取企业自主管理、安全标准化考核机构考评、政府安全生产监督管理部门监督的管理模式，持续改进企业的安全绩效，实现安全生产长效机制。

企业开展安全标准化工作，要与生产实际相结合，切忌两张皮现象。要以风险管理为基础与核心，做好信息交流与沟通工作。安全标准化采用PDCA动态循环的管理模式，主要以企业自我管理为主，建立起自我约束、持续改进的安全生产管理长效机制。同时，安监机构监督管理，负责安全标准化考核评级的考核机构对企业进行达标考评，共同提高企业的安全生产管理水平，保护广大人民群众的生命财产安全，实现社会主义和谐社会目标。

4.3 实施

4.3.1 安全标准化的建立过程，包括初始评审、策划、培训、实施、自评、改进与提高等6个阶段。

4.3.2 初始评审阶段：依据法律法规及本规范要求，对企业安全管理现状进行初始评估，了解企业安全管理现状、业务流程、组织机构等基本管理信息，发现差距。

4.3.3 策划阶段：根据相关法律法规及本规范的要求，针对初始评审的结果，确定建立安全标准化方案，包括资源配置、进度、分工等；进行风险分析；识别和获取适用的安全生产法律法规、标准及其他要求；完善安全生产规章制度、安全操作规程、台账、档案、记录等；确定企业安全生产方针和目标。

4.3.4　培训阶段：对全体从业人员进行安全标准化相关内容培训。

4.3.5　实施阶段：根据策划结果，落实安全标准化的各项要求。

4.3.6　自评阶段：应对安全标准化的实施情况进行检查和评价，发现问题，找出差距，提出完善措施。

4.3.7　改进与提高阶段：根据自评的结果，改进安全标准化管理，不断提高安全标准化实施水平和安全绩效。

企业在按照《通用规范》的要求开展安全标准化的建设工作，或者，安全标准化服务机构对企业开展咨询活动时，应按照本条款中规定的过程和内容进行，以建立扎实、规范的安全标准化。

第四章　危险化学品从业单位安全生产标准化评审标准诠释

《危险化学品从业单位安全生产标准化评审标准》（以下简称《评审标准》）由 12 个 A 级要素和 56 个 B 级要素组成，见表 4－1。

表 4－1　《危险化学品从业单位安全生产标准化评审标准》管理要素表

A 级要素	B 级要素	A 级要素	B 级要素
1　法律、法规和标准	1.1　法律、法规和标准的识别和获取	6　生产设施及工艺安全	6.6　检维修
	1.2　法律、法规和标准符合性评价		6.7　拆除和报废
2　机构和职责	2.1　方针目标	7　作业安全	7.1　作业许可
	2.2　负责人		7.2　警示标志
	2.3　职责		7.3　作业环节
	2.4　组织机构		7.4　承包商
	2.5　安全生产投入	8　职业健康	8.1　职业危害项目申报
3　风险管理	3.1　范围与评价方法		8.2　作业场所职业危害管理
	3.2　风险评价		8.3　劳动防护用品
	3.3　风险控制	9　危险化学品管理	9.1　危险化学品档案
	3.4　隐患排查与治理		9.2　化学品分类
	3.5　重大危险源		9.3　化学品安全技术说明书和安全标签
	3.6　变更		9.4　化学事故应急咨询服务电话
	3.7　风险信息更新		9.5　危险化学品登记
	3.8　供应商		9.6　危害告知
4　管理制度	4.1　安全生产规章制度		9.7　储存和运输
	4.2　操作规程	10　事故与应急	10.1　应急指挥与救援系统
	4.3　修订		10.2　应急救援设施
5　培训教育	5.1　培训教育管理		10.3　应急救援预案与演练
	5.2　从业人员岗位标准		10.4　抢险与救护
	5.3　管理人员培训		10.5　事故报告
	5.4　从业人员培训教育		10.6　事故调查
	5.5　其他人员培训教育	11　检查与自评	11.1　安全检查
	5.6　日常安全教育		11.2　安全检查形式与内容
6　生产设施及工艺安全	6.1　生产设施建设		11.3　整改
	6.2　安全设施		11.4　自评
	6.3　特种设备	12　本地区的要求	
	6.4　工艺安全		
	6.5　关键装置及重点部位		

说明：（1）本章中字体颜色加黑的内容为《评审标准》原文。

（2）危险化学品，简称危化品。

（3）安全生产标准化简称安全标准化。

（4）OHS，是指职业安全健康。

（5）HSE，是指健康、安全与环境。

1　法律、法规和标准

1.1　法律、法规和标准的识别和获取

【标准化要求】1

企业应建立识别和获取适用的安全生产法律、法规、标准及其他要求管理制度，明确责任部门，确定获取渠道、方式和时机，及时识别和获取，定期更新。

【企业达标标准】

1. 建立识别和获取适用的安全生产法律法规、标准及政府其他有关要求的管理制度；
2. 明确责任部门、获取渠道、方式；
3. 及时识别和获取适用的安全生产法律法规和标准及政府其他有关要求；
4. 形成法律法规、标准及政府其他有关要求的清单和文本数据库，并定期更新。

为使企业了解并遵守与其生产经营活动有关的安全生产法律、法规及其他要求，企业应制定识别和获取适用的安全生产法律、法规及其他要求的管理制度，在制度中明确获取适用的法律、法规及其他要求的责任部门，获取的时机、频次和方式，建立有效的获取渠道(如各级政府、行业协会或团体、数据库和服务机构、媒体、网络等)，并按照要求定期和及时获取国家有关的安全生产法律、法规和其他要求。

企业获取法律、法规及其他要求的行为应该是主动的、经常性的。对获取的法律、法规及其他要求内容应识别到条款，明确企业适用的具体条款和适用部门。企业应建立适用的法律、法规及其他要求的目录清单(参见表4－2)和文本数据库，并定期更新。

【标准化要求】2

企业应将适用的安全生产法律、法规、标准及其他要求及时传达给相关方。

【企业达标标准】

采用适当的方式、方法，将适用的安全生产法律、法规、标准及其他要求及时传达给相关方。

企业应采用适当的方式、方法，将获取的适用的安全生产法律、法规及其他要求及时传达给相关方，尤其是承包商、周围的社区居民等，提高相关方的法律意识，规范安全生产行为。企业应保留相关的传达记录。

1.2　法律、法规和标准符合性评价

【标准化要求】

企业应每年至少1次对适用的安全生产法律、法规、标准及其他要求的执行情况进行符合性评价，消除违规现象和行为。

【企业达标标准】

1. 每年至少1次对适用的安全生产法律、法规、标准及其他有关要求的执行情况进行符合性评价；
2. 对评价出的不符合项进行原因分析，制定整改计划和措施；
3. 编制符合性评价报告。

为了保证法律、法规和标准的有效贯彻和落实，规范从业人员的行为，消除违规现象和行为，企业应每年至少开展一次法律、法规和标准的符合性评价，查找违法现象和行为，确保企业和从业人员能够按照法律、法规的要求安全生产。

企业可以自行组织进行符合性评价(参见表4－3)，也可以聘请中介机构进行。

企业对评价出的不符合项，应进行原因分析，制定整改计划和措施，及时整改。

企业应编制符合性评价报告，记录评价过程、结果以及整改情况。

表4－2　适用的安全生产法律、法规及其他要求清单

序号	法律法规及其他要求名称	文件号/标准编号	实施日期	颁布部门	相关条款说明	适用部门	相关规章制度

保存部门：　　　　　　　　　　　　　　　　　　　　　　　　　保存期限：　　年

表4－3　相关法律法规和标准符合性评价表

序号	法律法规及其他要求	实施日期	相关条款	相关规章制度符合情况	备注(不满足原因)

2　机构和职责

2.1　方针目标

【标准化要求】1

企业应坚持“安全第一，预防为主，综合治理”的安全生产方针。主要负责人应依据国家法律法规，结合企业实际，组织制定文件化的安全生产方针和目标。安全生产方针和目标应满足：

① 形成文件，并得到所有从业人员的贯彻和实施；

② 符合或严于相关法律法规的要求；

③ 与企业的职业安全健康风险相适应；
④ 目标予以量化；
⑤ 公众易于获得。
【企业达标标准】
1. 主要负责人组织制定符合本企业实际的、文件化的安全生产方针；
2. 主要负责人组织制定符合企业实际的、文件化的年度安全生产目标；
3. 安全生产目标应满足：
① 形成文件，并得到所有从业人员的贯彻和实施；
② 符合或严于相关法律法规的要求；
③ 与企业的职业安全健康风险相适应；
④ 根据安全生产目标制定量化的安全生产工作指标；
⑤ 应以公众易于获得的方式发布安全生产目标。

（1）安全生产方针。企业应该贯彻、执行“安全第一，预防为主，综合治理”的安全生产方针，企业的主要负责人在追求效益不断增长的前提下，要切实将安全生产工作做好，不能只抓经济效益，忽视安全生产管理。安全生产管理工作有助于促进经济效益的增长，降低事故成本。

企业制定的安全生产方针要文件化、公开化，应由主要负责人制定和签发。企业安全生产方针明确企业安全生产的发展方向和行动纲领，确定企业的安全生产职责和绩效总目标，表明企业实现安全生产的正式承诺，尤其是主要负责人的安全承诺。企业的安全生产方针应贯彻到每一位从业人员并执行，应向社会公开。企业的安全生产方针应该与企业的其他方针（如质量方针、环境方针等）保持一致，并具有同等重要程度。

企业在制定安全生产方针时，应考虑以下因素：

① 企业的风险；
② 法律法规及其他要求；
③ 企业的安全生产状况、绩效；
④ 相关方的需求；
⑤ 所需的资源；
⑥ 从业人员及相关方的意见和建议；
⑦ 持续改进的可能性和必要性。

企业安全生产方针的制定要经过认真研究和交流，要符合或严于法律法规的要求。要与企业的风险相符，即在风险评价的基础上，预防和减少生产安全事故的发生，保护从业人员的生命和财产安全。

企业的安全生产方针应包括对遵守法律法规的承诺，包括对持续改进和预防事故、保护从业人员安全的承诺。

案例1　中国石化集团公司 HSE 方针

安全第一，预防为主；全员动手，综合治理；改善环境，保护健康；科学管理，持续发展。

案例2　某燃气公司的职业健康安全方针

安全供气、优质服务；控制风险、关注健康；以法治司，持续改进。

案例3　日本昭和电工德山公司的安全生产方针

日本昭和电工德山公司的安全理念“安全第一”，即安全在一切事物中位于优先的位置。

(2) 安全生产目标。企业应制定一个可测量的、持续改进的、能够实现的年度安全生产目标，以实现安全生产方针，为评价安全绩效提供依据。

企业在制定年度安全生产目标时，应充分考虑以下因素：

① 企业的整体经营方针和目标；
② 安全生产方针；
③ 风险评价的结果；
④ 法律法规及其他要求；
⑤ 可选择的技术方案；
⑥ 财物、经营要求；
⑦ 从业人员及相关方的要求、意见；
⑧ 对以前安全生产目标完成情况的分析；
⑨ 生产安全事故、事件、隐患、不符合；
⑩ 绩效考核的结果等。

企业制定的安全生产方针和目标应该是合理的，与实际的职业安全健康风险的相适应，可以实现的，能够量化的要予以量化，应该以适当的方式向相关方公开，便于监督。

案例4　中国石化集团公司 HSE 目标

追求最大限度地不发生事故、不损害人身健康、不破坏环境，创国际一流的 HSE 业绩。

案例5　BP 公司的目标

不发生事故、不损害人员健康、不破坏环境。

【标准化要求】2

企业应签订各级组织的安全目标责任书，确定量化的年度安全工作目标，并予以考核。企业各级组织应制定年度安全工作计划，以保证年度安全工作目标的有效完成。

【企业达标标准】

1. 将企业年度安全目标分解到各级组织(包括各个管理部门、车间、班组)，签订安全生产目标责任书；

2. 定期考核安全生产目标完成情况；

3. 企业及各级组织应制定切实可行的年度安全生产工作计划。

(1) 目标分解。企业应将年度安全生产目标层层分解到每个管理部门、车间、班组，要充分考虑各管理部门、车间、班组的安全职责，并且在分解时应予以量化。

(2) 安全目标责任书。企业主要负责人应该每年与各管理部门、车间签订安全目标责任书，车间应该与每个班组签订安全目标责任书，并对安全目标的实现情况进行考核。考核结果要与经济利益挂钩。

各管理部门、各基层单位的安全目标责任书的内容不应该千篇一律，应根据其职责的不同而有所区别。企业、各管理职能部门、车间和班组，应根据各自的年度安全目标，制定安全工作计划，以确保本企业、本部门、本车间或本班组的安全目标的实现，最终保证整个企业的安全生产方针和目标的顺利完成。

制定的安全工作计划应予以文件化，明确实施计划的职责和权限，确定责任人和责任部门，确定实现安全目标的方法、资源和时间表。应定期监测计划的实施情况，针对有关变化及时进行修订。

2.2　负责人

【标准化要求】1

企业主要负责人是本单位安全生产的第一责任人，应全面负责安全生产工作，落实安全生产基础和基层工作。

【企业达标标准】

1. 明确企业主要负责人是安全生产第一责任人；

2. 主要负责人对本单位的危险化学品安全管理工作全面负责，落实安全生产基础与基层工作。

企业的主要负责人是指直接参与企业经营管理的最高管理者，是指对企业生产经营和安全生产负全面责任、有生产经营决策权的人员。具体指有限责任公司或股份公司的董事长、总经理，公司所属单位和其他独立生产经营单位的经理、厂长等。

企业安全生产基层工作是指安全生产工作的基础层面，即车间以下生产班组；安全生产基础工作是机构建设、法制建设、安全投入、教育培训、安全生产责任制等基本保障要素。“双基”工作是系统工程，要作为建立安全生产长效机制的基本因素来强化，着眼当前，考虑长远。

企业的主要负责人要按照《安全生产法》的要求，全面负责本单位的安全生产工作，做好基层与基础工作，切实抓好安全生产。

【标准化要求】2

企业主要负责人应组织实施安全标准化，建设企业安全文化。

【企业达标标准】

1. 主要负责人组织开展安全生产标准化建设；

2. 制定安全生产标准化实施方案，明确实施时间、计划、责任部门和责任人；

3. 制定安全文化建设计划或方案。

企业主要负责人应负责组织开展安全标准化建设工作，主动参与、支持，带头做好安全标准化各项工作。在开展安全标准化工作时，应制定实施方案，明确时间、计划、责任部门、责任人及职责，落实实施方案，建设好安全标准化工作，规范安全管理。

企业应按照《评审标准》的全部要求，推行安全标准化管理，促进企业持续改进安全生产绩效，遵守安全生产法律法规。企业安全标准化工作应该涵盖所有的生产经营活动和区域，做到各岗位都有操作标准，每项工作都有标准作依据，实施标准化管理，并且强调全体从业人员都要参与到安全标准化工作中。

现代的企业制度必须配合以现代的企业安全文化。企业安全文化的建设与管理越来越受到广泛的重视，已经涌现出极富个性和魅力的杰出代表。

企业安全文化不是单纯的思想或矫揉造作的文字，不是企业与文化的嫁接，是企业在生产经营实践中，逐步形成的，为全体从业人员所认同并遵守的、带有本单位特点的使命、愿景、宗旨、精神、价值观和经营与安全理念，以及这些理念在生产经营实践、管理制度、从业人员行为方式与企业对外形象的体现的总和。

企业安全文化是由众多相互依存、相互作用的元素结合而成的有机统一体。企业要切实把握安全文化的内在特质，寻找安全文化建设和管理的有效途径，认清不同元素在安全文化体系中的作用，认识和理解安全文化的结构，特别是企业安全文化的深层结构。

企业安全文化深层结构的概念可以提供一种对企业向内向外传播的文化符号体系和企业中权力运用之间的逻辑关系进行检验的方法。“深层结构”指的是一个社会组织基本的理性体系，它是企业的一部分，向人们提供了什么是合适的和不合适的企业行为的意识，也就是通常我们所说的理念和价值观。简单来说，它是一个框定组织成员意识的实用逻辑。企业的价值观是企业安全文化最为核心的部分，是企业安全文化的源泉，是企业安全文化结构中的稳定因素。

企业安全文化建设要取得显著效果，要使从业人员认同企业的价值观并转化成自觉行为，在企业安全文化的深层结构和表层结构之间要建立起一道桥梁，以价值观为导向，以物质基础和权力(或权威)基础作保障的企业制度和行为规范。企业在安全文化建设过程中，应充分考虑自身内部的和外部的文化特征，引导全体员工的安全态度和安全行为，通过全员参与实现企业安全生产水平持续进步。达到以严格的安全生产规章或程序为基础，实现在法律和政府监管符合性要求之上的安全自我约束，最大限度地减小生产安全事故风险；对寻求和保持卓越的安全绩效做出全员承诺并付诸实践；使自己确信能从任何安全异常和事件中获取经验并改正与此相关的所有缺陷。

企业应依据《企业安全文化建设导则》(AQ/T 9004—2008)的要求，并结合自身实际情况开展安全文化建设，三级企业应制定安全文化建设计划或方案，并按照计划或方案开展安全文化建设。

【标准化要求】3

无。

【企业达标标准】

二级企业应初步形成安全文化体系。

一级企业有效运行安全文化体系。

二级企业应初步形成安全文化体系，做到持续改进；一级企业有效运行安全文化体系，形成具有自身特色的安全文化模式。

杜邦公司在发展历程中，形成了具有自身特点的安全文化。杜邦公司的安全文化建设参见案例6。

案例6　杜邦公司安全文化建设

杜邦公司在200年的发展历程中，逐步形成了具有自身特点的企业安全文化。杜邦将企业安全文化建设划分为四个阶段，建立了企业安全文化发展模型，并建立了一套塑造企业安全文化的辅助工具。

(1) 企业安全文化发展模型。按照企业安全文化发展模型（见图4－1），一个企业的安全文化的建设要经历四个阶段：自然本能阶段、严格监督阶段、独立自主管理阶段和团队互助管理阶段。

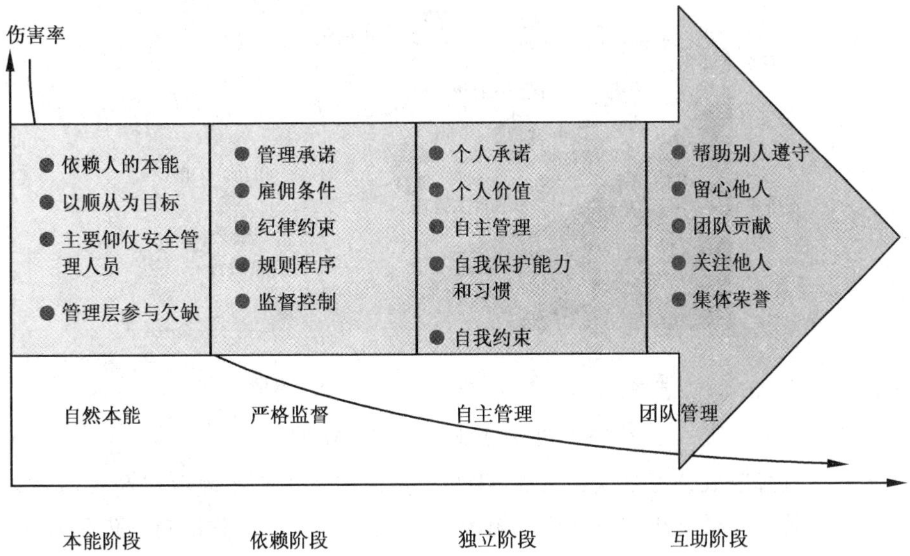

图4－1　企业安全文化发展模型

在自然本能阶段，企业和员工对安全的重视仅仅是一种自然本能保护的反应，缺少高级管理层的参与，安全承诺仅仅是口头上的，安全管理主要依靠安全管理人员，员工以服从为目标，因怕受到罚款而不得不遵守安全规程。

在严格监督阶段，企业已经建立起必要的安全管理系统和规章制度，各级管理层对安全做出承诺；安全已经成为雇用的一种条件，但员工意识没有转变，依然处于被动地位，受纪律约束。这一阶段是强制监督管理，没有重视对员工安全意识的培养，员工处于从属与被动的状态。

在独立自主管理阶段，企业已经建立起很好的安全管理制度、系统，各级管理层对安全负责；员工对安全做出个人承诺，具有很强的自我保护能力和自我约束能力，按规章制度、标准进行生产，安全意识已经深入员工内心，把安全作为自己工作的一部分。

在互助团队管理阶段，员工不但注意自己的安全，还帮助别人遵守安全，留心他人的安全表现，把知识传授给他人，实现经验分享。

杜邦的安全文化可以概括为：第一，管理层负责安全工作，安全专业人员起协调和协助作用，管理层对于其管理区域的“零事故”负责。第二，所有的员工参与安全管理，安全是所有人的责任，安全是“我”的责任。

(2) 杜邦企业安全文化的建设。杜邦公司建立了循序采用的安全培训观察计划(STOP)系统，作为各阶段安全文化建设的一种辅助工具(见图4-2)。杜邦STOP系统共分为四大模块：主管STOP™、高级STOP™、员工STOP™和相互STOP™。这四个模块彼此关联、循序采用，贯穿于安全文化建设的各个阶段，最终使全体员工拥有完全的安全意识，完善企业安全文化，并达到最低伤害的目的。

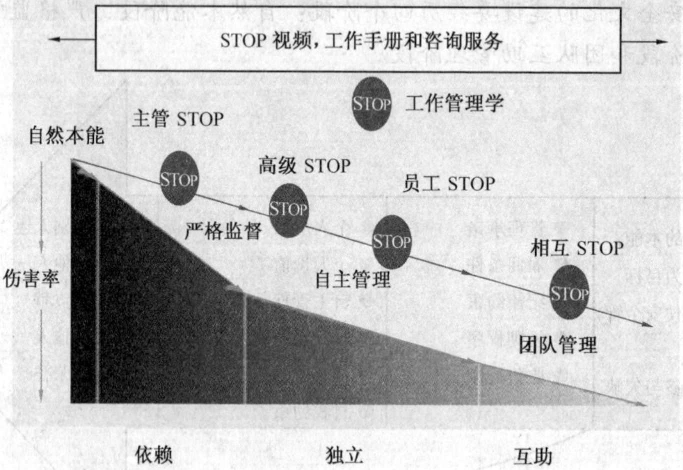

图4-2 杜邦企业安全文化的建设

在严格监督阶段，通过实施主管STOP™来强调高层领导的承诺和主动参与。指导经理人员、主管及小组领导人，有技巧地观察员工的工作情形、优化员工的不安全行为以及鼓励员工遵守安全工作守则，以减少工作场所的事故及伤害。在这一阶段，要求领导承诺和建立起“零事故”的安全文化，从工作上要重视人力、物力、财力的安全投入，从思想上切实重视安全。

在独立自主管理阶段，首先在主管STOP™的基础上，实施高级STOP™，着重强化安全系统，使组织达到一个新的安全水平。然后，针对全体员工进行员工STOP™的培训，强调安全是每个人的责任，指导员工如何获得安全知识及自我审核技能，以辨认并消除不安全行为和不安全状态来减少伤害。由此创造一个积极的安全环境，使员工以积极的态度对待安全问题，并创造更安全的工作环境。

在互助团队管理阶段，通过实施相互STOP™，帮助参与者学习与工作伙伴互动，使安全融入日常的工作中，并将安全视作自己的第二天性。指导参与者如何针对人员行为及工作场所的状况定期进行相互观察，为整个组织创造一个“员工合作”的安全环境。

【标准化要求】4

企业主要负责人应作出明确的、公开的、文件化的安全承诺，并确保安全承诺转变为

必需的资源支持。

【企业达标标准】

1. 安全承诺的内容应明确、公开、文件化；

2. 主要负责人应确保安全生产标准化所需的资金、人员、时间、设备设施等资源。

企业的主要负责人要作出书面的安全承诺，要向企业的广大从业人员和社会公布，让他们都清楚企业对安全的承诺和发展方向。同时，主要负责人要提供资源保障，确保本单位的安全生产正常、有序的开展。安全标准化的资源包括人力、财力、物力、技术和方法等。

主要负责人安全承诺内容应包括：

（1）遵守所在国家和地区的法律、法规；

（2）对企业的安全事务负有义不容辞的责任；

（3）最大限度地不发生事故、不损害员工健康；

（4）公开的安全生产表现；

（5）提供必要的人力、物力和财力资源支持；

（6）树立表率作用，不断强化和奖励正确的安全行为；

（7）以预防为主，开展风险管理、隐患治理；

（8）定期进行绩效考核，实现安全生产管理的持续改进。

企业负责人、各级管理人员及从业人员都应做好安全标准化工作。企业的主要负责人在安全标准化工作中应起到表率作用，带头做好安全生产工作，这对安全标准化工作的有效实施至关重要，要奖励正确的安全生产行为，处罚错误的安全生产行为。

各级管理人员不仅要模范地执行安全标准化工作的要求，还要履行安全生产职责和义务，起到模范带头作用。

杜邦公司的做法值得我们借鉴和学习。杜邦公司要求领导在日常工作中要充分发挥表率作用，以实际行动表明对安全的承诺。而且，杜邦公司要求各级领导在分配工作任务时，无论再简单的工作，都要利用机会说明安全方面的问题。

案例7　某公司的职业健康安全承诺

为实现安全生产方针和目标，我们承诺：

- 建立职业安全健康管理体系，全面、持续地识别、评估和控制与运行过程相关的职业安全健康方面的风险，定期制定切实可行的职业安全健康目标，通过全体员工的努力来持续改进我们的职业安全健康业绩，确保人身、企业财产的安全及对环境的保护；
- 提供必要的人力、物力和财力资源支持，以保证公司目标的实现；
- 遵守国家及地方政府有关职业安全健康方面的法律、法规要求、行业标准和企业的规章制度；
- 在生产活动中将职业安全健康放在优先地位，加大在职业安全健康方面的投入，加强生产技术及设备的改进，制定有效的应急措施，防止火灾、爆炸、有毒有害气体泄漏及伤亡等各类事故的发生；

● 加强对员工劳动保护的管理，确保全体员工的健康；

● 提供全体员工的培训，增强职业安全健康意识；

● 加强对承包商和供应商的职业安全健康管理，杜绝违章作业行为；

● 开展风险管理，定期进行风险评价；

● 努力向社会提供符合安全要求的高品质产品；

● 定期公布职业安全健康业绩，通过公众的监督，使我们的职业安全健康业绩得到持续改进，促使企业可持续发展；

● 公司的各级最高管理者是职业安全健康的第一责任人，每位员工对公司的职业安全健康事务负有义不容辞的责任，职业安全健康表现是公司奖励和聘用员工及承包商的重要依据。

案例8　某燃气公司职业健康安全承诺

● 严格遵守国家和地方的OHS法律法规以及相关的集团公司制度和企业标准；

● 本着“安全第一，预防为主”的准则，制定OHS目标，并逐步实施；

● 定期开展危险、有害因素辨识与风险评价，制定有效控制措施，保障员工工作环境的安全；

● 加强员工教育培训，提高员工健康安全意识，关注员工身心健康；

● 定期向集团公司汇报OHS业绩，和公众加强沟通；

● 发动全体员工，持续提高职业健康安全管理业绩，以达到“安全供气、优质服务”之目的。

案例9　BP公司的HSE承诺

BP公司提出在其所有的生产经营活动中，都要做到：

● 不论在世界上的任何地方开展生产和经营活动，将完全遵守所有的法律法规，达到或超过其要求。

● 提供安全的工作环境，保护人身、财产和生产经营活动不受伤害或损害。

● 确保所有的雇员、承包商和其他有关人员的信息沟通，训练有素，积极参与，并承诺投身不断改进HSE的过程。要意识到安全生产不仅要有技术可靠的装置和设备，还离不开称职的员工和活跃的HSE文化，没有任何活动重要到可以置安全于不顾。

● 定期检查，确保所采取的措施行之有效。

● 全员参加危险、有害因素识别和风险评估、保障审查以及HSE结果报告。

● 保持公众对其生产整体性的信心。公开报告HSE业绩，征求外部人士的意见以增进与BP公司生产活动有关的内外部HSE问题的了解。

● 要求代表BP公司工作的各方认识到他们会影响到BP公司的生产及声誉，因而必须按照BP公司的标准开展工作。确保BP公司自身、承包商和其他各方的管理体系充分支持BP公司对HSE业绩的承诺。

● BP公司的每一项生产和经营活动都必须满足HSE各项要求。

【标准化要求】5

企业主要负责人应定期组织召开安全生产委员会(以下简称安委会)或领导小组会议。

【企业达标标准】

主要负责人定期组织召开安委会会议，或定期听取安全生产工作情况汇报，了解安全生产状况，解决安全生产问题。

企业应定期召开安委会会议或安全生产领导小组会议，如每月、每季度或半年召开一次，分析、研究当前生产经营活动中存在的安全生产问题或安全隐患，明确责任部门、要求等，部署下一阶段的安全工作重点和要求。会议应形成纪要和记录。

【标准化要求】6

无。

【企业达标标准】

1. 落实领导干部带班制度；

2. 主要负责人要对领导干部带班负全责。

企业要建立领导干部现场带班制度，带班领导负责指挥企业重大异常生产情况和突发事件的应急处置，抽查企业各项制度的执行情况，保障企业的连续安全生产。企业副总工程师以上领导干部要轮流带班。生产车间也要建立由管理人员参加的车间值班制度。要切实加强企业夜间、节假日和重要时期值班工作，及时报告和处理异常情况和突发事件。企业主要负责人要对领导干部带班负全责。

2.3　职责

【标准化要求】1

企业应制定安委会和管理部门的安全职责。

【企业达标标准】

制定安委会和各管理部门及基层单位的安全职责。

企业应明确各职能部门的安全职责，衔接好不同职能间和不同层次间的职责，形成文件。

企业应明确以下安全生产管理机构和职能部门的安全职责：

(1) 决策机构；

(2) 安委会或领导小组；

(3) 安全生产管理机构；

(4) 机械、动力、设备部门；

(5) 生产、技术、计划、调度、质量、计量部门；

(6) 消防、保卫部门；

(7) 职业卫生、环保部门；

(8) 供销、运输部门；

(9) 基建(工程)部门；

(10) 劳动人事、教育部门；

(11) 财务部门；

(12) 工会部门;

(13) 科研、设计、规划部门;

(14) 行政、后勤部门;

(15) 其他有关部门。

企业还应该明确生产基层单位和班组的安全职责。

企业应将安全生产职责和权限向所有相关人员传达,确保使其了解各自职责的范围、接口关系和实施途径。

【标准化要求】2

企业应制定主要负责人、各级管理人员和从业人员的安全职责。

【企业达标标准】

1. 明确主要负责人安全职责,对《安全生产法》规定的主要负责人安全职责进行细化;

2. 明确各级管理人员的安全职责,做到"一岗一责";

3. 明确从业人员安全职责,做到"一岗一责"。

企业要建立、完善并严格履行"一岗一责"的全员安全生产责任制,尤其是要完善并严格履行企业领导层和管理人员的安全生产责任制。岗位安全生产责任制的内容要与本人的职务和岗位职责相匹配。

企业应明确所有管理人员和从业人员的安全职责和权限,形成文件。主要负责人应熟悉和落实《安全生产法》所赋予的法定安全职责,并对从业人员的安全负最终责任,在安全生产工作中起领导作用。各级管理人员应有效管理其管辖范围内的安全生产工作。

企业应明确以下人员的安全职责:

(1) 主要负责人或个人经营的投资人;

(2) 经理(厂长、总裁等)、副经理(副厂长、副总裁等);

(3) 总工程师、总经济师、总会计师、总机械师、总动力师及各副总;

(4) 各级管理人员;

(5) 各级专(兼)职安全员、安全工程师及技术人员;

(6) 从业人员等。

【标准化要求】3

企业应建立安全生产责任考核机制,对各级管理部门、管理人员及从业人员安全职责的履行情况和安全生产责任制的实现情况进行定期考核,予以奖惩。

【企业达标标准】

1. 建立安全生产责任制考核机制;

2. 对企业负责人、各级管理部门、管理人员及从业人员安全生产责任制进行定期考核,予以奖惩。

企业应建立安全责任考核制度,规定考核职责、频次、方法、标准、奖惩办法等,建立考核机制,定期对安全职责的履行情况和安全生产责任制的实现情况进行考核。

安全生产责任制是企业各项安全生产规章制度的核心,是企业行政岗位责任制度和经济责任制度的重要组成部分。安全生产责任制是按照安全生产方针和"管生产必须管安全"的原则,将各级管理人员、各职能部门、各基层单位、班组和广大从业人员在安全生产方面应该做的工作和应负的责任加以明确规定的一种制度。企业安全生产责任制的核心是实现安全生产的"五同时"，即在计划、布置、检查、总结和评比生产的同时，计划、布置、检查、总结和评比安全工作。安全生产责任制包括两个方面：一是纵向，从主要负责人到一般从业人员的安全生产责任制；二是横向，从安委会到各职能部门的安全生产责任制。

【标准化要求】4

无。

【企业达标标准】

二级企业建立了健全的安全生产责任制和安全生产规章制度体系，并能够持续改进。

二级企业安全生产责任制和安全生产规章制度要形成体系，从制度建立、落实、检查考核和评审各个环节要进行规范管理，并根据国家有关法规要求和企业实际情况及时修订完善相关内容，做到持续改进。

2.4　组织机构

【标准化要求】1

企业应设置安委会，设置安全生产管理部门或配备专职安全生产管理人员，并按规定配备注册安全工程师。

【企业达标标准】

1. 设置安委会。

2. 设置安全管理机构或配备专职安全管理人员。安全生产管理机构要具备相对独立职能。专职安全生产管理人员应不少于企业员工总数的2%（不足50人的企业至少配备1人），要具备化工或安全管理相关专业中专以上学历，有从事化工生产相关工作2年以上经历。

3. 按规定配备注册安全工程师，且至少有一名具有3年化工安全生产经历；或委托安全生产中介机构选派注册安全工程师提供安全生产管理服务。

企业应根据规模大小，建立安委会或领导小组，安委会或领导小组应该由企业的主要负责人领导，由安全生产相关人员、工会人员参加。

企业应按照《安全生产法》第十九条规定，设置专门的安全生产管理机构或配备专职的安全生产管理人员。《国家安全监管总局、工业和信息化部关于危险化学品企业贯彻落实〈国务院关于进一步加强企业安全生产工作的通知〉的实施意见》（安监总管三〔2010〕186号）对企业安全生产管理机构的设置和专职安全生产管理人员的配备作出了具体规定。

企业应按照国家关于注册安全工程师的有关规定，配备、使用注册安全工程师。如果企业没有条件培养注册安全工程师，则应与安全生产中介机构签订委托协议，由其选派符合要求的注册安全工程师为企业提供安全生产管理服务。配备或选派的注册安全工程师，应至少有一名具有3年化工安全生产经历。

【标准化要求】2

企业应根据生产经营规模大小，设置相应的管理部门。

【企业达标标准】

1. 根据生产经营规模设置相应管理部门；

2. 生产、储存剧毒化学品、易制毒危险化学品的单位，应当设置治安保卫机构，配备专职治安保卫人员。

企业应根据规模大小和风险特点，设置设备、技术、生产、动力、后勤等管理部门。为了加强对剧毒化学品、易制毒危险化学品的管理，防止其被盗失窃而引发事故，企业还应设置治安保卫部门或配备专职治安保卫人员。

【标准化要求】3

企业应建立、健全从安委会到基层班组的安全生产管理网络。

【企业达标标准】

建立从安全生产委员会到管理部门、车间、基层班组的安全生产管理网络，各级机构要配备负责安全生产的人员。

企业应健全基层单位和基层班组的安全管理组织，建立从安委会、管理部门、基层单位、基层班组的安全生产管理网络，各级组织在其管辖范围内都应有负责安全生产的管理人员。

2.5　安全生产投入

【标准化要求】1

企业应依据国家、当地政府的有关安全生产费用提取规定，自行提取安全生产费用，专项用于安全生产。

【企业达标标准】

根据国家及当地政府规定，建立和落实安全生产费用管理制度，确保安全生产需要。

为了保证企业改善劳动条件所需的资金，国务院曾于1979年规定“企业每年在固定资产更新和技术改造费用中提取10%~20%用于改善劳动条件”。1993年新的会计制度实行后，取消了这一规定。但新的财务制度规定“企业在基本建设和技术改造过程中发生的劳动安全措施有关费用，直接计入在建工程成本，企业在生产过程中发生的劳动保护费用直接计入制造费用”。新制度使劳动安全措施经费不受任何比例限制，拓宽了费用来源。《安全生产法》“第十八条 生产经营单位应当具备的安全生产条件所必需的资金投入，由生产经营单位的决策机构、主要负责人或者个人经营的投资人予以保证，并对由于安全生产所必需的资金投入不足导致的后果承担责任。”财政部、国家安全生产监督管理总局于2006年联合下发了《“高危行业企业安全生产费用财务管理暂行办法”的通知》(财企〔2006〕478号)，明确规定了安全费用提取的标准、范围、使用和管理以及财务监督等的管理办法。但事实上，近年来由于各种原因，大多企业未能严格按照478号文的规定足额提取和使用安全生产费用，以至于存在的安全隐患越来越多，风险增大，事故后果严重。2012年2月，财政部、国家安全生产监督管理总局又联合发布了《企业安全生产费用提取和使用管理办法》(财企〔2012〕16号)，该办法对财企〔2006〕478号文进行了修订完善，扩大了办法的适用范围，安全生产费用的提取和使用不再仅仅局限于高危行业。同时，安全生产费用提取和使用管理也由暂行办法变为正式管理办法。

为了保证安全生产所需的费用，满足《安全生产法》、《国务院关于进一步加强安全生产工作的决定》等有关规定，企业应该建立安全投入保障制度，明确安全费用的提取标准，按照确定的提取标准自行提取，并且用于安全生产，不得挪作他用。

企业的决策机构、主要负责人或个人经营的投资人应该确保安全生产的资金投入，避免产生严重的后果。

【标准化要求】2

企业应按照规定的安全生产费用使用范围，合理使用安全生产费用，建立安全生产费用台账。

【企业达标标准】

1. 按照国家及地方规定合理使用安全生产费用；

2. 建立安全生产费用台账，载明安全生产费用使用情况。

企业应该建立安全费用台账，记录安全费用的提取情况和安全费用的使用情况。安全费用台账的保存期限，应该满足有关规定的要求。

依法保证安全生产所必需的资金投入包括：

（1）完善、改造和维护安全防护设施设备支出（不含“三同时”要求初期投入的安全设施），包括车间、库房、罐区等作业场所的监控、监测、通风、防晒、调温、防火、灭火、防爆、泄压、防毒、消毒、中和、防潮、防雷、防静电、防腐、防渗漏、防护围堤或者隔离操作等设施设备支出；

（2）配备、维护、保养应急救援器材、设备支出和应急演练支出；

（3）开展重大危险源和事故隐患评估、监控和整改支出；

（4）安全生产检查、评价（不包括新建、改建、扩建项目安全评价）、咨询和标准化建设支出；

（5）配备和更新现场作业人员安全防护用品支出；

（6）安全生产宣传、教育、培训支出；

（7）安全生产适用的新技术、新标准、新工艺、新装备的推广应用支出；

（8）安全设施及特种设备检测检验支出；

（9）其他与安全生产直接相关的支出。

主要承担安全管理责任的集团公司经过履行内部决策程序，可以对所属企业提取的安全费用按照一定比例集中管理，统筹使用。

【标准化要求】3

企业应依法参加工伤保险或安全责任险，为从业人员缴纳保险费。

【企业达标标准】

依法参加工伤保险，为全体从业人员缴纳保险费。

购买工伤保险是法律强制性要求。国务院2003年4月27日颁发的《工伤保险条例》规定，“任何用人单位都必须为员工（事实用工关系的人员）购买工伤保险，从而保障因工作遭受事故伤害或者患职业病的职工获得医疗救治和经济补偿，促进工伤预防和职业康复，分散用人单位的工伤代价。”因此，企业应该按照规定为所有的从业人员购买工伤社会保险，以解除从业人员的后顾之忧。

同时，企业还应当为从事易燃、易爆和剧毒等高危作业的人员办理意外伤害保险。所需保险费用直接列入成本(费用)，不在安全费用中列支。企业为职工提供的职业病防治、工伤保险、医疗保险所需费用，不在安全费用中列支。

【标准化要求】4

无。

【企业达标标准】

实行全员安全风险抵押金制度或安全责任保险。

《国务院关于进一步加强企业安全生产工作的通知》(国发〔2010〕23号)规定，高危行业企业要探索实行全员安全风险抵押金制度，积极稳妥推行安全生产责任保险制度。《国家安全监管总局、工业和信息化部关于危险化学品企业贯彻落实〈国务院关于进一步加强企业安全生产工作的通知〉的实施意见》(安监总管三〔2010〕186号)也对此作出了相关规定，明确企业要积极推行安全生产责任险，实现安全生产保障渠道多样化。

3 风险管理

3.1 范围与评价方法

【标准化要求】1

企业应组织制定风险评价管理制度，明确风险评价的目的、范围和准则。

【企业达标标准】

1. 制定风险评价管理制度，并明确风险评价的目的、范围、频次、准则及工作程序；

2. 明确各部门及有关人员在开展风险评价过程中的职责和任务。

企业应建立风险评价管理制度，确定评价组织、负责人、目的、范围、准则、方法、时机和频次，明确各部门及有关人员在开展风险评价过程中的职责、任务和工作程序，适时进行风险评价，控制风险，预防事故或事件的发生。

【标准化要求】2

企业风险评价的范围应包括：

(1) 规划、设计和建设、投产、运行等阶段；

(2) 常规和非常规活动；

(3) 事故及潜在的紧急情况；

(4) 所有进入作业场所人员的活动；

(5) 原材料、产品的运输和使用过程；

(6) 作业场所的设施、设备、车辆、安全防护用品；

(7) 丢弃、废弃、拆除与处置；

(8) 企业周围环境；

(9) 气候、地震及其他自然灾害等。

【企业达标标准】

风险评价范围满足标准要求。

1）危险、有害因素识别（风险评价）的范围

本要素所涉及风险评价的责任主体为企业，要求企业将风险评价作为一个安全管理工具来使用。范围中除第（1）条应由企业按照国家有关规定规范管理，选择有相应资质的中介机构进行安全评价或评估之外，其余 8 条大致可划分为三大类：危险性作业活动；设备、设施；企业的周围环境及地质条件。企业在确定风险评价范围时，要做到横向到边，纵向到底，不留死角。

企业可以通过事先风险分析、评价，制定风险控制措施，将管理关口前移，实现事前预防，达到消减危险、有害因素，控制风险的目的。

风险分析时机：常规活动每年一次（检查与评审），非常规活动开始之前。

常规活动：是按组织策划的安排在正常状态下实施的活动。如出料、切换、清罐（塔、器）、加料、提（降）负荷及重要参数的调整、巡检和作业现场清理等按既定要求和计划实施的生产运行活动以及按计划的安排进行的设备设施的维护保养活动等。

非常规活动：是组织在风险较大以及异常和紧急情况下实施的活动。如装置开停车、重大隐患项目治理、生产设备出现故障而进行的临时抢修、突然停电、水、气（汽）的处理等活动。

企业应该识别所有常规和非常规的生产经营活动，所有生产现场使用的设备设施和作业环境中存在的危险、有害因素，通过工程控制、行政管理和个人防护等措施，有效消减风险，遏制事故，避免人身伤害、死亡、职业病、财产损失和工作环境破坏等意外事故的发生。

2）基本内容

（1）危险、有害因素　可能造成人员伤亡、疾病、财产损失、工作环境破坏的根源或状态。这种“根源或状态”来自作业环境中物的不安全状态、人的不安全行为、有害的作业环境和管理上的缺陷。

危险、有害因素识别也称之为危险、有害因素辨识，是认知危险、有害因素的存在并确定其特性的过程。

对危险、有害因素的概念要有正确的理解，需注意危险、有害因素是造成事件的根源或状态，不是事件本身。如，不能将火灾或爆炸当成危险、有害因素，而应把导致火灾或爆炸的因素找出来。造成一个事件的危险、有害因素可能有很多，应一一识别出来。还应将事件发生后可能出现的结果识别出来。参见图 4－3。

（2）危险、有害因素的根源及性质　在进行危险、有害因素识别时，应充分考虑危险、有害因素的根源及性质。如，造成火灾和爆炸的因素；造成冲击与撞击、物体打击、高处坠落、机械伤害的原因；造成中毒、窒息、触电及辐射（电磁辐射、同位素辐射）的因素；工作环境的化学性危险、有害因素和物理性危险、有害因素；人机工程因素（比如工作环境条件或位置的舒适度、重复性工作、照明不足等）；设备的腐蚀、焊接缺陷等；导致有毒有害物料、气体泄漏的原因等。危险、有害因素识别按照《企业职工伤亡事故分类标准》（GB 6441—1986）附录 A－A6 不安全状态和附录 A－A7 不安全行为，可以认为导致事故发生的直接原因即为危险、有害因素。导致《企业职工伤亡事故分类标准》（GB 6441—1986）所列的 20 类事故的因素也可以认为是危险、有害因素。

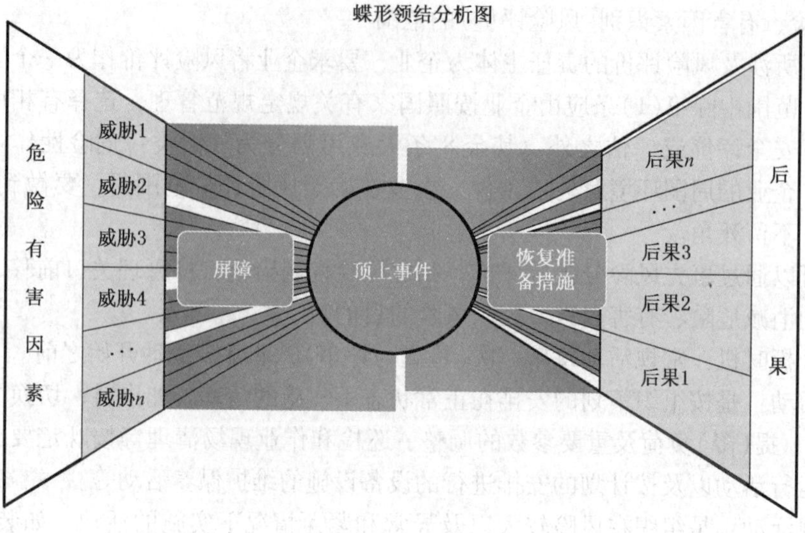

图 4 - 3 危险、有害因素 - 事件 - 后果关系图

属于物的不安全状态的有：

① 装置、设备、工具、厂房等。包括：设计不良，指设计强度不够，稳定性不好，密封不良，外形缺陷，外露运动件，缺乏必要的连接装置，构成的材料不合适；防护不良，指无安全防护装置或不完善，无接地、绝缘或接地绝缘不充分，缺个人防护用具或个人防护用具不良；维护不良，指设备废旧、疲劳、过期而不更新，出了故障未处理，平时维护不善。

② 物料。包括：物理性物料，指高温物(固液气)、低温物、粉尘与气溶胶、运动物；化学性物料，指易燃易爆物质、自燃物质、有毒物质、腐蚀性物质、其他化学危险、有害因素物质；生物性物料，指致病微生物、传染性媒介物、致害动物、致害植物、其他生物性危险、有害因素。

③ 有害噪声的产生。包括：机械性、液体流动性、电磁性等各种噪声。

④ 振动等。

属于人的不安全行为的有：

① 不按规定方法操作，不按规定使用，使用有毛病的，选用有误，离开运转的机械，机械超速，送料或加料过快，机动车超速，违章驾驶。

② 不采取安全措施。如不防意外风险，不防装置突然开动，无信号开车，无信号移动物体。

③ 对运转设备清洗、加油、修理、调节，对运转装置、带电设备、加压容器、加热物、装有危险物容器违规操作。

④ 使安全防护装置失效。如拆掉安全装置，或使之不起作用，或安全装置调整错误。

⑤ 制造风险状态。如货物过载。

⑥ 使用保护用具的缺陷。如不用护具，不穿安全鞋，使用护具方法错误。

⑦ 不安全放置。指在不安全状态下放置。

⑧ 接近危险场所。

⑨ 某些不安全行为。如用手代替工具。

⑩ 误动作等。

属于作业环境缺陷的有：

① 作业场所　无安全通道，间隔不足，配置缺陷，信号缺陷，标志缺陷。

② 环境因素　采光，通风，温度，压力，湿度，给排水等。

属于管理缺陷的有：

① 对物理性能控制的缺陷，设计检测不符合处置方面的缺陷。

② 对人失误控制的缺陷　教育、培训、检测。

③ 工艺过程作业过程程序的缺陷。

④ 作业组织的缺陷　人事安排不合理，负荷超限，禁忌作业，色盲。

⑤ 来自相关方的风险管理的缺陷　合同采购无安全要求。

⑥ 违反工效学原理　如所用机器不合人的生理、心理特点。

(3) 危险、有害因素产生的后果　危险、有害因素产生的后果包括人身伤害、死亡(包括割伤、挫伤、擦伤、肢体损伤等)、疾病(如头痛、呼吸困难、失明、皮肤病、癌症、肢体不能正常动作等)、财产损失、停工、违法、影响商誉、工作环境破坏、水和空气、土壤、地下水及噪声污染等。

【标准化要求】3

企业可根据需要，选择科学、有效、可行的风险评价方法。常用的评价方法有：

(1) 工作危害分析(JHA)；

(2) 安全检查表分析(SCL)；

(3) 预危险性分析(PHA)；

(4) 危险与可操作性分析(HAZOP)；

(5) 失效模式与影响分析(FMEA)；

(6) 故障树分析(FTA)；

(7) 事件树分析(ETA)；

(8) 作业条件危险性分析(LEC)等方法。

【企业达标标准】

1. 可选用 JHA 法对作业活动、SCL 法对设备设施(安全生产条件)进行危险、有害因素识别和风险评价；

2. 可选用 HAZOP 法对危险性工艺进行危险、有害因素识别和风险评价；

3. 选用其他方法对相关方面进行危险、有害因素识别和风险评价。

企业可根据需要，选择有效、可行的风险评价方法进行危险、有害因素识别、风险评价。其中比较常用和比较容易掌握的方法主要是工作危害因素分析(JHA)和安全检查表分析(SCL)，有条件的企业可选用危险与可操作性分析(HAZOP)进行工艺危害风险分析。本文主要介绍 JHA 和 SCL 两种方法。

(1) 工作危害分析(JHA)

从作业活动清单中选定一项作业活动，将作业活动分解为若干个相连的工作步骤，识别每个工作步骤的潜在危险、有害因素，然后通过风险评价，判定风险等级，制定控制措施。

作业步骤应按实际作业步骤划分，佩戴防护用品、办理作业票等不必作为作业步骤分析。可以将佩戴防护用品和办理作业票等活动列入控制措施。划分的作业步骤不能过粗，但过细也不胜繁琐，能让别人明白这项作业是如何进行的，对操作人员能起到指导作用为宜。电器使用说明书中对电器使用方法的说明可供借鉴。

作业步骤简单地用几个字描述清楚即可，只需说明做什么，而不必描述如何做。作业步骤的划分应建立在对工作观察的基础上，并应与操作者一起讨论研究，运用自己对这一项工作的知识进行分析。

对于每一步骤都要问可能发生什么事，给自己提出问题，比如操作者会被什么东西打着、碰着？他会撞着、碰着什么东西？操作者会跌倒吗？有无危险、有害因素暴露，如毒气、辐射、焊光、酸雾等等？危险、有害因素导致的事件发生后可能出现的结果及其严重性也应识别。然后识别现有安全控制措施，进行风险评估。如果这些控制措施不足以控制此项风险，应提出建议的控制措施。统观对这项作业所作的识别，规定标准的安全工作步骤。最终据此制定标准的安全操作程序。

识别各步骤潜在危险、有害因素时，可以按下述问题提示清单提问：

① 身体某一部位是否可能卡在物体之间？

② 工具、机器或装备是否存在危险、有害因素？

③ 从业人员是否可能接触有害物质？

④ 从业人员是否可能滑倒、绊倒或摔落？

⑤ 从业人员是否可能因推、举、拉用力过度而扭伤？

⑥ 从业人员是否可能暴露于极热或极冷的环境中？

⑦ 是否存在过度的噪声或震动？

⑧ 是否存在物体坠落的危险、有害因素？

⑨ 是否存在照明问题？

⑩ 天气状况是否可能对安全造成影响？

⑪ 存在产生有害辐射的可能吗？

⑫ 是否可能接触灼热物质、有毒物质或腐蚀性物质？

⑬ 空气中是否存在粉尘、烟、雾、蒸汽？

以上仅为举例，在实际工作中问题远不止这些。

还可以从能量和物质的角度做出提示。其中从能量的角度可以考虑机械能、电能、化学能、热能和辐射能等。机械能可造成物体打击、车辆伤害、机械伤害、起重伤害、高处坠落、坍塌等；热能可造成灼烫、火灾；电能可造成触电；化学能可导致中毒、火灾、爆炸、腐蚀。从物质的角度可以考虑压缩或液化气体、腐蚀性物质、可燃性物质、氧化性物质、毒性物质、放射性物质、病原体载体、粉尘和爆炸性物质等。

工作危害分析(JHA)的主要目的是防止从事此项作业的人员受伤害，当然也不能使他人受到伤害，不能使设备和其他系统受到影响或受到损害。分析时不能仅分析作业人员工作不规范的危险、有害因素，分析作业环境存在的潜在危险、有害因素，即客观存在的危险、有害因素更为重要。工作不规范产生的危险、有害因素和工作本身面临的危险、有害因素都应识别出来。我们在作业时常常强调“三不伤害”，即不伤害自己，不伤害别人，不被别人伤害。在识别危险、有害因素时，应考虑造成这三种伤害的危险、有害因素。

如果作业流程长作业步骤很多，可以按流程将作业活动分为几大块。每一块为一个大步骤，可以再将大步骤分为几个小步骤。

利用 JHA 法进行的危险、有害因素识别见案例 10、案例 11。

案例 10　工作危害分析记录表

工作任务：更换撒气轮胎　　工作岗位：________

分析人员：________　　日　　期：________

序号	工作步骤	危害	控制措施
1	停车	距过往车辆太近	将车开到远离交通的地方，打开应急闪光灯
		停车地面松软不平	选择牢固平整的地方
		可能向前或向后跑车	刹车、挂挡，在车轮前后斜对着撒气轮胎放垫块
2	搬备用轮胎和工具箱	因搬备用轮胎站位不当	将备用轮胎转入车轮凹槽正上位，两腿站立尽可能靠近轮胎，从车上举起备用轮胎并滚至漏气轮胎处
3	撬下轮毂帽、松开凸耳螺栓	轮毂帽可能崩出	撬轮毂帽平稳用力
		耳柄扳手可能滑动	耳柄扳手大小适合，缓慢平稳用力

案例 11　工作危害分析记录表

工作岗位：____　　工作任务：化学品罐内表面清洗

分析人员：____　　分析日期：____　审核人：____　审核日期：____

序号	工作步骤	危害	控制措施
1	确定罐内状况	a. 爆炸性气体 b. 氧气浓度不足 c. 化学品暴露：刺激性、有毒气体、粉尘或蒸气；刺激性、有毒、腐蚀性、高温液体；刺激性、腐蚀性固体 d. 转动的叶轮或设备	制定限制性空间进入程序（OSHA 标准 1910.146）；办理由安全、维修和领班签署的工作许可证；做空气分析试验，通风至氧气浓度为 19.5%～23.5%、可燃气体浓度小于爆炸下限的 10%（与国内标准不同，国内标准分为两类）；可能需要蒸煮储罐内表面，冲洗并排出废水，然后再如前所述通风；佩戴合适的呼吸装备——压缩空气呼吸器或长管呼吸器；穿戴个体防护服；携带吊带和救生索（参照：OSHA 标准：1910.106、1910.146，1926.100，1926.21（b）（6）；NIOSH Doc. #80－406）；如有可能，应从罐外清洗储罐
2	选择培训操作人员	a. 操作员有呼吸系统疾病或心脏病 b. 其他身体限制 c. 操作员未经培训，无法完成任务	由工业卫生医师检查是否适于工作；培训作业人员；演练（参照：NIOSH Doc. #80－406）
3	装配设备	a. 软管、绳索、设备——绊倒危险 b. 电气——电压太高，导体裸露 c. 马达——未闭锁，未挂警示牌	按序摆放软管、绳索、缆线和设备，留出安全机动的空间；使用接地故障断路器；如果有搅拌马达，则闭锁并挂警示牌

续表

序号	工作步骤	危 害	控 制 措 施
4	在罐内架设梯子	梯子滑动	牢牢地绑到人孔顶端或刚性结构上
5	准备进罐	罐内有气体或液体	通过储罐原有管线倒空储罐；回顾应急程序；打开储罐；由工业卫生医师或安全专家查看工作现场；在接到储罐的法兰上加装盲板；检测罐中空气(用长探头检测器)
6	在储罐进口处架设设备	绊倒或跌倒	使用机械操纵的设备；在罐顶工作位置周围安装栏杆
7	进 罐	a. 梯子——绊倒危险 b. 暴露于危险性环境	针对所发现的状况提供个体防护装备(参照：NIOSH Doc. #80 - 406；OSHA CFR 1910.134)；派罐外监护人，指令并引导操作员进罐，监护人应有能力在紧急状况下从罐中拉出操作员
8	清洗储罐	与化学品的反应，引起烟雾或使空气污染物释放出来	为所有作业人员和监护人提供防护服和防护装备；提供罐内照明(Ⅰ级，1组)；提供排气通风；向罐内提供空气；经常检测罐内空气；替换操作员或提供休息时间；如需要，提供求助用通讯手段；安排两人随时待命，以防不测
9	清 理	操纵设备，导致受伤	演练；使用工具操纵的设备

案例11由美国职业安全健康管理局编制，未作风险评价。我们可以从中体会到国外危险、有害因素识别的思路。

工作危害分析之后，经过评审，应进一步确定正确的作业步骤，制定此项作业的标准操作规程。由上述工作危害分析案例10写成的标准操作规程如下：

1. 停车

(1) 即便轮胎瘪了，也要慢慢开车，离开道路，开到远离交通的地方。打开应急闪光灯提示过往司机，过往车辆就不会撞你；

(2) 选择坚实平整的地方，这样就可以用千斤顶将车顶起而不致于跑车；

(3) 刹车挂挡，在车轮的前后放置垫块，这些措施可以防止跑车。

2. 取备用轮胎和工具箱

为避免腰背扭伤，朝上转动备用轮胎，转至轮槽的正上位。站位尽可能靠近备用轮胎主体，并滑动备用轮胎，使轮胎靠近身体，搬出并滚至撒气轮胎处。

3. 撬下轮毂帽松下凸耳螺栓(螺帽)

(1) 稳定用力，慢慢撬下轮毂帽，防止轮毂帽崩出伤人；

(2) 使用恰当的长柄扳手，稳定用力，慢慢卸下凸耳螺栓(螺帽)。这样扳手就不会滑动，伤不着你的关节了。

4. 如此往下编写……

(2) 安全检查表(SCL)分析

安全检查表分析方法是一种经验的分析方法，是分析人员针对拟分析的对象列出一些项目，识别与一般工艺设备和操作有关的已知类型的危险、有害因素、设计缺陷以及事故隐患，查出各层次的不安全因素，然后确定检查项目。再以提问的方式把检查项目按系统的组成顺序编制成表，以便进行检查或评审。

安全检查表分析可用于对物质、设备、工艺、作业场所或操作规程的分析。编制的依据主要有：

① 有关标准、规程、规范及规定；

② 国内外事故案例和企业以往的事故情况；

③ 系统分析确定的危险部位及防范措施；

④ 分析人个人的经验和可靠的参考资料；

⑤ 有关研究成果，同行业或类似行业检查表等。

用安全检查表分析危险、有害因素时，既要分析设备设施表面看得见的危险、有害因素，又要分析设备设施内部隐蔽的内部构件和工艺的危险、有害因素。超压排放；自保阀等安装方向；安全阀额定压力；温度、压力、黏度等工艺参数的过度波动；防火涂层的状态；管线腐蚀、框架腐蚀、炉膛超温、炉管爆裂、水冷壁破裂；仪表误报；泵、阀、管、法兰泄漏、盘管内漏；反应停留时间的变化；防火、安全间距、消防道路与装置和储罐的间距；报警联锁；防爆电气防爆问题、装置区的非防爆问题；消防器材数量；仪表误差；安全设施状况；作业环境等等，在识别危险、有害因素时都应考虑到。

用安全检查表对设备设施进行危险、有害因素识别时，应遵循一定的顺序。大而言之，可以先识别厂址，考虑地形、地貌、地质、周围环境、气象条件等，再识别厂区。厂区内可以先识别平面布局、功能分区、危险设施布置、安全距离方面的危险、有害因素，再识别具体的建筑物、构筑物和工艺流程等。小而言之，对于一个具体的设备设施而言，可以按系统一个一个地检查，或按部位顺序检查，从上到下、从左往右或从前往后都可以。以汽车为例，按系统检查可以检查制动系统、转向系统、润滑系统、冷却系统、发动机系统、传动系统、电气系统、灯光系统和防盗系统等。按部位检查则可检查车身、底盘、转向、传动、发动机和车灯等。

安全检查表分析的对象是设备设施、作业场所和工艺流程等，检查项目是静态的物，而非活动。故此所列检查项目不应有人的活动，即不应有动作。

项目列出之后，还应列出与之对应的标准。标准可以是法律法规的规定，也可以是行业规范、标准或本企业有关操作规程、工艺规程或工艺卡片的规定。有些项目是没有具体规定的，在这种情况下，可以由熟悉这个检查项目的有关人员确定。应该清楚，一个检查项目对应的标准可能不只一个。检查项目应该全面，检查内容应该细致。应该知道，达不到标准就是一种潜在危险、有害因素。

列出标准之后，还应列出不达标准可能导致的后果。应特别注意，系统之间的影响，对相邻系统的影响是一种更加重要的后果，应一并列出，并要考虑相应的控制措施，防止、消除或减轻设备之间或系统之间的影响。对装置内部的部件也应列出检查项目和控制措施。

检查项目和检查标准列出之后，还应列出现有控制措施。控制措施不仅要列报警、消防、检查检验等耳熟能详的控制措施，还应列出工艺设备本身带有的控制措施，如联锁、安全阀、液位指示、压力指示等。

例如，用安全检查表分析高压聚乙烯高压循环气体冷却器，检查内容为内管，检查标准：无腐蚀、无磨蚀、无泄漏，其控制措施只列出每班检查是不全面的。尚应注明用检测仪表检测内管泄漏的乙烯，并且巡检时查看此表。壳程冷却水中如有乙烯，所装仪表可检测出来。操作工每2h巡检一次，查看此仪表，记录读数。针对腐蚀和磨蚀的控制措施则应列出检修时进行无损探伤、做破坏性检测、金相分析、疲劳分析、应力分析、蠕变分析，并且内管使用的是进口特种管材。定期更换、预防性维护这类措施也应写入。工艺条件的波动，如温度、流量和压力的变化应在检查表中反映出来，并找出原因，还应分析参数波动对各系统的影响，提出相应措施。

对设备设施的分析不必单列仪表，而是以主体设备为分析对象，其他附属仪表、附件(如机泵、压力表、液位计、安全阀等)可以放在同一张表中分析。小型设备可以按区域或功能放在同一张表中分析，每一项设备为一个检查项目，每一项设备列出多项标准。

案例12是使用安全检查表分析法对聚乙烯合成装置做的危险、有害因素识别。很容易看得出来，表中并无危险、有害因素字样。此处应该特别强调，达不到检查标准的项目即为危险、有害因素。此分析记录表分析的项目以及所列的检查标准不见得全面，在此只是提供一种危险、有害因素识别的思路。

案例12　安全检查表分析

单　　位：聚乙烯合成装置　　设备名称：前段压缩机　　区域：压缩

分析人员：________　　日　　期：2005年12月28日

序号	检查项目	检查标准	未达标准的主要后果	现有控制措施	建议改正/控制措施
1	基础	表面无裂缝	设备损坏	大检修时检查	定期检查
		无明显沉降	设备损坏	大检修时检查	定期检查
		地脚螺栓无松动无断裂	设备损坏	大检修时检查，紧固或更换	定期检查
2	缓冲罐	无腐蚀减薄	耐压不够、爆炸	一年一次压力容器检测	
		出口无堵塞	超压引起爆炸	操作工每2小时巡检一次	
		法兰、螺栓无严重锈蚀	泄漏引起燃烧爆炸	日班管理人员每天检查一次	
3	安全阀	到压起跳	系统压力降低，操作不稳，财产损失，	一年校验一次，安全阀有备件	备用安全阀
		安全阀能自动复位	压力降低，操作不稳，财产损失	一年校验一次，安全阀有备件	
		安全阀无介质堵塞	超压不起跳，引起爆炸	一年校验一次	
4	活塞杆	磨损度在极限范围内	拉伤气缸、乙烯泄漏爆炸、财产损失	开车前盘车，大修时检查同轴、同心度	备活塞杆
		无裂纹	撞缸、乙烯泄漏爆炸、财产损失、人员伤亡	大修时无损探伤，检查余隙容积。检查锁紧螺母	备活塞杆
		活塞无异常声音	撞缸、乙烯泄漏爆炸、财产损失、人员伤亡	无损探伤，检查余隙容积	

续表

序号	检查项目	检查标准	未达标准的主要后果	现有控制措施	建议改正/控制措施
5	填　料	磨损量不引起乙烯向外泄漏	爆炸、人员伤亡、财产损失	乙烯自动检测，报警，及时更换填料	
		乙烯泄漏量≤250kg/h	资源消耗，财产损失	乙烯自动检测，报警，及时更换填料	
6	润滑油联锁系统	外部润滑油压力≥0.16MPa	停机、抱轴、烧坏电机、财产损失、着火爆炸	每小时检查一次压力，压力小于0.20MPa备用泵自动切换，压力小于0.16MPa装置联锁，中、大修时校验联锁系统，每3个月检查一次在用油质量，不合格及时更换，平时每年更换一次	
		内部润滑油压力注入正常	停机、抱轴、烧坏电机、财产损失、着火爆炸	每小时检查一次压力，注油不正常时，现场手动调整注油量，油泵停运时，系统联锁停车，每批油检验合格方可使用	
7	压缩机进出口温度	各段吸入温度<50℃ 各段出口温度<130℃	压机超温、气阀损坏、汽活塞杆拉伤/着火爆炸	每小时巡检一次	
8	电　机	电流≤222A	电机烧损，系统停车	电气人员每天巡检一次，操作人员每2h巡检一次	
		各联锁点完好	电机烧损，系统停车	自动监控	
		轴承无异声	电机烧损，系统停车	电气人员每天巡检一次，操作人员每2h巡检一次	
		电机绝缘性符合要求	电机烧损，系统停车，人员触电	每年检查绝缘性	
9	接　地	接地线连接完好	人员触电	安全检查时检查	

【标准化要求】4

企业应依据以下内容制定风险评价准则：

（1）有关安全生产法律、法规；

（2）设计规范、技术标准；

（3）企业的安全管理标准、技术标准；

（4）企业的安全生产方针和目标等。

【企业达标标准】

1. 根据企业的实际情况制定风险评价准则；

2. 评价准则应符合有关标准规范规定；

3. 评价准则应包括事件发生可能性、严重性的取值标准以及风险等级的评定标准。

企业制定的评价准则包括事件发生的可能性 L 和后果的严重性 S 及风险度 R。评价准则即是评价标准，对同一企业而言它是唯一的。但是它又是动态的，随着时间和企业的发展等情况而变化。企业在制定评价准则时，应依据：

(1) 有关安全生产法律、法规；

(2) 设计规范、技术标准；

(3) 企业的安全管理标准、技术标准；

(4) 企业的安全生产方针和目标等。

事件发生的可能性可参照表4－4来制定。

表4－4 事件发生的可能性(L)判断准则

等级	标准
5	在现场没有采取防范、监测、保护、控制措施，或危险、有害因素的发生不能被发现(没有监测系统)，或在正常情况下经常发生此类事故或事件
4	危险、有害因素的发生不容易被发现，现场没有检测系统，也未作过任何监测，或在现场有控制措施，但未有效执行或控制措施不当，或危险、有害因素常发生或在预期情况下发生
3	没有保护措施(如没有保护防装置、没有个人防护用品等)，或未严格按操作程序执行，或危险、有害因素的发生容易被发现(现场有监测系统)，或曾经作过监测，或过去曾经发生类似事故或事件，或在异常情况下发生过类似事故或事件
2	危险、有害因素一旦发生能及时发现，并定期进行监测，或现场有防范控制措施，并能有效执行，或过去偶尔发生危险事故或事件
1	有充分、有效的防范、控制、监测、保护措施，或员工安全卫生意识相当高，严格执行操作规程。极不可能发生事故或事件

而可能性 L 又与事件发生的频率和现有的预防、检测、控制措施有关。现有控制措施到位，并处于良好状态，则事件发生的可能性降低。表4－4所列等级数字越大，事件发生的可能性越大。

事件发生后结果的严重性可参照表4－5来制定。

表4－5 事件后果严重性(S)判别准则

等级	法律、法规及其他要求	人	财产损失/万元	环境影响	停　工	公司形象
5	违反法律、法规和标准	死亡	>50	大规模公司外	部分装置(>2套)或设备停工	重大国际国内影响
4	潜在违反法规和标准	丧失劳动能力	>25	公司内严重污染	2套装置停工、或设备停工	行业内、省内影响
3	不符合上级公司或行业的安全方针、制度、规定等	截肢、骨折、听力丧失、慢性病	>10	公司范围内中等污染	1套装置停工或设备	地区影响
2	不符合公司的安全操作程序、规定	轻微受伤、间歇不舒服	<10	装置范围污染	受影响不大，几乎不停工	公司及周边范围
1	完全符合	无伤亡	无损失	没有污染	没有停工	没有受损

风险的等级判定准则可参照表4－6制定。

表 4-6　风险等级判定准则及控制措施

风险度	等　级	应采取的行动/控制措施	实施期限
20~25	巨大风险	在采取措施降低危害前，不能继续作业，对改进措施进行评估	立刻
15~16	重大风险	采取紧急措施降低风险，建立运行控制程序，定期检查、测量及评估	立即或近期整改
9~12	中　等	可考虑建立目标、建立操作规程，加强培训及沟通	2年内治理
4~8	可接受	可考虑建立操作规程、作业指导书，但需定期检查	有条件、有经费时治理
<4	轻微或可忽略的风险	无需采用控制措施，但需保存记录	

企业要根据自己的实际特点，比如生产规模、危险程度等，参照表4-4、表4-5和表4-6，制定适合本单位的评价准则，以便于准确的进行风险评价。

3.2　风险评价

【标准化要求】1

企业应依据风险评价准则，选定合适的评价方法，定期和及时对作业活动和设备设施进行危险、有害因素识别和风险评价。企业在进行风险评价时，应从影响人、财产和环境等三个方面的可能性和严重程度分析。

【企业达标标准】

1. 建立作业活动清单和设备、设施清单；

2. 根据规定的频次和时机，开展危险、有害因素辨识、风险评价；

3. 从影响人、财产和环境等三个方面的可能性和严重性进行评价。

（1）建立作业活动清单和设备、设施清单。

① 按岗位划分作业活动

识别作业活动过程中的危险、有害因素通常要划分作业活动，作业活动可以按常规活动、非常规活动、开停车及管理活动等类别划分，工艺操作最好以生产装置的单元进行划分，管理活动以车间的管理岗位进行划分。进入受限空间作业，动火或高处作业，带压堵漏，物料搬运，机泵(械)的组装操作、维护、改装、修理，药剂配制，取样分析，承包商现场作业，弯头推制，吊装等皆属作业活动。作业活动清单参见表4-7。

表 4-7　作业活动清单

序　号	作业岗位(地点)	作业活动	备　注

② 设备、设施清单

识别危险、有害因素之前可先列出拟分析的设备设施清单，如表4－8所示。可参照设备设施管理台账，按照十大类别归类，同一单元或装置内介质、型号相同的设备设施可合并，在备注内写明数量。十大类别：炉类、塔类、反应器类、储罐及容器类、冷换设备类、通用机械类、动力类、化工机械类、起重运输类、其他设备类。

表4－8　设备设施清单

序　号	设备名称	位　号	类　别	部　门	备　注

③ 识别设备设施和管理活动的危险、有害因素可按下述顺序：

——厂址　地质、地形、周围环境、气象条件(台风)等；

——厂区平面布局　功能分区、危险设施布置、安全距离等；

——建(构)筑物；

——生产工艺流程；

——生产设备、装置、化工、机械、电气、特殊设施(锅炉)等；

——作业场所　粉尘、毒物、噪声、振动、辐射、高低温；

——工时制度、女工保护、体力劳动强度等；

——管理设施、急救设施、辅助设施等。

(2) 风险的定义。风险是发生特定危险事件的可能性及后果的结合。

$$风险度\ R=可能性\ L\times 后果严重性\ S$$

(3) 企业应根据已确定的评价准则进行评价。风险评价是评价风险程度并确定其是否在可接受范围的全过程。

可接受风险是企业符合法律义务，符合本单位的安全生产方针的风险，以及本单位经过评审认为可接受的风险。

企业在进行风险评价时，应从影响人、财产和环境等三个方面的可能性和严重程度分析。

风险应该是事件发生的可能性和事件发生结果的严重性的结合。导致事件发生的危险、有害因素有很多，可能性应该是所有可导致事件发生的危险、有害因素导致事件发生的可能性。至于后果则比较好判断，事件发生后结果的严重性可通过表4－5来判别。

应该清楚，可能性是不期望发生的事件或事故发生的可能性。可以按照图4－4所示的概念，将一项作业，一个装置或一个单元中可能导致同一事件发生的危险、有害因素找出来，评价此事件发生的可能性和此事件一旦发生，其后果的严重性。事件应尽可能找上一级事件，如管道破裂，可引起泄漏，泄漏又分为自储罐泄漏或自反应器泄漏，泄漏遇上点火源可导致火灾或爆炸、环境污染，如泄漏出来的物质有毒还可导致人员中毒。我们在做风险评价时，最好分析前面的事件，如分析破裂这一事件，对于管道破裂这一事件，可列出所有导致管道破裂的危险、有害因素因素，再列出管道破裂可能产生的结果，如自管道中的泄漏、自反应器的泄漏、自储罐的泄漏、中毒、火灾爆炸等。在此基础上评价各种危险、有害因素导致管道破裂发生的可能性和管道一旦破裂所产生结果的严重性。最终确定管道破裂的风险。分析事件的级别越往前，越能找出导致事件发生的原因，采取的措施越有针对性。危险、有害因素识别、风险评价事件选择概念参见图4－4。

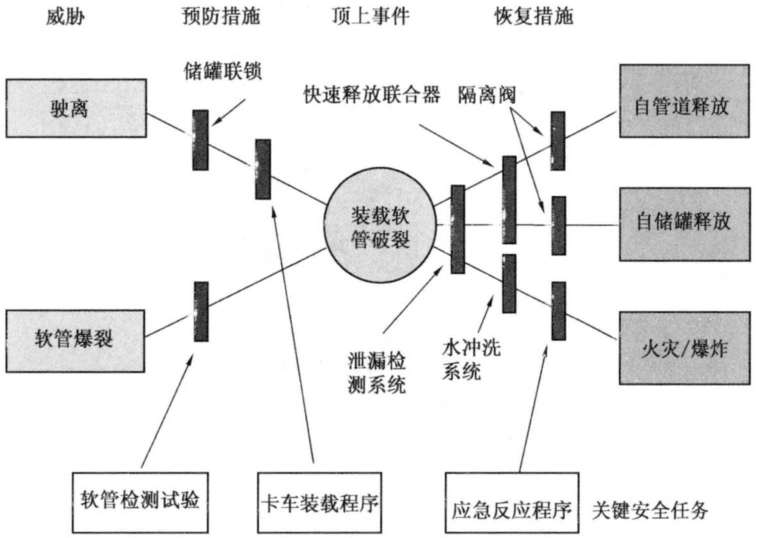

图4－4　风险评价事件的选择——槽车装载软管破裂

企业在进行风险评价时，应从影响人、财产和环境等三个方面的可能性和严重程度分析，重点考虑以下因素：

① 火灾和爆炸；

② 冲击和撞击；

③ 中毒、窒息和触电；

④ 有毒有害物料、气体的泄漏；

⑤ 其他化学、物理性危害因素；

⑥ 人机工程因素；

⑦ 设备的腐蚀、缺陷；

⑧ 对环境的可能影响等。

（4）风险管理的机理。危险、有害因素识别与风险评价的目的是控制风险，对风险实施风险管理。风险管理的机理是先确定分析的范围和目标，从我们从事的活动、使用的设备设施中选取分析对象，对作业活动、设备设施、工艺过程、作业场所等方面进行危险、有害因素识别。继而按照风险评价的准则进行风险评价，划分风险等级，确定风险是否属于可接受风险。对于不可接受风险，企业尚可根据风险值的大小将其分为极大风险、重要风险、中等风险等，分别规定整改的期限和整改措施。控制措施采取之后，应该再做一次风险评价，确定风险是否降低到了可容忍的程度。倘若风险尚未降低至可接受的程度，应该进一步采取措施，直至将风险降低至可接受的程度。各个环节都应该由相应级别的有关人员、部门或委员会进行监督和审查。风险管理的机理见图4-5。

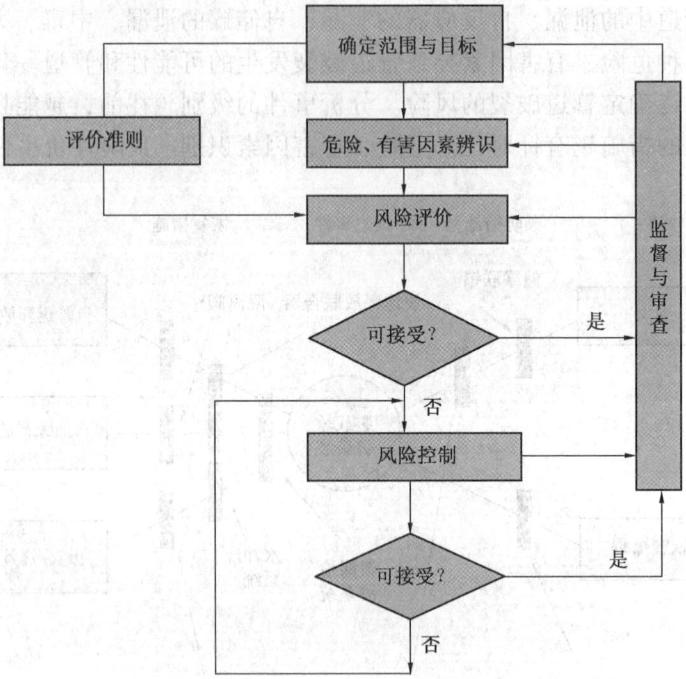

图4-5 风险管理的机理

按风险度 R = 可能性 $L\times$ 严重性 S，计算出风险值，判断是否属于可接受风险。如果是可接受风险，可以维持原有的管理。如果是不可接受风险，则应提出改进计划，用硬件方面的措施、软件方面的措施，或者说工程措施、技术措施、管理措施等对风险实施控制，使之达到可接受的程度。

【标准化要求】2

企业各级管理人员应参与风险评价工作，鼓励从业人员积极参与风险评价和风险控制。

【企业达标标准】

1. 厂级评价组织应有企业负责人参加；

2. 车间级评价组织应有车间负责人参加；

3. 所有从业人员应参与风险评价和风险控制。

企业的各级管理人员应负责组织、参与风险评价工作，鼓励从业人员积极参与风险评价和风险控制。全员参与是安全标准化的一个重要理念，各级领导和管理人员应充分重视风险管理。应做到厂级评价组织有企业负责人参加，车间级评价组织有车间负责人参加，所有从业人员都参与与自己工作和岗位相关的风险评价和风险控制，而不是仅仅几个人在应对这项工作。

3.3 风险控制

【标准化要求】1

企业应根据风险评价结果及经营运行情况等，确定不可接受的风险，制定并落实控制措施，将风险尤其是重大风险控制在可以接受的程度。企业在选择风险控制措施时：

1）应考虑

（1）可行性；

（2）安全性；

（3）可靠性。

2）应包括

（1）工程技术措施；

（2）管理措施；

（3）培训教育措施；

（4）个体防护措施。

【企业达标标准】

1. 根据风险评价的结果，建立重大风险清单；

2. 结合实际情况，确定优先顺序，制定措施消减风险，将风险控制在可以接受的程度；

3. 风险控制措施符合标准要求。

（1）记录重大风险

企业应根据风险评价的结果，即风险 R 值的大小，以表 4－6 为依据，将风险进行等级划分，确定重大风险，按优先顺序进行控制治理。

在识别危险、有害因素时，应该有针对性地将现有管理措施和技术措施、预防性措施和应急措施都列出来，以便平时经常检查控制措施的有效性、充分性。每年都应列出重大风险，提出风险控制措施。

企业对判定为重大风险的，应进行记录，并定期更新。记录格式可参照表 4－9。

表 4－9　重大风险及控制措施清单

序号	危险、有害因素	潜在事件及后果	风险等级	部门、装置、工艺、设施	改进措施	操作、技术人力资源需求限制	评估负责人	参考序号

保存部门：　　　　　　　　　　　　　　　　　　　　保存期限：　　年

（2）为了对风险进行有效的控制，制定针对性的预防和控制措施是必要的。

企业应根据风险评价的结果、自身经营情况、财务状况和可选技术等因素，确定优先顺序，制定措施消减风险，将风险控制在可以接受的程度，防止事故的发生。

企业需将危险、有害因素识别、风险评价的结果用于安全管理方案的制定，并作为员工培训、操作控制(编写安全操作规程、工艺规程)、应急预案编写、检查监督的输入信息。

在危险、有害因素识别、风险评价的同时，即应提出控制措施。应该先考虑消除危险、有害因素，再考虑抑制危险、有害因素，修订或制定操作规程，最后采用减少暴露的措施控制风险。

① 消除危险、有害因素，实现本质安全。

可以考虑选择其他先进的工艺过程，从根本上消除现有工艺过程中存在的危险、有害因素；改造现有的工艺过程，消除工艺过程中的危险、有害因素；可以考虑用危险性小的物质、原材料代替危险性大的物质、原材料。还可以通过改善环境，改进或更换装备或工具，提高装备、工具的安全性能来保证安全。

② 抑制(遏制)危险、有害因素。

可以考虑将系统封闭起来，使有毒有害物质无法散发出来。机器的旋转部分加装挡板，在噪音大、粉尘重的场所使用隔离间等措施来抑制危险、有害因素。

③ 修订或制定操作规程。

操作人员操作不当引发事故的可能性很大，因而通过危险、有害因素识别，尤其是工作危险、有害因素分析，规定适当的作业步骤，使作业人员按步骤、按顺序操作，对于保证安全非常重要。通过危险、有害因素识别，可以尽可能避开认为危险性较大的操作步骤，提出更为合理、安全的操作步骤，并以标准操作规程的形式固定下来，使作业人员有章可循，按程序操作。操作规程中应写明各步骤的主要危险、有害因素及其对应的控制方法，最好指出操作不当可能带来的后果。

④ 减少暴露，降低严重性。

控制措施的最后一道防线是个体防护用品。可以通过使用个体防护用品等措施来减少暴露，降低严重性。

具体地说，制定控制措施应当按危险、有害因素—事件—结果的关系，先列出预防性措施，即防止危险、有害因素导致事件或事故发生的措施，再列出事件一旦发生，防止事件发生产生的结果或减轻事件发生的后果严重性的措施，这些措施是恢复性措施(避免事件扩大，事件发生后经采取恢复性措施恢复到原来的安全状态)或应急措施。应当注意，导致事件发生的危险、有害因素有许多，每一项危险、有害因素都应采取几项措施。当然，措施既可以是硬件措施或技术措施，也可以是软件措施或管理措施。有时一项措施可以同时控制几项危险、有害因素或几个结果。

对结果的控制不容忽视。结果的控制措施可以是检测报警、联锁、自动切断、围堰、泄压、中和吸收、火炬烧掉、启动消防水系统和灭火器等。无论是预防性措施还是恢复性措施，都应与危险、有害因素或结果建立一一对应的关系。提出风险控制措施的思路也可以参见图4-4。

例如，针对管线泄漏提出的预防性措施为：按设计规范设计(注明管道和阀门等连接部位的密封方式)，材质符合要求(注明所用材料的材质)，投用前试漏，进行气密试验，进介质遵守升温规程进行热紧，平时巡检，按周期(注明具体时间跨度)进行强制性压力容器检测，无损探伤等；针对管线一旦发生泄漏提出的恢复性措施(应急措施)为：包盒子，带压注胶堵漏，启用紧急切断阀(注明手动、自动，抑或既可手动又可自动)，检测报警，消防通道，稳高压消防水系统，消防器材(注明数量、分布等信息)，应急预案。

危险、有害因素识别、风险评价工作对于企业的安全生产管理至关重要，企业领导应认真对待，不可敷衍了事。企业主管安全生产的负责人应该组织有关专业人员进行危险、有害因素识别，并提出控制措施。对于危险、有害因素识别、风险评价的结果，应组织力量评审，以确定危险、有害因素识别的全面性、风险评价的合理性和控制措施的充分性。

【标准化要求】2

企业应将风险评价的结果及所采取的控制措施对从业人员进行宣传、培训，使其熟悉工作岗位和作业环境中存在的危险、有害因素，掌握、落实应采取的控制措施。

【企业达标标准】

1. 制定风险管理培训计划；

2. 按计划开展宣传、培训。

企业应制定培训计划，将风险评价的结果、制定的控制措施，包括修订和新制定的安全生产规章制度、操作规程，及时向从业人员进行宣传、培训教育，以使从业人员熟悉其岗位和工作环境中的风险，应该采取的控制措施，保护从业人员的生命安全，保证安全生产。

3.4 隐患排查与治理

【标准化要求】1

企业应对风险评价出的隐患项目，下达隐患治理通知，限期治理，做到定治理措施、定负责人、定资金来源、定治理期限。企业应建立隐患治理台账。

【企业达标标准】

1. 建立隐患治理台账；

2. 对查出的每个隐患都下达隐患治理通知，明确责任人、治理时限；

3. 重大隐患项目做到整改措施、责任、资金、时限和预案“五到位”；

4. 按期完成隐患治理。

事故源于隐患，隐患是滋生事故的土壤和温床。“预防为主、综合治理”的前提，就是首先通过主动排查，全方位、全过程地去发现存在的隐患，然后综合采取各种有效手段，治理各类隐患和问题，把事故消灭在萌芽状态。只有这样，“安全第一”才能得到真正地实现。从这个意义上说，排查治理隐患是落实安全生产方针的最基本任务和最有效途径。

(1) 隐患的定义及分级

① 隐患的定义。安全生产事故隐患，是指生产经营单位违反安全生产法律、法规、规章、标准、规程和安全生产管理制度的规定，或者因其他因素在生产经营活动中存在可能导致事故发生的物的危险状态、人的不安全行为和管理上的缺陷。

② 隐患的分级。根据隐患的整改、治理和排除的难易程度及其风险的大小，《安全生产事故隐患排查治理暂行规定》(国家安全生产监督管理总局第16号令)将事故隐患分为一

般事故隐患和重大事故隐患。一般事故隐患，是指危害和整改难度较小，发现后能够立即整改排除的隐患。重大事故隐患，是指危害和整改难度较大，应当全部或者局部停产停业，并经过一定时间整改治理方能排除的隐患，或者因外部因素影响致使生产经营单位自身难以排除的隐患。

(2) 隐患排查

企业应制定隐患排查治理管理制度，明确职责分工、隐患排查方式及频次、排查内容和工作要求，建立隐患排查治理体制、机制，使其日常化、规范化，严格按照《危险化学品企业事故隐患排查治理实施导则》的要求开展隐患排查工作。

隐患排查工作可与企业各专业的日常管理、专项检查和监督检查等工作相结合。涉及重点监管危险化工工艺、重点监管危险化学品和重大危险源(简称“两重点一重大”)的危险化学品生产、储存企业应定期开展危险与可操作性分析(HAZOP)，用先进科学的管理方法系统排查事故隐患。对排查出的事故隐患，应当按照事故隐患的等级进行登记，建立事故隐患信息管理台账。

(3) 隐患治理

隐患治理就是指消除或控制隐患的活动或过程。隐患治理要做到定治理措施、定负责人、定资金来源、定治理期限。对于一般事故隐患，由于其危害和整改难度较小，发现后应当由基层单位(车间、分厂、区队等)负责人或者有关人员立即组织整改。对于重大事故隐患，由生产经营单位主要负责人组织制定并实施事故隐患治理方案。

企业应将已确定的控制措施，按照优先顺序，逐项进行落实。对确定为重大隐患项目的风险，应制定隐患治理方案，明确责任人、责任部门、技术方法、资源和预案，做到“五到位”，并定期对方案的实施情况进行检查，确保隐患治理方案的有效实施。

【标准化要求】2

企业应对确定的重大隐患项目建立档案，档案内容应包括：

(1) 评价报告与技术结论；

(2) 评审意见；

(3) 隐患治理方案，包括资金概预算情况等；

(4) 治理时间表和责任人；

(5) 竣工验收报告；

(6) 备案文件。

【企业达标标准】

建立重大隐患项目档案，包括隐患名称、标准要求内容及“五到位”等内容。

重大隐患应建立档案，事故隐患档案内容包括：评价报告与技术结论；评审意见；隐患治理方案，包括资金概预算情况等；治理时间表和责任人；竣工验收报告；备案文件等。事故隐患排查、治理过程中形成的传真、会议纪要、正式文件等，也应归入事故隐患档案。

重大隐患治理方案应当包括以下内容：

(1) 治理的目标和任务；

(2) 采取的方法和措施；

(3) 经费和物资的落实；

(4) 负责治理的机构和人员；

(5) 治理的时限和要求；

(6) 安全措施和应急预案。

重大隐患项目治理结束后，有关部门应组织验收，并形成报告。

【标准化要求】3

企业无力解决的重大事故隐患，除应书面向企业直接主管部门和当地政府报告外，应采取有效防范措施。

【企业达标标准】

1. 暂时无力解决的重大事故隐患，应制定并落实有效的防范措施；

2. 书面向主管部门和当地政府、安全监管部门报告，报告要说明无力解决的原因和采取的防范措施。

对于涉及周边社区、相邻企业等重大事故隐患，可能仅靠企业自身力量无法解决，需要当地政府或上级主管部门出面协调方能解决。在这种情况下，企业应书面向企业直接主管部门和当地政府报告，报告要说明无力解决的原因和采取的防范措施，取得有关政府部门的确认。

【标准化要求】4

企业对不具备整改条件的重大事故隐患，必须采取防范措施，并纳入计划，限期解决或停产。

【企业达标标准】

1. 不具备整改条件的重大事故隐患，必须采取防范措施；

2. 纳入隐患整改计划，限期解决或停产；

3. 书面向主管部门和当地政府、安全监管部门报告，报告要说明不具备整改条件的原因、整改计划和防范措施等。

对于不具备整改条件的重大事故隐患，比如隐患治理需要等待时机，备品、备件不到位等，企业也应书面向主管部门和当地政府、安全监管部门报告，报告要说明不具备整改条件的原因、整改计划和防范措施等。经风险评估，在采取了防范措施以后，其风险仍为不可接受，必须立即停产治理。

【标准化要求】5

无。

【企业达标标准】

二级企业符合本要素要求，不得失分，不存在重大隐患。

安全标准化二级企业应加强本要素管理，在达标评审中不得失分，且不存在重大隐患。

【标准化要求】6

无。

【企业达标标准】

一级企业建立安全生产预警预报体系。

企业应根据生产经营状况及隐患排查治理情况，运用定量的安全生产预测预警技术，建立体现企业安全生产状况及发展趋势的预警指数系统。

预警(Early Warning)，联合国国际减灾战略(ISDR)把它定义为：由专门的机构提供及时和有效的信息，使得处在危险中的个人或组织迅速采取行动以避免或减少他们的风险，并准备有效的应对。一般而言，有效的预警应该做到：

(1) 要确保系统所获得的预警信息来源是可靠和及时的；

(2) 要在任何地点、任何时候，送达到所有处在危险中的人；

(3) 尽量不要惊动无关的人，以免扰乱正常的秩序；

(4) 预警信息容易被使用者认知，并能指导他们的行动；

(5) 预警信息的传递需要有可信的渠道，避免谣言的传播和干扰。

预警系统包括四个关键要素：风险知识、监测和警示服务、分发和沟通以及应急能力。通过对企业定期排查出的安全隐患进行统计、分析、处理，并对隐患可能导致的后果进行定性分级，并结合安全投入、隐患治理、教育培训、建章立制等因素，运用预测预警技术，建立预测模型，用数值定量化表示企业安全生产现状和趋势，同时形成直观的、动态的表征企业当前安全生产状况及未来安全生产发展趋势的安全生产预警指数图。安全预警指数的作用在于客观地、定量地对可能发生的危险进行事先预报，提请企业负责人及全体员工注意，使企业及时、有针对性地采取预防措施，最大限度地消除和降低事故发生概率及后果的严重程度。

3.5 重大危险源

【标准化要求】1

企业应按照 GB 18218 辨识并确定重大危险源，建立重大危险源档案。

【企业达标标准】

1. 按照 GB 18218 辨识并确定重大危险源；

2. 建立重大危险源档案，包括：辨识、分级记录；重大危险源基本特征表；区域位置图、平面布置图、工艺流程图和主要设备一览表；重大危险源安全管理制度及安全操作规程；安全监测监控系统、措施说明；事故应急预案；安全评价报告或安全评估报告。

为了预防和减少重大生产安全事故的发生，降低事故造成的损失，企业应建立重大危险源管理制度，通过技术措施(包括化学品的选择、设施的设计、建设、运行、维护及定期检查等)、组织措施(包括对从业人员的培训教育、提供防护器具、从业人员的技术技能、作业时间、职责的明确以及对临时人员的管理等)，对重大危险源实施有效管理。

企业应按照《危险化学品重大危险源辨识》(GB 18218)的规定，辨识并确定重大危险源，建立重大危险源档案，档案应包括以下内容：

(1) 辨识、分级记录；

(2) 重大危险源基本特征表；

(3) 涉及的所有化学品安全技术说明书；

(4) 区域位置图、平面布置图、工艺流程图和主要设备一览表；

(5) 重大危险源安全管理规章制度及安全操作规程；

(6) 安全监测监控系统、措施说明、检测、检验结果；

(7) 重大危险源事故应急预案、评审意见、演练计划和评估报告；

（8）安全评估报告或者安全评价报告；
（9）重大危险源关键装置、重点部位的责任人、责任机构名称；
（10）重大危险源场所安全警示标志的设置情况；
（11）其他文件、资料。

【标准化要求】2

企业应按照有关规定对重大危险源设置安全监控报警系统。

【企业达标标准】

1. 重大危险源涉及的压力、温度、液位、泄漏报警等重要参数的测量要有远传和连续记录；

2. 对毒性气体、剧毒液体和易燃气体等重点设施应设置紧急切断装置；

3. 毒性气体应设置泄漏物紧急处置装置，独立的安全仪表系统；

4. 设置必要的视频监控系统。

企业应按照国家及地方政府的有关规定，根据构成重大危险源的危险化学品种类、数量、生产、使用工艺（方式）或者相关设备、设施等实际情况，按照下列要求建立健全安全监测监控体系，完善控制措施：

（1）重大危险源配备温度、压力、液位、流量、组分等信息的不间断采集和监测系统以及可燃气体和有毒有害气体泄漏检测报警装置，并具备信息远传、连续记录、事故预警、信息存储等功能；

（2）重大危险源的化工生产装置设置满足安全生产要求的自动化控制系统；一级或者二级重大危险源，装备紧急停车系统；

（3）对重大危险源中的毒性气体、剧毒液体和易燃气体等重点设施，设置紧急切断装置；毒性气体的设施，设置泄漏物紧急处置装置；涉及毒性气体、液化气体、剧毒液体的一级或者二级重大危险源，配备独立于基本过程控制系统的安全仪表系统（SIS）；

（4）重大危险源中储存剧毒物质的场所或者设施，设置视频监控系统。

【标准化要求】3

企业应按照国家有关规定，定期对重大危险源进行安全评估。

【企业达标标准】

1. 建立、明确定期评估的时限和要求等；

2. 定期对重大危险源进行安全评估。

企业应按照《危险化学品重大危险源监督管理暂行规定》（国家安全生产监督管理总局令第40号）及地方政府的有关规定，定期对重大危险源进行安全评估，编制安全评估报告，并将评估报告存入档案。重大危险源安全评估报告应当客观公正、数据准确、内容完整、结论明确、措施可行，并包括下列内容：

（1）评估的主要依据；
（2）重大危险源的基本情况；
（3）事故发生的可能性及危害程度；
（4）个人风险和社会风险值（仅适用定量风险评价方法）；
（5）可能受事故影响的周边场所、人员情况；

（6）重大危险源辨识、分级的符合性分析；

（7）安全管理措施、安全技术和监控措施；

（8）事故应急措施；

（9）评估结论与建议。

【标准化要求】4

企业应对重大危险源的设备、设施定期检查、检验，并做好记录。

【企业达标标准】

1. 定期检查、维护重大危险源的设备、设施，包括检测仪表、附属设备及配件；

2. 按国家有关规定进行定期检测、检验，取得检验合格证。

企业应按照国家有关规定，定期对重大危险源的设备设施，包括安全设施和安全监测监控系统进行检测、检验，并进行经常性维护、保养，保证重大危险源的安全设施和安全监测监控系统有效、可靠运行。维护、保养、检测应当作好记录，并由有关人员签字。

【标准化要求】5

企业应制定重大危险源应急救援预案，配备必要的救援器材、装备，每年至少进行1次重大危险源应急救援预案演练。

【企业达标标准】

1. 按要求编制重大危险源应急救援预案；

2. 根据重大危险源的危险特性配备必要的救援器材、装备；

3. 涉及吸入性有毒、有害气体的重大危险源，应配备便携式浓度检测设备、空气呼吸器、化学防护服、堵漏器材等；

4. 涉及剧毒气体的的重大危险源，应配备两套以上气密性化学防护服；

5. 重大危险源应急救援预案演练按规定频次进行。

企业应当依法制定重大危险源事故应急预案，建立应急救援组织或者配备应急救援人员，配备必要的防护装备及应急救援器材、设备、物资，定期进行检查，并保障其完好和方便使用。对存在吸入性有毒、有害气体的重大危险源，企业应当配备便携式浓度检测设备、空气呼吸器、化学防护服、堵漏器材等应急器材和设备；涉及剧毒气体的重大危险源，还应当配备两套以上（含本数）气密型化学防护服；涉及易燃易爆气体或者易燃液体蒸气的重大危险源，还应当配备一定数量的便携式可燃气体检测设备。

企业应当制定重大危险源事故应急预案演练计划，并按照下列要求进行事故应急预案演练：

（1）对重大危险源专项应急预案，每年至少进行1次；

（2）对重大危险源现场处置方案，每半年至少进行1次。

应急预案演练结束后，企业应当对应急预案演练效果进行评估，撰写应急预案演练评估报告，分析存在的问题，对应急预案提出修订意见，并及时修订完善，确保其充分性、符合性。

【标准化要求】6

企业应将重大危险源及相关安全措施、应急措施报送当地县级以上人民政府安全生产监督管理部门和有关部门备案。

【企业达标标准】

重大危险源及相关安全措施、应急措施形成报告，报所在地县级人民政府安全生产监管部门和有关部门备案。

企业应将重大危险源形成报告，报当地县级以上人民政府安全生产监督管理部门和有关部门备案。重大危险源报告应包括重大危险源的详细情况、可能产生的事故类型、安全措施与预防措施、应急预案等。重大危险源报告应根据重大危险源的变化、新知识的获取、技术的发展等情况进行修订。

【标准化要求】7

企业重大危险源的防护距离应满足国家标准或规定。不符合国家标准或规定的，应采取切实可行的防范措施，并在规定期限内进行整改。

【企业达标标准】

1. 危险化学品的生产装置和储存危险化学品数量构成重大危险源的储存设施的防护距离应满足国家规定要求；

2. 防护距离不符合国家规定要求的，应采取切实可行的防范措施，并在规定期限内进行整改。

各地政府有关部门应制定综合土地使用政策，合理规划企业用地和化工发展园区，确保重大危险源的设置及新建企业的安全防护距离符合《危险化学品安全管理条例》第十九条及国家有关安全防护距离的规定。新化工企业必须在政府规划的化工园区内建设。老企业与周边的防护距离不符合国家标准和规定的，应采取切实可行的防范措施，并在规定期限内进行整改。

【标准化要求】8

无。

【企业达标标准】

二级企业应符合本要素要求，不得失分。

安全标准化二级企业应加强本要素管理，在达标评审中不得失分。

3.6　变更

【标准化要求】1

企业应严格执行变更管理制度，履行下列变更程序：

（1）变更申请　按要求填写变更申请表，由专人进行管理。

（2）变更审批　变更申请表应逐级上报主管部门，并按管理权限报主管领导审批。

（3）变更实施　变更批准后，由主管部门负责实施。不经过审查和批准，任何临时性的变更都不得超过原批准范围和期限。

（4）变更验收　变更实施结束后，变更主管部门应对变更的实施情况进行验收，形成报告，并及时将变更结果通知相关部门和有关人员。

【企业达标标准】

严格履行以下变更程序及要求：

（1）变更申请　按要求填写变更申请表，由专人进行管理。

(2)变更审批 变更申请表应逐级上报主管部门，并按管理权限报主管领导审批。

(3)变更实施 变更批准后，由主管部门负责实施。不经过审查和批准，任何临时性的变更都不得超过原批准范围和期限。

(4)变更验收 变更实施结束后，变更主管部门应对变更的实施情况进行验收，形成报告，并及时将变更结果通知相关部门和有关人员。

为了规范变更管理，消除或减少由于变更而引发的事故，企业应建立变更管理制度。

变更管理是指对人员、管理、工艺、技术、设施等永久性或暂时性的变化进行有计划的控制，以避免或减轻对安全生产的影响。变更管理失控，往往会引发事故。

1）变更管理要求

(1) 明确变更内容；

(2) 规定实施变更的程序；

(3) 对由于变更可能导致的风险进行评价；

(4) 根据评价结果，制定控制措施；

(5) 将变更的内容，及时传达给相关人员，对操作人员进行培训。

2）变更类型

(1) 工艺、技术变更，主要包括：

① 新建、改建、扩建项目引起的技术变更；

② 原料介质变更；

③ 工艺流程及操作条件的重大变更；

④ 工艺设备的改进和变更；

⑤ 操作规程的变更；

⑥ 工艺参数的变更；

⑦ 公用工程的水、电、气、风的变更等。

(2) 设备设施的变更，主要包括：

① 设备设施的更新改造；

② 安全设施的变更；

③ 更换与原设备不同的设备或配件；

④ 设备材料代用变更；

⑤ 临时的电气设备等。

(3) 管理变更，主要包括：

① 法律法规和标准的变更；

② 人员的变更；

③ 管理机构的较大变更；

④ 管理职责的变更；

⑤ 安全标准化管理的变更等。

3）变更程序

(1) 变更申请

企业应制定统一的《变更申请表》(可参照表4－10)，在实施变更时，变更申请人应填写《变更申请表》，并由专人负责管理。

（2）变更审批

①《变更申请表》填好后，应逐级上报主管部门和主管领导审批。主管部门组织有关人员按变更原因和实际生产的需要确定是否进行变更。

② 变更批准后，实施单位应对变更过程进行风险分析，确定变更产生的风险，制定控制措施。

（3）变更实施

变更批准后，由各相关职责的主管部门负责实施。超过原批准范围和期限的任何临时性变更，都必须重新进行审查和批准。

（4）变更验收

变更实施结束后，变更主管部门应对变更情况进行验收，确保变更达到计划要求。变更主管部门应及时将变更结果通知相关部门和人员。变更验收表参见表4－11。

表4－10　变更申请表

<table>
<tr><td>变更名称：</td><td>申请人所在部门：</td></tr>
<tr><td>申请人姓名：</td><td>申请日期：______年___月___日</td></tr>
<tr><td colspan="2">变更说明及其技术依据：</td></tr>
<tr><td colspan="2">风险分析情况：</td></tr>
<tr><td colspan="2">基层领导意见：</td></tr>
<tr><td colspan="2">审批部门意见：</td></tr>
<tr><td colspan="2">主管领导签字：

实施日期：___月___日___时___分至___月___日___时___分</td></tr>
</table>

表4-11 变更验收表

<table>
<tr><td colspan="2">变更项目</td><td colspan="2"></td><td colspan="2">变更所在单位</td><td colspan="2"></td></tr>
<tr><td colspan="2">组织验收单位</td><td colspan="2"></td><td colspan="2">日 期</td><td colspan="2"></td></tr>
<tr><td rowspan="6"></td><td colspan="2">姓 名</td><td colspan="3">所 属 单 位</td><td colspan="2">职 务</td></tr>
<tr><td colspan="2"></td><td colspan="3"></td><td colspan="2"></td></tr>
<tr><td colspan="2"></td><td colspan="3"></td><td colspan="2"></td></tr>
<tr><td colspan="2"></td><td colspan="3"></td><td colspan="2"></td></tr>
<tr><td colspan="2"></td><td colspan="3"></td><td colspan="2"></td></tr>
<tr><td colspan="2"></td><td colspan="3"></td><td colspan="2"></td></tr>
<tr><td colspan="8">验收意见(附验收报告)：

验收负责人签字：</td></tr>
<tr><td colspan="8">主管部门审查意见：

签 字：</td></tr>
<tr><td colspan="8">需要沟通的部门(变更结果)</td></tr>
<tr><td colspan="2">单位或部门</td><td colspan="2">签 字</td><td colspan="2">单位或部门</td><td colspan="2">签 字</td></tr>
<tr><td colspan="2"></td><td colspan="2"></td><td colspan="2"></td><td colspan="2"></td></tr>
<tr><td colspan="2"></td><td colspan="2"></td><td colspan="2"></td><td colspan="2"></td></tr>
</table>

【标准化要求】2

企业应对变更过程产生的风险进行分析和控制。

【企业达标标准】

1. 对每项变更过程产生的风险都进行分析，制定控制措施；
2. 变更实施过程中，认真落实风险控制措施。

企业在实施变更前，应对变更和变更实施过程所产生的风险进行分析，针对风险分析结果，制定控制措施，并在实施中落实控制措施。

3.7 风险信息更新

【标准化要求】1

企业应适时组织风险评价工作，识别与生产经营活动有关的危险、有害因素和隐患。

【企业达标标准】

非常规活动及危险性作业实施前，应识别危险、有害因素，排查隐患。

对于常规活动，每年应组织一次评审或检查，主要是看危险、有害因素识别的充分性，即危险、有害因素是否得到了全面识别；看控制措施是否充分、有效，是否需要补充完善控制措施，根据国内外技术的发展，是否需要选择、更新控制措施；看风险控制效果是否达到要求，是否控制在可接受范围内。

对于非常规性(如拆除、新改扩建项目、检维修项目、开停车、较重要的隐患治理项目和工艺变更、设备变更项目等)的危险性较大的活动，在活动开始之前进行危险、有害因素识别风险评价，在此基础上编写实施方案(施工方案、施工组织设计等)，并经有关领导严格审批。对于像突然停电、停水、停气(汽)等有可能导致严重后果的作业活动，还应制定应急措施、编制应急预案，并且要定期组织演练。

危险、有害因素识别应该与具体项目、作业、活动和具体设备设施紧密结合，在识别评价的基础上提出控制措施。每年进行一次全面的危害识别，识别设备设施、工艺过程、危险性物质及作业过程的危害，评价控制措施是否全面有效，并保证控制措施的有效实施。

在识别危险、有害因素时，应该有针对性地将所有现有管理措施、技术措施、预防性措施和应急措施都列出来，以便平时经常检查其有效性、充分性。

【标准化要求】2

企业应定期评审或检查风险评价结果和风险控制效果。

【企业达标标准】

每年评审或检查风险评价结果和风险控制效果。

企业应组织有关部门和人员，定期对一个时期来(通常为1年)的风险评价结果和风险控制效果进行评审或检查，以检查或验证风险控制的有效性，编写评审报告或记录。定期对风险评价结果和风险控制效果进行评审或检查，是企业危险、有害因素识别和风险评价的一种有效方式。通过这种方式，能够综合发现企业危险、有害因素的识别是否全面，风险评价的方式方法是否适宜，风险控制措施是否有效，风险控制效果是否达到预期目的等。根据评审结果，改进风险管理工作，提高风险管控的能力。

【标准化要求】3

企业应在下列情形发生时及时进行风险评价：

(1)新的或变更的法律法规或其他要求；

(2)操作条件变化或工艺改变；

(3)技术改造项目；

(4)有对事件、事故或其他信息的新认识；

(5)组织机构发生大的调整。

【企业达标标准】

在标准规定情形发生时，应及时进行风险评价。

当下列情形发生时，企业应及时进行风险评价：①新的或变更的法律法规或其他要求；②操作条件变化或工艺改变；③技术改造项目；④有对事故、事件或其他信息的新认识；⑤组织机构发生大的调整，识别这些情形发生时所具有或可能产生的危险、有害因素，及时进行风险评价，对风险进行控制，并对重大风险清单进行更新。

3.8 供应商

【标准化要求】

企业应严格执行供应商管理制度，对供应商资格预审、选用和续用等过程进行管理，并定期识别与采购有关的风险。

【企业达标标准】

1. 建立供应商名录、档案(包括资格预审、业绩评价等资料)；

2. 对供应商资格预审、选用、续用进行管理；

3. 定期识别与采购有关的风险。

供应商是为企业提供原材料、设备设施及配件的个人或单位，其安全表现好坏，直接影响到企业的声誉和业绩。企业应建立供应商管理制度，明确资格预审程序和要求、选用和续用的标准，建立合格供应商名录和档案。定期对合格供应商提供的原材料、设备设施的质量、售后服务进行审查，淘汰不符合要求的供应商。

资格预审：企业供应部门和相关部门编制、发送招标书(招标书中应有安全要求)，拟定标底，供应商提交投标书，接受资格预审。

选用：企业应根据供应商提供的产品，从质量、性能、使用说明、价格、售后服务、安全特点、相关资质证明等方面进行确认，选择供应商，签订供应合同。合同中应有安全管理要求条款。

续用：企业应对合格供应商进行评价，对产品质量、售后服务好的，对符合安全生产要求的的供应商给予续用。

企业供应部门，应经常识别与采购活动有关的风险，及时反馈给供应商，以便降低采购风险，确保所采购的产品符合要求。

4 规章制度

4.1 安全生产规章制度

【标准化要求】1

企业应制定健全的安全生产规章制度，至少包括下列内容：

(1) 安全生产职责；

(2) 识别和获取适用的安全生产法律、法规、标准及其他要求；

(3) 安全生产会议管理；

(4) 安全生产费用；

(5) 安全生产奖惩管理；

(6) 管理制度评审和修订；

(7) 安全培训教育；

(8) 特种作业人员管理；

(9) 管理部门、基层班组安全活动管理；

（10）风险评价；

（11）隐患治理；

（12）重大危险源管理；

（13）变更管理；

（14）事故管理；

（15）防火、防爆管理，包括禁烟管理；

（16）消防管理；

（17）仓库、罐区安全管理；

（18）关键装置、重点部位安全管理；

（19）生产设施管理，包括安全设施、特种设备等管理；

（20）监视和测量设备管理；

（21）安全作业管理，包括动火作业、进入受限空间作业、临时用电作业、高处作业、起重吊装作业、破土作业、断路作业、设备检维修作业、高温作业、抽堵盲板作业管理等；

（22）危险化学品安全管理，包括剧毒化学品安全管理及危险化学品储存、出入库、运输、装卸等；

（23）检维修管理；

（24）生产设施拆除和报废管理；

（25）承包商管理；

（26）供应商管理；

（27）职业卫生管理，包括防尘、防毒管理；

（28）劳动防护用品(具)和保健品管理；

（29）作业场所职业危害因素检测管理；

（30）应急救援管理；

（31）安全检查管理；

（32）自评等。

【企业达标标准】

1. 通过识别和评估，将适用于本企业的有关法律法规和有关标准规定转化为企业安全生产规章制度或安全操作规程的具体内容，并严格落实；

2. 安全生产规章制度内容应符合标准要求；

3. 明确责任部门、职责、工作要求；

4. 安全生产规章制度应具有可操作性；

5. 除制定《通用规范》要求的规章制度以外，还应制定包括以下内容的规章制度：工艺管理、开停车管理、设备管理、建(构)筑物管理、电气管理、公用工程管理、易制毒管理、危险化学品输送管道定期巡线制度、领导干部带班、厂区交通安全、文件、档案管理制度等；

6. 企业主要负责人应组织审定并签发安全生产规章制度。

为规范企业及员工的安全生产行为，确保安全标准化工作的有效运行，企业应结合自身的实际，制定相关的安全生产规章制度。

在制定安全生产规章制度时，企业应明确责任部门和协助部门，将职责、权限以及工作要求规定清楚，尽量使规章制度最小化，力求简明、实用、易操作；应通过识别和评估，将适用于本企业的有关法律法规和有关标准规定转化为企业安全生产规章制度或操作规程的具体内容，并严格落实。规章制度的名称、格式由企业自行规定，并不要求一定与本标准一致，但管理内容应符合要求。

企业安全生产规章制度应由企业主要负责人组织审定，确保制度合法、合规、实用和易操作，最后，经主要负责人签发，方可生效。

【标准化要求】2

企业应将安全生产规章制度发放到有关的工作岗位。

【企业达标标准】

将安全生产规章制度发放到有关的工作岗位。

企业应将最新和有效的安全生产规章制度发放到相关部门、基层单位和人员手中，并及时将废止的规章制度收回，妥善处理。

案例13　某公司安全台账管理制度

第一条　企业应建有包括安全组织、安全会议、安全教育、安全检查、隐患治理、事故管理、安全考核与奖惩等七类内容的安全工作台账。基层单位和班组应设安全活动记录，提倡实行微机管理。

第二条　安全组织台账

1. 企业填写相应的安全生产委员会、安全组织网络、安全监督管理部门组成人员名单；消防部门提供的消防工作组织网络应纳入台账备查。

2. 基层单位填写从安全领导小组到班组的安全组织网络。

第三条　安全会议台账主要填写本单位召开的安全会议内容，尤其对安全生产工作文件的传达、学习贯彻情况。安全会议台账应设有会议名称、时间、地点、召集单位和主持人、与会单位和人数、会议内容以及处理结果等栏目。

第四条　安全教育台账

1. 企业安全教育台账应填写领导、管理人员、安全处(科)长、安全监督管理人员、新入厂人员三级安全教育以及特种作业人员的安全教育培训考核情况。

2. 基层单位安全教育台账应填写基层单位领导及员工安全教育、新入厂人员三级安全教育、特种作业人员培训取证、岗位安全技术练兵、应急预案的演练及外来施工人员的安全教育考核等。安全教育台账应至少设有受教育者姓名、授课内容、地点、时间、考试成绩及授课人姓名等栏目。

第五条　安全检查台账应至少设有检查日期、检查内容、受检部门、发现问题、要求整改日期、整改完成日期及检查人签字等栏目。

第六条　隐患治理台账　凡发生在基层单位的事故隐患不论级别、不论资金来源，均应在基层单位的隐患治理台账中填写。

事故隐患治理台账应设有隐患所在单位、存在部位、计划费用、实际费用、资金来源、计划治理完成时间、实际完成时间及隐患治理后的评估情况。

第七条　事故台账　按《事故管理规定》的要求，直属企业、二级单位应建立相应的事故台账，分别记录本单位所发生的事故。

事故台账应设有事故发生所在部门、发生时间、事故类别、事故概况、人员伤亡与财产损失情况和中国石化“四不放过”登记表。

基层单位的事故台账应包括发生在本单位或当事人属于本单位的各类事故。

第八条　安全工作考核与奖惩台账应设有考核项目(内容)、被考核部门和个人、主要事迹和存在问题、考核意见和结果、奖惩情况、考核部门签字及审批部门等栏目。

第九条　安全活动记录按《安全教育管理规定》要求，填写单位和班组安全活动开展情况。

第十条　安全监督管理部门和归口管理部门应认真填写、保管安全台账；同级主管安全领导应定期检查并签字。

案例 14　某单位的生产运行管理程序

1　目的

为了保证生产装置的安全生产，确保 HSE 体系持续有效运行。

2　范围

本程序适用于公司各车间生产过程的安全、健康、环境管理工作。

3　术语和定义

本程序采用 Q/SHS 0001.1—2001《中国石油化工集团公司安全、环境与健康(HSE)管理体系》和 HSE/GR—2003《HSE 管理手册》中的术语和定义。

4　职责

4.1　生产技术部是本程序的归口管理部门，应根据生产计划和实际情况，在公司的领导下负责本公司生产过程的 HSE 管理工作，科学合理地组织、安排生产。

4.2　生产技术部要协助公司领导建立和健全设备的全员管理体系，负责制定和修订各类机械设备的操作管理制度。

4.3　生产技术部根据上级的管理制度及规定，负责本公司工艺技术方面的 HSE 管理工作，设置合理、科学的工艺技术指标和设备运行参数，定期检查工艺纪律和操作纪律的执行情况。

4.4　生产技术部负责编制安全卫生、环境保护技术措施计划和重大隐患整改计划及生产过程中的安全、健康、环境检查和监督。

5　工作程序

5.1　装置开工过程的 HSE 管理

5.1.1　生产技术部和车间对新装置或经改造的装置在开工前组织进行检查，确认装置开工的条件，并由车间做好记录。

a) 装置内所有的动火项目全部结束，并经检查达到开工要求；

b) 装置内的梯子、平台、栏杆、照明等劳动保护设施全部恢复，并达到完好状态；

c) 装置内的安全、卫生、消防、环保设施以及机、电、仪设施均已安装调试完毕，且处于完好备用状态；

d) 压力容器等设备管线试压、试漏和气密合格及安全附件定检、检验已安装就位，处于备用状态；

e) 设备管线的盲板已确认并按开工流程要求拆、装完毕；

f) 检修设备、材料完全撤出装置，做到了工完、料净、场地清。

5.1.2 开工过程的HSE管理工作

5.1.2.1 新装置或经改造的装置、设施开车前，由生产车间编制《开工方案》，经公司生产技术部组织审核批准后，由生产调度统一指挥，各工序保持密切联系，严格按照《开工方案》进行，按顺序开车；生产服务中心要组织保运人员，负责监护及抢修。

5.1.2.2 生产车间要加强工艺、操作等纪律的检查考核，防止误操作发生。

5.1.2.3 新装置开工正常后，生产技术部要组织生产、设备及生产服务中心的钳工、仪表、电器等专业人员对新装置全面监控检查，并由生产服务中心整理技术资料和监控档案，归档存查。

5.2 生产过程中的HSE管理

5.2.1 生产技术部应及时传递上级生产指令和反馈生产信息，并在调度会上及时通报安全、健康、环境信息，协调解决生产、设备、安全卫生、环境保护等方面的问题。

5.2.2 生产技术部组织生产调度会，协调解决各种生产问题，并负责跟踪考核。

5.2.3 各车间根据《巡回检查管理制度》进行认真巡检，保证安全生产，并按要求填写有关记录及《交接班日志》。

5.2.4 生产车间要严格按照本车间的《操作规程》和《工艺卡片》组织实施安全生产，并检查和考核制度的执行情况。

5.2.5 生产过程中需要更改操作技术参数的，由生产车间提出，按《工艺卡片管理制度》、《文件资料程序》要求执行。

5.2.6 生产车间要建立和完善生产管理和HSE管理的各项基础管理档案，检查、考核管理情况；组织开展生产技术培训、岗位练兵，并做好相应的记录。

5.2.7 生产技术部要组织开展工艺、设备、安全环保综合检查考评活动，通过查问题、下发隐患整改单、落实整改单位及人员责任、检查整改完成情况并落实职责考核。

5.3 边生产、边施工装置的HSE管理

5.3.1 各车间应尽可能避免边生产、边施工现象，如确属不可避免，应加强边生产、边施工作业的HSE管理，确保生产装置的安全运行和职工生命安全。

5.3.2 确需边生产边施工的装置，生产车间应制定《边生产、边施工管理方案》，由公司主管领导组织专业人员进行风险评估，确定其属于公司级还是车间级；若有重大风险，即属公司级，要针对重大风险提出管理方案，编制“HSE 风险评估报告”，并制定边生产、边施工作业中可能发生事故的应急处理预案，组织职工学习。

5.3.3　生产技术部要对施工单位进行资质审查，其有关规定按《承包商管理程序》执行。

5.3.4　承包商进行生产装置施工作业，要严格执行集团公司和本公司的各项职业安全卫生和环境保护管理制度。

5.3.5　生产技术部、生产车间要抓好施工安全措施的落实和现场情况交底。

5.3.6　施工过程中出现异常情况，应执行《应急管理程序》，防止事态进一步扩大。

5.3.7　生产技术部应会同施工单位对施工作业现场进行安全卫生、环境保护检查、发现问题及时处理。

5.4　装置停工过程的 HSE 管理

装置停工检修、改造，必须按如下要求进行：

a）车间、相关职能部门应进行停工前的职责分工、技术交底、技术培训和 HSE 教育。

b）车间、相关职能部门准备好停工用的工具、材料。

c）车间做好消防灭火器材、中毒救护器材的准备工作；生产技术部负责检查。

d）生产车间要配合好检测中心对容器、储罐和反应釜等设备的可燃气、有毒气、氧含量等指标的分析，并做好相应的记录。

e）生产车间按盲板图组织盲板的安装，并做好标识。生产技术部、车间对盲板进行检查确认。

f）车间应封闭覆盖所辖范围内的下水井及地漏。

g）生产技术部安排好装置停工退料的去向，如有特殊排放，车间必须报生产技术部批准后按规定排放。

6　支持性文件

6.1　《应急管理程序》、《承包商管理程序》、《文件资料程序》、《开工方案》

6.2　QG/GR—CJS003《工艺卡片管理制度》

6.3　QG/GR—CJS009《XX 分公司例会管理规定》

6.4　QG/GR—CJS005《巡回检查管理制度》

6.5　《操作规程》

6.6　《工艺卡片》

7　相关记录

7.1　生产记录

7.2　交接班日志

7.3　HSE 风险评估报告

4.2 操作规程

【标准化要求】1

企业应根据生产工艺、技术、设备设施特点和原材料、辅助材料、产品的危险性，编制操作规程，并发放到相关岗位。

【企业达标标准】

1. 以危险、有害因素分析为依据，编制岗位操作规程；

2. 发放到相关岗位；

3. 企业主要负责人或其指定的技术负责人审定并签发操作规程。

安全标准化的精髓就是各岗位、各种作业活动都有相应的操作规程，操作规程往往是多年安全生产经验和教训的总结。因此，企业应编制各岗位、各种作业活动的操作规程，并要求从业人员严格遵守，以此来规范从业人员的作业活动，确保安全生产。

企业在制定操作规程时，应根据生产工艺、技术、设备等的不同特点，以及原材料、辅助材料、产品的危险性的大小，采用工作危害分析法(JHA)或其他适用的方法对各项操作活动进行风险分析，在风险分析的基础上，制定具有针对性措施的操作规程。

同样，操作规程也应由企业主要负责人或其指定的技术负责人审定并签发。企业各岗位、各种作业活动相关的操作规程应是最新的有效文件。

操作规程的制订可参照杜邦公司的做法(案例 15)。

案例 15　杜邦公司利用 JHA 法制定操作规程

杜邦公司对于一项还没有建立操作规程的新工作，由主管人员观察员工的操作，同员工进行讨论，将工作分解为单个步骤；然后针对每一步骤，结合以往的事故案例，分析潜在的危害或事故；针对每一项可能发生的危害，同有经验的员工进行讨论，制定相应的控制和预防措施；这样就完成了一个完整的 JHA 分析。这个完整的 JHA 要经过许多人的多次重复验证，确认无误后形成书面的工作程序或操作标准，通过安全培训传达到相关员工，作为安全操作的依据。工作程序或操作标准实施后，主管人员还要不断地进行追踪，以确保其持续适用，并根据需要不断地补充完善。杜邦公司的员工做每一件事情都有章可循，每项工作都经过全面细致地思考，然后建立系统合理的操作方法，而且 PDCA 的运行模式贯穿于每项工作的始终，不断完善操作标准。

【标准化要求】2

企业应在新工艺、新技术、新装置、新产品投产或投用前，组织编制新的操作规程。

【企业达标标准】

新工艺、新技术、新装置、新产品投产或投用前，应组织编制新的操作规程。

新工艺、新技术、新装置、新产品的投产或投用，可能存在或产生新的危险或危害，因此，企业同样须根据新工艺、新技术、新装置、新产品的特点以及所涉及原辅材料、产品的危险性进行风险分析，在风险分析的基础上制定相应的操作规程，并要求从业人员严格遵守，防止生产安全事故的发生。

4.3 修订

【标准化要求】1

企业应明确评审和修订安全生产规章制度和操作规程的时机和频次，定期进行评审和修订，确保其有效性和适用性。在发生以下情况时，应及时对相关的规章制度或操作规程进行评审、修订：

（1）当国家安全生产法律、法规、规程、标准废止、修订或新颁布时；

（2）当企业归属、体制、规模发生重大变化时；

（3）当生产设施新建、扩建、改建时；

（4）当工艺、技术路线和装置设备发生变更时；

（5）当上级安全监督部门提出相关整改意见时；

（6）当安全检查、风险评价过程中发现涉及到规章制度层面的问题时；

（7）当分析重大事故和重复事故原因，发现制度性因素时；

（8）其他相关事项。

【企业达标标准】

1. 规定安全生产规章制度和操作规程评审、修订的时机和频次；

2. 安全生产规章制度、安全操作规程至少每3年评审和修订1次；

3. 按规定进行评审和修订；

4. 在发生有关情况时，应及时评审、修订相关的规章制度或操作规程。

企业的安全生产规章制度和操作规程不应该是一成不变的，而应该根据国家法规、标准、企业生产工艺、技术、设备等的变化以及对风险的重新认识等等因素进行定期或及时的评审和修订。企业应制定有关安全生产规章制度、操作规程评审和修订的制度，规定对安全生产规章制度和操作规程进行评审和修订的责任部门、时机、频次和要求等，定期和及时进行评审和修订。通常安全生产规章制度和操作规程至少每3年评审修订一次，而当发生标准中规定的8种情况时，应及时进行评审、修订，以确保安全生产规章制度和操作规程的适用性和有效性。

【标准化要求】2

企业应组织相关管理人员、技术人员、操作人员和工会代表参加安全生产规章制度和操作规程评审和修订，注明生效日期。

【企业达标标准】

1. 组织相关管理人员、技术人员、操作人员和工会代表参加安全生产规章制度和操作规程评审和修订；

2. 修订的安全生产规章制度和操作规程应注明生效日期。

安全生产规章制度和操作规程的评审、修订工作应有管理人员、技术人员、操作人员和工会代表参加，以确保安全生产规章制度和操作规程的科学、合理和可操作性。修订后的安全生产规章制度和操作规程应注明生效日期。

【标准化要求】3

企业应保证使用最新有效版本的安全生产规章制度和操作规程。

【企业达标标准】

企业现行安全生产规章制度和操作规程是最新有效的版本。

新修订的安全生产规章制度和操作规程应及时发放到相关岗位或人员手中，并组织相关的人员学习，使他们熟悉并遵守新的安全生产规章制度和操作规程。企业应保证各岗位和相关人员使用的安全生产规章制度和操作规程是最新的有效版本，不得使用过期或作废的安全生产规章制度和操作规程。

5 培训教育

5.1 培训教育管理

【标准化要求】1

企业应严格执行安全培训教育制度，依据国家、地方及行业规定和岗位需要，制定适宜的安全培训教育目标和要求。根据不断变化的实际情况和培训目标，定期识别安全培训教育需求，制定并实施安全培训教育计划。

【企业达标标准】

1. 制定全员安全培训、教育目标和要求；

2. 定期识别安全培训、教育需求；

3. 制定安全培训、教育计划并实施。

企业应根据安全生产的特点，确定安全培训教育目标和要求，在每年的年末或年初进行安全培训教育需求调查，了解基层单位和从业人员的培训需求，并根据需求调查，制定年度安全培训教育计划，落实培训教育计划。

【标准化要求】2

企业应组织培训教育，保证安全培训教育所需人员、资金和设施。

【企业达标标准】

提供培训、教育所需的人员、资金和设施。

企业应为安全培训教育提供足够的人力、资金、场地和设施等资源，各级管理人员也应在其职权范围内提供资源，保证安全培训教育工作能够顺利、有效地开展。

【标准化要求】3

企业应建立从业人员安全培训教育档案。

【企业达标标准】

建立从业人员安全培训教育档案。

企业应为每个从业人员建立培训教育档案，对安全培训教育进行规范管理。企业年度培训计划、员工三级安全教育卡、培训登记表可参见表4-12~表4-14。

表 4－12　年度培训教育计划

序号	时间	培训班名称	培训内容	责任部门	培训对象	课时	师资	备注(变更情况)

编制：　　　　审核：　　　　批准：　　　　年　月　日

表 4－13　员工三级安全教育卡

姓　　名		出生年月		性　　别		健康状况	
从何处来		入厂时间		所在部门		岗　　位	
厂教育	内容摘要： 教育时间：从____月____日至____日共____学时，考试成绩：____ 教育负责人签字：						
车间教育	内容摘要： 教育时间：从____月____日至____日共____学时，考试成绩：____ 教育负责人签字：						
班组教育	内容摘要： 教育时间：从____月____日至____日共____学时，考试成绩：____ 教育负责人签字：						
受教育个人意见	签字：　　________年____月____日						
教育主管部门意见	签字：　　________年____月____日						

保存部门：　　　　保存期限：5 年

表 4－14　员工培训登记表

举办单位：　　　　培训日期：

培训班名称		培训对象		培训地点	
培训内容		开始时间	结束时间	课　　时	师　　资

考核成绩							
编　号	姓　名	岗　位	成　绩	编　号	姓　名	岗　位	成　绩
培训效果评价							

保存期限：　　年　　　　填表人：

【标准化要求】4

企业安全培训教育计划变更时，应记录变更情况。

【企业达标标准】

安全培训教育计划变更时，应按规定记录变更情况。

如果因故不能按照既定的培训教育计划实施，需要增加或减少培训计划内容，企业应对培训教育计划的变更情况进行记录。

【标准化要求】5

企业安全培训教育主管部门应对培训教育效果进行评价。

【企业达标标准】

安全培训教育主管部门应对培训教育效果进行评价和改进。

为确保培训工作的针对性和有效性，企业安全培训教育主管部门应对培训教育的效果进行评价。评价的内容应包括对培训方式、培训内容、师资以及参训人员达到的能力水平等方面，确保安全培训教育取得最佳效果。

培训效果评价可以在培训过程中进行，也可以通过现场检查或检测培训产生的长期效果来评价培训是否已达到预期目的。根据培训效果评价的结果，企业应及时调整以后的培训教育工作。

【标准化要求】6

企业应确立终身教育的观念和全员培训的目标，对在岗的从业人员进行经常性安全培训教育。

【企业达标标准】

1. 确立终身教育的观念和全员培训的目标；

2. 对从业人员进行经常性安全培训教育。

企业应确立终身教育的观念和全员安全培训目标，对所有从业人员从新员工入厂开始，直至退休都要进行教育，使所有从业人员能够不断提高安全意识和岗位技术技能。

企业要对从业人员进行经常性的安全培训教育。经常性的安全培训教育应主要以提高安全意识、操作技能等为主。培训教育形式可以是班前、班后会的安全技术交底、安全活动日、安全生产会议、事故现场会、张贴标语和招贴画等。通过各种形式的培训教育和活动，激发从业人员搞好安全生产的热情，促使员工重视安全，进而实现安全生产。

企业还应对所有从业人员每年进行安全再培训，再培训的时间不得少于20学时。

5.2 从业人员岗位标准

【标准化要求】

无。

【企业达标标准】

1. 企业对从业人员岗位标准要求应文件化，做到明确具体；

2. 落实国家、地方及行业等部门制定的岗位标准。

岗位是企业安全管理的基本单元，岗位标准是对岗位人员作业的综合规范和要求。只有每个岗位，尤其是基层操作岗位的作业人员将国家有关安全生产法律法规、标准规范和企业安全管理制度落到实处，实现岗位达标，才能真正实现企业安全生产标准化达标。因此，在安全生产标准化建设过程中，企业应制定明确、具体、文件化的岗位标准，对各个岗位作业人员知识、技能、素质等方面提出明确要求。通过逐步提高岗位人员的安全意识和操作技能，规范作业行为，实现岗位达标，才能减少和杜绝“三违”现象，全面提升现场安全管理水平，进而防范各类事故的发生。

企业制定岗位标准应结合各岗位的性质和特点，依据国家有关法律法规、标准规范要求，内容必须具体、全面、切实可行，主要包括：

（1）岗位职责描述；

（2）岗位人员基本要求：年龄、学历、上岗资格证书、职业禁忌症等；

（3）岗位知识和技能要求 熟悉或掌握本岗位的危险有害因素（危险源）及其预防控制措施、安全操作规程、岗位关键点和主要工艺参数的控制、自救互救及应急处置措施等；

（4）行为安全要求 严格按操作规程进行作业，执行作业审批、交接班等规章制度，禁止各种不安全行为及与作业无关行为，对关键操作进行安全确认，不具备安全作业条件时拒绝作业等；

（5）装备护品要求 生产设备及其安全设施、工具的配置、使用、检查和维护，个体防护用品的配备和使用，应急设备器材的配备、使用和维护等；

（6）作业现场安全要求 作业现场清洁有序，作业环境中粉尘、有毒物质、噪声等浓度（强度）符合国家或行业标准要求，工具物品定置摆放，安全通道畅通，各类标识和安全标志醒目等；

（7）岗位管理要求 明确工作任务，强化岗位培训，开展隐患排查，加强安全检查，分析事故风险，铭记防范措施并严格落实到位；

（8）其他要求 结合本企业、专业及岗位的特点，提出的其他岗位安全生产要求。

企业的岗位标准应定期评审、修订和完善，以确保其持续符合安全生产的实际要求。当国家法律法规和标准规范、企业的生产工艺和设备设施、岗位职责等发生变化时，企业应及时对岗位标准进行修订、完善。

5.3 管理人员培训

【标准化要求】1

企业主要负责人和安全生产管理人员应接受专门的安全培训教育，经安全生产监管部门对其安全生产知识和管理能力考核合格，取得安全资格证书后方可任职，并按规定参加每年再培训。

【企业达标标准】

1. 企业主要负责人和安全生产管理人员应接受专门的安全培训教育，经安全监管部门对其安全生产知识和管理能力考核合格，取得安全资格证书后方可任职；

2. 按规定参加每年再培训。

为确保企业主要负责人、安全管理人员具备相应的安全生产知识和管理能力，保证企业安全生产工作的正常有序开展，企业主要负责人和安全生产管理人员必须接受专门的安全培训，并经安全生产监督监察部门考核合格，取得安全资格证书后，方可任职。企业主要负责人、安全管理人员安全资格培训的时间不得少于48学时，每年再培训时间不少于16学时。

【标准化要求】2

企业其他管理人员，包括管理部门负责人和基层单位负责人、专业工程技术人员的安全培训教育由企业相关部门组织，经考核合格后方可任职。

【企业达标标准】

1. 其他管理人员，包括管理部门负责人和基层单位负责人、专业工程技术人员的安全培训教育由企业相关部门组织；

2. 经考核合格后方可任职；

3. 按规定参加每年再培训。

企业各级管理人员和专业工程技术人员应接受相应的安全生产知识和技能教育培训以及每年的再培训，考核合格，方可任职。各级管理人员和专业工程技术人员的安全培训教育可以由企业自行组织或聘请安全培训机构进行。

5.4 从业人员培训教育

【标准化要求】1

企业应对从业人员进行安全培训教育，并经考核合格后方可上岗。从业人员每年应接受再培训，再培训时间不得少于国家或地方政府规定学时。

【企业达标标准】

1. 对从业人员进行安全培训教育，并经考核合格后方可上岗；

2. 对从业人员进行安全生产法律、法规、标准、规章制度和操作规程、安全管理方法等培训；

3. 从业人员每年应接受再培训，再培训时间不得少于规定学时。

安全标准化的有效实施，需要全体从业人员的积极参与，这就要求每个从业人员都应具备良好的安全生产意识和操作技能，具有高度的安全责任感和处理本岗位安全事故、事件的能力。

企业对从业人员的安全教育培训，应包括安全生产意识和安全生产规章制度、岗位操作技能、岗位风险管理、应急处理等方面。只有经安全教育培训，并考核合格者，才能安排到相应的工作岗位工作。未经培训教育或考核不合格者，不得上岗。

从业人员每年接受再培训的时间不得少于20学时。

【标准化要求】2

企业应按有关规定，对新从业人员进行厂级、车间(工段)级、班组级安全培训教育，经考核合格后，方可上岗。新从业人员安全培训教育时间不得少于国家或地方政府规定学时。

【企业达标标准】

1. 新从业人员进行厂级、车间(工段)级、班组级安全培训教育，经考核合格后，方可上岗。

2. 三级安全培训教育的内容、学时应符合国家安全生产监督管理总局令第3号的规定。

企业必须对新上岗的从业人员，包括临时工、合同工、劳务工、轮换工、协议工等进行强制性安全培训。通过安全培训教育，使新从业人员熟知国家的安全生产法律法规、企业的规章、规程、风险管理等，保证其具备本岗位安全生产操作、自救互救以及应急处置所需的知识和技能后，方能安排上岗作业。

新从业人员上岗前培训包括厂级、车间(工段)级、班组级三级安全培训教育，培训时间不得少于72学时。其中：

厂级岗前安全培训内容应当包括：

(1) 本单位安全生产情况及安全生产基本知识；

(2) 本单位安全生产规章制度和劳动纪律；

(3) 从业人员安全生产权利和义务；

(4) 有关事故案例；

车间(工段)级岗前安全培训内容应当包括：

(1) 工作环境及危险因素；

(2) 所从事工种可能遭受的职业伤害和伤亡事故；

(3) 所从事工种的安全职责、操作技能及强制性标准；

(4) 自救互救、急救方法、疏散和现场紧急情况的处理；

(5) 安全设备设施、个人防护用品的使用和维护；

(6) 本车间(工段、区、队)安全生产状况及规章制度；

(7) 预防事故和职业危害的措施及应注意的安全事项；

(8) 有关事故案例；

(9) 其他需要培训的内容等。

班组级岗前安全培训内容应当包括：

(1) 岗位安全操作规程；

(2) 岗位之间工作衔接配合的安全与职业卫生事项；

(3) 有关事故案例；

(4) 其他需要培训的内容等。

对从业人员的安全培训应当以企业自主培训为主，不具备安全培训条件的企业可以委托具有相应资质的安全培训机构进行。

企业应填写新从业人员三级安全教育卡(参见表4－13)，并将其纳入企业安全培训教育档案管理。

【标准化要求】3

企业特种作业人员应按有关规定参加安全培训教育，取得特种作业操作证，方可上岗作业，并定期复审。

【企业达标标准】

1. 特种作业人员及特种设备作业人员应按有关规定参加安全培训教育，取得特种作业操作证，方可上岗作业；

2. 特种作业操作证定期复审；

3. 建立特种作业人员及特种设备作业人员管理台账。

企业应组织从事特种作业及特种设备作业的人员参加国家有关部门组织的资格培训，使其具备相应特种作业的安全技术知识，经安全技术理论考核和实际操作技能考核合格，取得特种作业及特种设备作业操作资格证书，并按规定定期参加复审。任何未取得特种作业资格证、未按期复审或复审不合格的人员，不得从事特种作业。

企业应建立特种作业人员及特种设备作业人员管理台账，对特种作业人员进行规范管理，避免违规，防止特种作业或特种设备事故的发生。

【标准化要求】4

企业从事危险化学品运输的驾驶员、船员、押运人员，必须经所在地设区的市级人民政府交通部门考核合格(船员经海事管理机构考核合格)，取得从业资格证，方可上岗作业。

【企业达标标准】

1. 从事危险化学品运输的驾驶人员、船员、装卸管理人员、押运人员，应当经交通运输主管部门考核合格，取得从业资格证，方可上岗作业；

2. 建立危险化学品运输的驾驶人员、船员、押运人员管理台账。

企业从事危化品运输的驾驶员、装卸管理人员、押运人员必须经所在地设区的市级人民政府交通部门考核，船员须经海事管理机构考核合格，取得上岗资格证，方可从事相应的作业活动。企业应建立台账，对危险化学品运输的驾驶人员、船员、押运人员等进行规范管理，以预防和减少危险化学品装卸、运输事故的发生。

【标准化要求】5

企业应在新工艺、新技术、新装置、新产品投产前，对有关人员进行专门培训，经考核合格后，方可上岗。

【企业达标标准】

在新工艺、新技术、新装置、新产品投产或投用前，对有关人员(操作人员和管理人员)进行专门培训，经考核合格后，方可上岗。

企业工艺、技术、设备等主管部门，在新工艺、新技术、新装置、新产品投产前，应组织有关人员在风险辨识、评价和控制的基础上编制新的安全操作规程，对操作人员和管理人员进行有针对性的专门培训，考核合格，方可上岗操作。未经培训教育或考核不合格的人员不得上岗作业。

5.5 其他人员培训教育

【标准化要求】1

企业从业人员转岗、脱离岗位1年以上(含1年)者，应进行车间(工段)、班组级安全培训教育，经考核合格后，方可上岗。

【企业达标标准】

从业人员转岗、脱离岗位1年以上(含1年)者，应进行车间(工段)、班组级安全培训教育，经考核合格后，方可上岗。

从业人员在本单位内调整工作岗位(转岗)或离岗1年(含1年)以上重新上岗时，应当重新接受所在岗位车间(工段)级和班组级的安全培训，并经考核合格方可上岗。

【标准化要求】2

企业应对外来参观、学习等人员进行有关安全规定及安全注意事项的培训教育。

【企业达标标准】

对外来参观、学习等人员进行有关安全规定及安全注意事项的培训教育。

外来参观、学习等人员应由企业安全生产管理部门和接待单位进行培训教育，并有专人陪同方可进入。培训教育的内容包括本单位有关的安全生产规章制度或安全规定、进入现场的风险及注意事项和要求等。

【标准化要求】3

企业应对承包商的作业人员进行入厂安全培训教育，经考核合格发放入厂证，保存安全培训教育记录。进入作业现场前，作业现场所在基层单位应对施工单位的作业人员进行进入现场前安全培训教育，保存安全培训教育记录。

【企业达标标准】

1. 对承包商的所有人员进行入厂安全培训教育，经考核合格发放入厂证；

2. 进入作业现场前，作业现场所在基层单位对施工单位进行进入现场前安全培训教育；

3. 保存安全培训教育记录。

由于种种原因，承包商事故已成为许多企业安全事故的重灾区，因此，对承包商的安全培训教育变得越来越重要。对外来施工单位的作业人员，企业首先应进行入厂安全培训教育，经考核合格，发放入厂证。入厂安全教育的内容包括有关的法律法规、企业的安全生产管理制度、风险管理要求等。

外来施工单位作业人员进入作业现场前，作业现场所在单位还要对其进行进入现场安全培训教育，内容包括作业现场的有关规定、风险管理要求、安全注意事项、事故应急处理措施等。

企业应保存对上述人员的培训教育记录，并将记录归入企业安全培训教育档案管理。

5.6 日常安全教育

【标准化要求】1

企业管理部门、班组应按照月度安全活动计划开展安全活动和基本功训练。

【企业达标标准】

1. 管理部门、班组应明确基本功训练项目、内容和要求；

2. 按照月度安全活动计划开展安全活动和基本功训练。

企业应积极开展各管理部门、班组的安全活动和基本功训练，从基础抓起，整体提高企业管理人员、基层作业人员的安全意识、操作技能以及应对风险的能力。各管理部门、各班组应按照安全生产管理部门制定的月度安全活动计划有序开展安全活动和基本功训练，防止流于形式和走过场。

【标准化要求】2

班组安全活动每月不少于2次，每次活动时间不少于1学时。班组安全活动应有负责人、有计划、有内容、有记录。企业负责人应每月至少参加1次班组安全活动，基层单位

负责人及其管理人员应每月至少参加 2 次班组安全活动。

【企业达标标准】

1. 班组安全活动每月不少于 2 次，每次活动时间不少于 1 学时；

2. 班组安全活动有负责人、有内容、有记录；

3. 企业负责人每季度至少参加 1 次班组安全活动，基层单位负责人及其管理人员每月至少参加 2 次班组安全活动，并在班组安全活动记录上签字。

班组是企业中最基层的组织，是企业的细胞，各个班组的安全生产与企业整体的安全生产休戚相关。企业应组织班组人员按照月度安全活动计划，采用学习、讨论、参观、观摩、竞赛等方式，定期开展安全活动，以提高各个班组安全生产水平，实现企业安全生产。

班组安全活动应形成制度，每月不少于 2 次，每次不少于 1 学时。活动要明确负责人、活动内容，并保存活动记录。

班组的安全活动内容主要包括：

(1) 学习国家有关的安全生产法律法规；

(2) 学习有关安全生产文件、安全通报、安全生产规章制度、安全操作规程及安全技术知识；

(3) 讨论分析典型事故案例，总结和吸取事故教训；

(4) 开展防火、防爆、防中毒及自我保护能力训练，以及异常情况紧急处理和应急预案演练；

(5) 开展岗位安全技术练兵、比武活动；

(6) 开展查隐患、反习惯性违章活动；

(7) 开展安全技术座谈，观看安全教育电影和录像；

(8) 熟悉作业场所和工作岗位存在的风险、防范措施；

(9) 其他安全活动。

为鼓励和督促班组安全活动的有效开展，各级领导应以身作则，企业(厂级)负责人每季度至少参加一次班组安全活动，基层单位(车间)负责人和管理人员每月至少参加 2 次班组安全活动，各级负责人参加班组活动应在活动记录上签字。

【标准化要求】3

管理部门安全活动每月不少于 1 次，每次活动时间不少于 2 学时。

【企业达标标准】

管理部门安全活动每月不少于 1 次，每次活动时间不少于 2 学时。

【标准化要求】4

企业安全生产管理部门或专职安全生产管理人员应每月至少 1 次对安全活动记录进行检查，并签字。

【企业达标标准】

安全生产管理部门或专职安全生产管理人员每月至少检查 1 次安全活动记录，并签字。

为了监督各管理部门、班组定期开展安全活动，企业安全生产管理部门或专职安全生产管理人员应定期检查安全活动的开展情况，并在活动记录上签字，检查频次每月至少1次。

【标准化要求】5

企业安全生产管理部门或专职安全生产管理人员应结合安全生产实际，制定管理部门、班组月度安全活动计划，规定活动形式、内容和要求。

【企业达标标准】

1. 安全生产管理部门或专职安全生产管理人员制定管理部门、班组月度安全活动计划；

2. 规定活动形式、内容和要求。

企业安全生产管理部门应根据国家、地方政府、行业、主管单位等的有关要求，结合企业安全生产实际需要，制定各管理部门、班组月度安全活动计划，规定安全活动的形式、内容和要求，以便各管理部门、班组开展安全活动。

6　生产设施及工艺安全

6.1　生产设施建设

【标准化要求】1

企业应确保建设项目安全设施与建设项目的主体工程同时设计、同时施工、同时投入生产和使用。

【企业达标标准】

确保建设项目安全设施与建设项目的主体工程同时设计、同时施工、同时投入生产和使用。

2002年11月1日起施行的《安全生产法》第24条对建设项目的安全设施提出了“三同时”的要求，《安全生产法》第25、26、27条已赋予安全生产监督管理部门对危险化学品建设项目行使设立审查、安全设施设计审查、竣工验收审查三步行政许可权。

2011年2月1日起施行的《建设项目安全设施“三同时”监督管理暂行办法》(国家安全生产监督管理总局令第36号)对建设项目安全设施“三同时”监督管理的范围、对象、内容、程序以及组织领导和责任作出了明确的规定和要求。

(1)“三同时”制度是指一切新建、改建、扩建的基本建设项目(工程)、技术改造项目(工程)、引进的建设项目，其职业安全卫生设施必须符合国家规定的标准，必须与主体工程同时设计、同时施工、同时投入生产和使用。安全设施的投资必须纳入建设项目预算。

建设项目“三同时”是企业安全生产的重要保障措施，是事前保障措施，对贯彻“安全第一，预防为主，综合治理”安全生产方针，改善劳动条件，防止发生事故，促进经济发展具有重要意义。

“三同时”制度主要包括以下内容：

① 在进行可行性研究论证时，必须进行安全论证，确定可能对从业人员造成的危害和预防措施，并将论证结果载入可行性研究报告；

② 设计单位在编制初步设计报告时，应同时编制《安全专篇》，并符合国家标准或行业标准；

③ 施工单位必须按照审查批准的设计报告进行施工，编制《总体开工方案》，不得擅自更改安全设施的设计，并对施工质量负责；

④ 建设项目的验收，必须按照国家有关建设项目安全验收规定进行；不符合安全规程和行业技术规范的，不得验收和投产使用；

⑤ 建设项目验收合格正式投入运行后，生产设施和安全设施必须同时投入使用，不得将安全设施闲置不用。

(2)《关于危险化学品建设项目安全许可和试生产(使用)方案备案工作的意见》(安监总危化〔2007〕121 号)对新建、改建、扩建项目做了解释。

新建项目　指拟依法设立的企业建设伴有危险化学品产生的化学品或者危险化学品生产储存装置(设施)和现有企业(单位)拟建与现有生产、储存活动不同的伴有危险化学品产生的化学品或者危险化学品生产、储存(设施)的建设项目。

改建项目　指企业对在役伴有危险化学品产生的化学品或者危险化学品生产、储存装置(设施)，在原址或者易地更新技术、工艺和改变原设计的生产、储存危险化学品种类及主要装置(设施、设备)、危险化学品作业场所的建设项目。

扩建项目　指企业(单位)拟建与现有伴有危险化学品产生的化学品或者危险化学品品种相同且生产、储存装置(设施)相对独立的建设项目。

(3)新建、改建、扩建项目的项目建议书、可行性研究报告、初步设计、总体开工方案应经过主管部门、安全生产管理部门和工会的联合审查。

《建设项目安全设施“三同时”监督管理暂行办法》(国家安全生产监督管理总局令第 36 号)第十二条规定了建设项目《安全专篇》的内容应当包括：

① 设计依据；

② 建设项目概述；

③ 建设项目涉及的危险、有害因素和危险、有害程度及周边环境安全分析；

④ 建筑及场地布置；

⑤ 重大危险源分析及检测监控；

⑥ 安全设施设计采取的防范措施；

⑦ 安全生产管理机构设置或者安全生产管理人员配备情况；

⑧ 从业人员教育培训情况；

⑨ 工艺、技术和设备、设施的先进性和可靠性分析；

⑩ 安全设施专项投资概算；

⑪ 安全预评价报告中的安全对策及建议采纳情况；

⑫ 预期效果以及存在的问题与建议；

⑬ 可能出现的事故预防及应急救援措施；

⑭ 法律、法规、规章、标准规定需要说明的其他事项。

建设单位在建设项目可行性研究阶段，应委托具有国家颁发相应资质证书并有较好业绩的评价机构，承担安全预评价。

【标准化要求】2

企业应按照建设项目安全许可有关规定，对建设项目的设立阶段、设计阶段、试生产阶段和竣工验收阶段规范管理。

【企业达标标准】

1. 按照有关法律法规和国家安全监管总局有关危化品建设项目安全条件审查的规章、规范性文件规定，对建设项目的设立阶段、设计阶段、试生产阶段和竣工验收阶段规范管理；

2. 建设项目建成试生产前，企业要组织设计、施工、监理和建设单位的工程技术人员进行"三查四定"；试车和投料过程要严格按照设备管道试压、吹扫、气密、单机试车、仪表调校、联动试车、化工投料试生产的程序进行；

3. 编制试生产前安全检查报告。

2012 年 4 月 1 日起施行的《危险化学品建设项目安全监督管理办法》(国家安全生产监督管理总局令第 45 号)的要求对建设项目安全条件审查、建设项目安全设施设计审查、建设项目试生产(使用)、建设项目安全设施竣工验收等方面提出了明确的要求，按照《建设项目安全设施"三同时"监督管理暂行办法》(国家安全监管总局令第 36 号)的要求，项目的建设程序可分为：安全设立→初步设计→安全设施设计专篇→施工图设计→施工→试生产→安全设施竣工验收等阶段。

(1) 目前危化品建设项目应当按照《建设项目安全设施"三同时"监督管理暂行办法》(国家安全生产监督管理总局令第 36 号)和《危险化学品建设项目安全监督管理办法》(国家安全生产监督管理总局令第 45 号)等要求进行规范管理，在各个阶段应提交审查意见、备案文件、批准文件等文件资料。

设立阶段：

① 设立安全审查申请书；

② 安全条件论证报告；

③ 可行性研究报告；

④ 安全设立评价报告；

⑤ 建设或规划部门颁发的建设项目规划许可文件。

安全设施设计阶段：

① 建设项目安全设施设计审查申请书；

② 建设项目设立安全审查意见书；

③ 设计单位的设计资质证明文件；

④ 建设项目安全设施设计专篇及审查意见。

试生产和竣工验收阶段：

① 建设项目施工情况报告(交工报告、监理报告等)、施工单位资质证明文件、安全资金投入情况报告等；

② 建设项目加盖竣工章的施工图或竣工图；

③ 建设项目试生产方案、试生产总结等；

④ 安全设施验收评价报告；

⑤ 建设项目安全设施竣工验收安全许可意见。

(2) 国家安全生产监督管理总局、工业信息化部关于危险化学品企业贯彻落实《国务院关于进一步加强企业安全生产工作的通知》的实施意见(安监总管三〔2010〕186号)第8条“加强建设项目安全管理”要求，“建设项目建成试生产前，建设单位要组织设计、施工、监理和建设单位的工程技术人员进行“三查四定”(三查：查设计漏项、查工程质量、查工程隐患；四定：定任务、定人员、定时间、定整改措施)，聘请有经验的工程技术人员对项目试车和投料过程进行指导。试车和投料过程要严格按照设备管道试压、吹扫、气密、单机试车、仪表调校、联动试车、化工投料试生产的程序进行。试车引入化工物料(包括氮气、蒸汽等)后，建设单位要对试车过程的安全进行总协调和负总责。”

(3) 试生产前生产装置及现场环境必须具备以下条件，方可实施装置试生产。

① 通过危险化学品建设项目设立安全审查和安全设施设计审查；

② 试生产范围内的工程已按设计文件规定的内容和标准完成；

③ 试生产范围内的设备和管道系统的内部处理及耐压试验、严密性试验合格；

④ 试生产范围内的电气系统和仪表装置的检测、自动控制系统、联锁保护及报警系统等必须符合设计文件的规定；

⑤ 试生产所需的水、电、汽、气及各种原辅材物料满足试生产的需要；

⑥ 试生产现场已经清理干净，道路、照明等满足试生产的需要；

⑦ 与试生产相关的各生产装置、辅助系统必须统筹兼顾、首尾衔接、同步试车；

⑧ 所有安全设施必须与主体生产装置同步试车。

企业对试生产组织机构和人员、管理制度和操作规程、应急预案和应急救援措施及装备、试生产安全具备的安全生产条件等方面进行安全检查，编制安全检查报告，提出试生产过程中可能出现的安全问题与对策措施，列出试生产所需的原料、燃料、化学药品和水、电、汽、气、备品备件等物资清单等。

(4) 试生产运行正常后，建设项目预验收前，企业应自主选择、委托安全生产监督管理机构认可的单位进行安全条件检测、危害程度分级和有关设备的安全检测、检验，并将试运行中安全设备运行情况、措施的效果、检测检验数据、存在的问题以及采取的措施写入《安全验收专题报告》，报送安全生产监督管理机构审批。

安全生产监督管理机构根据建设单位报送的建设项目安全验收专题报告，对建设项目竣工进行安全验收。

《安全验收专题报告》的主要内容包括：

① 初步设计中安全设施，已按设计要求与主体工程同时建成、投入使用的情况；

② 建设项目中的特种设备已经由具有法定资格的单位检验合格，取得安全使用证(或检验合格证)的情况；

③ 工作环境、劳动条件经测试符合国家有关规定的情况；

④ 建设项目中安全设施，经现场检查符合国家安全规定和标准情况；

⑤ 安全管理机构设立情况，必要的检测仪器、设备配备情况，安全生产规章制度和

操作规程建立情况，安全培训教育情况，特种作业人员经培训、考核情况，取得安全操作证情况，事故预防措施和应急预案制定情况。

【标准化要求】3

企业应对建设项目的施工过程实施有效安全监督，保证施工过程处于有序管理状态。

【企业达标标准】

1. 建设项目必须由具备相应资质的单位负责设计、施工、监理；

2. 对建设项目的施工过程实施有效安全监督，保证施工过程处于有序管理状态。

（1）国家安全监管总局、工业信息化部关于危险化学品企业贯彻落实《国务院关于进一步加强企业安全生产工作的通知》的实施意见（安监总管三〔2010〕186号）规定，企业新建、改建、扩建危险化学品建设项目必须由具备相应资质的单位负责设计、施工、监理。大型和采用危险化工工艺的装置，原则上要由具有甲级资质的化工设计单位设计。设计单位要严格遵守设计规范和标准，将安全技术与安全设施纳入初步设计方案，生产装置设计的自控水平要满足工艺安全的要求；大型和采用危险化工工艺的装置在初步设计完成后要进行HAZOP分析。施工单位要严格按设计图纸施工，保证质量，不得撤减安全设施项目。

（2）设计单位应当根据有关安全生产的法律、法规、规章和国家标准、行业标准以及建设项目安全条件审查意见书，按照《化工建设项目安全设计管理导则》（AQ/T 3033），对建设项目安全设施进行设计，并编制建设项目安全设施设计专篇。建设项目安全设施设计专篇应当符合《危险化学品建设项目安全设施设计专篇编制导则》的要求。

（3）工程监理单位应当审查施工组织设计中的安全技术措施或者专项施工方案是否符合工程建设强制性标准。工程监理单位在实施监理过程中，发现存在事故隐患的，应当要求施工单位整改；情况严重的，应当要求施工单位暂时停止施工，并及时报告生产经营单位。施工单位拒不整改或者不停止施工的，工程监理单位应当及时向有关主管部门报告。

（4）企业要对建设项目的施工过程进行全过程监督管理，对施工单位的“三违”现象进行检查，避免施工过程的生产安全事故的发生。定期召开安全联系会议，协调解决事故过程中存在的问题。

【标准化要求】4

企业建设项目建设过程中的变更应严格执行变更管理规定，履行变更程序，对变更全过程进行风险管理。

【企业达标标准】

1. 建设项目建设过程中的变更应严格执行变更管理规定，履行变更程序，对变更全过程进行风险管理；

2. 符合安全监管总局有关危化品建设项目安全条件审查的规章规定的变更发生后，应重新进行安全审查。

（1）企业的变更管理制度应明确对生产设施建设中的变更的管理。生产设施建设中的变更，应严格按照变更管理制度的规定进行，并且要对变更的全过程进行风险管理。

（2）对于建设项目来说，变更是经常发生的，可能涉及厂址、工艺、设备设施、管道走向等变更。建设项目建设过程中的变更应有设计单位出具变更单，对变更要进行风险管理。当建设项目发生《建设项目安全设施“三同时”监督管理暂行办法》（国家安全生产监督管理总局令第36号)第十六条规定的规模、生产工艺、原料、设备等重大变更时，应进行重新安全评价，报原批准部门审查同意。

【标准化要求】5

企业应采用先进的、安全性能可靠的新技术、新工艺、新设备和新材料。

【企业达标标准】

1. 采用先进的、安全性能可靠的新技术、新工艺、新设备和新材料；

2. 新开发的危险化学品生产工艺，必须在小试、中试、工业化试验的基础上逐步放大到工业化生产；

3. 国内首次采用的化工工艺，要通过省级有关部门组织专家组进行安全论证。

(1) 企业应积极采用先进的、安全性能可靠的新技术、新工艺、新设备和新材料，对生产设施和工艺进行改进，重视和组织安全生产技术研究开发，创造具有自主知识产权的安全生产技术，不断改善安全生产条件，提高安全生产技术水平。

(2) 按原国家经贸委和发改委公布的淘汰机电产品目录和产品结构调整目录要求，企业应选用鼓励发展的产品、工艺，不能选用限制发展的和淘汰的产品、工艺。

6.2 安全设施

【标准化要求】1

企业应严格执行安全设施管理制度，建立安全设施台账。

【企业达标标准】

建立安全设施台账。

《危险化学品建设项目安全设施设计专篇编制导则》要求对新建、改建、扩建危险化学品生产、储存装置和设施，以及伴有危险化学品产生的化学品生产装置和设施的建设项目(以下简称建设项目)应编制安全设施设计专篇。依据《危险化学品建设项目安全设施目录》中对安全设施的分类建立台账，进行动态管理，以确保生产设施的安全可靠运行。

按照国家安监总局关于印发《危险化学品建设项目安全设施目录(试行)》和《危险化学品建设项目安全设施设计专篇编制导则(试行)》的通知(安监总危化〔2007〕225号)，安全设施是指企业(单位)在生产经营活动中将危险因素、有害因素控制在安全范围内以及预防、减少、消除危害所配备的装置(设备)和采取的措施。安全设施分为预防事故设施、控制事故设施、减少与消除事故影响设施3大类、13小类。

① 预防事故设施

检测、报警设施：压力、温度、液位、流量、组分等报警设施，可燃气体、有毒有害气体、氧气等检测和报警设施，用于安全检查和安全数据分析等检验检测设备、仪器。

设备安全防护设施：防护罩、防护屏、负荷限制器、行程限制器，制动、限速、防雷、防潮、防晒、防冻、防腐、防渗漏等设施，传动设备安全锁闭设施，电器过载保护设施，静电接地设施。

防爆设施：各种电气、仪表的防爆设施，抑制助燃物品混入(如氮封)、易燃易爆气体和粉尘形成等设施，阻隔防爆器材，防爆工器具。

作业场所防护设施：作业场所的防辐射、防静电、防噪音、通风(除尘、排毒)、防护栏(网)、防滑、防灼烫等设施。

安全警示标志：包括各种指示、警示作业安全和逃生避难及风向等警示标志。

② 控制事故设施

泄压和止逆设施：用于泄压的阀门、爆破片、放空管等设施，用于止逆的阀门等设施，真空系统的密封设施。

紧急处理设施：紧急备用电源，紧急切断、分流、排放(火炬)、吸收、中和、冷却等设施，通入或者加入惰性气体、反应抑制剂等设施，紧急停车、仪表联锁等设施。

③ 减少与消除事故影响设施

防止火灾蔓延设施：阻火器、安全水封、回火防止器、防油(火)堤，防爆墙、防爆门等隔爆设施，防火墙、防火门、蒸汽幕、水幕等设施，防火材料涂层。

灭火设施：水喷淋、惰性气体、蒸汽、泡沫释放等灭火设施，消火栓、高压水枪(炮)、消防车、消防水管网、消防站等。

紧急个体处置设施：洗眼器、喷淋器、逃生器、逃生索、应急照明等设施。

应急救援设施：堵漏、工程抢险装备和现场受伤人员医疗抢救装备。

逃生避难设施：逃生和避难的安全通道(梯)、安全避难所(带空气呼吸系统)、避难信号等。

劳动防护用品和装备：包括头部，面部，视觉、呼吸、听觉器官，四肢，躯干防火、防毒、防灼烫、防腐蚀、防噪声、防光射、防高处坠落、防砸击、防刺伤等免受作业场所物理、化学因素伤害的劳动防护用品和装备。

【标准化要求】2

企业应确保安全设施配备符合国家有关规定和标准，做到：

(1) 宜按照 SH 3063—1999 在易燃、易爆、有毒区域设置固定式可燃气体和/或有毒气体的检测报警设施，报警信号应发送至工艺装置、储运设施等控制室或操作室；

(2) 按照 GB 50351 在可燃液体罐区设置防火堤，在酸、碱罐区设置围堤并进行防腐处理；

(3) 宜按照 SH 3097—2000 在输送易燃物料的设备、管道安装防静电设施；

(4) 按照 GB 50057 在厂区安装防雷设施；

(5) 按照 GB 50016、GB 50140 配置消防设施与器材；

(6) 按照 GB 50058 设置电力装置；

(7) 按照 GB 11651 配备个体防护设施；

(8) 厂房、库房建筑应符合 GB 50016、GB 50160；

(9) 在工艺装置上可能引起火灾、爆炸的部位设置超温、超压等检测仪表、声和/或光报警和安全联锁装置等设施。

【企业达标标准】

按照国家有关规定和标准设置安全设施，做到：

(1) 按照 GB 50493 在易燃、易爆、有毒区域设置固定式可燃气体和/或有毒有害气体泄漏的检测报警设施，报警信号应发送至工艺装置、储运设施等控制室或操作室；

(2) 按照 GB 50351 在可燃液体罐区设置防火堤，在酸、碱罐区设置围堤并进行防腐

处理；

（3）宜按照 SH 3097—2000 在输送易燃物料的设备、管道上安装防静电设施；

（4）按照 GB 50057 在厂区安装防雷设施；

（5）按照 GB 50016、GB 50140 配置消防设施与器材；

（6）按照 GB 50058 设置电力装置；

（7）按照 GB 11651 配备个体防护设施；

（8）厂房、库房建筑应符合 GB 50016、GB 50160 的有关要求；

（9）在工艺装置上可能引起火灾、爆炸的部位设置超温、超压等检测仪表、声和/或光报警和安全联锁装置等设施；

（10）新建大型和危险程度高的化工装置，在设计阶段要进行仪表系统安全完整性等级评估，选用安全可靠的仪表、联锁控制系统；

（11）专家诊断按标准、规范应设置的其他安全设施。

企业要熟悉、了解和掌握安全设施有关的国家标准等，清楚现有的安全设施适用的标准和要求，在应当设置的位置设置符合要求的安全设施。

（1）GB 50493《石油化工企业可燃气体和有毒气体检测报警设计规范 》规定了各类可燃气体、有毒气体检测探头的形式、安装位置、保护半径、与释放源的间距，是否属于防爆式，防爆等级等要求，应保存安装后的检测、调试记录以及定期检验、维护记录等；

（2）按照 GB 50351《储罐区防火堤设计规范 》的内容和要求，对照检查防火堤的材质、容量、高度、与储罐和周边距离等是否满足要求，以及堤内的防渗、防腐处理等情况；

（3）建议按照 SH 3097—2000《石油化工静电接地设计规范》在输送易燃液体的设备管道检查和安装防静电设施，也可以根据 HG/T 20675《化工企业静电接地设计规范》、GB 13348《液体石油产品静电安全规程》等标准对照检查静电接地的范围、方式、接地系统的接地电阻以及接地端子和接地板、静电接地的连接、跨接等是否符合要求，特别是在固定设备、储罐、管道系统、装卸栈台与罐车、粉体加工、气体与蒸汽喷出设备和人体静电的导除与泄放等区域设置接地电阻满足要求的静电接地装置；

（4）按照 GB 50057《建筑物防雷设计规范 》在厂区安装防雷设施，石油与石油设施还应按照 GB 15599《石油与石油设施雷电安全规范》的内容和要求安装防雷设施；企业应对照标准检查建筑物的防雷分类等是否满足要求；

（5）按照 GB 50016《建筑设计防火规范 》、GB 50140《建筑灭火器配置设计规范》的要求设置室内外消防消防栓、消防水池和泵房、自动灭火装置、消防供电及其他灭火设施；根据工业建筑物的危险等级确定灭火器的配备基准和每个设置点的保护面积以及灭火器的设置位置、高度、环境温度等；

（6）按照 GB 50058《爆炸和火灾危险环境电力装置设计规范 》和 AQ 3009—2007《危险场所电气防爆安全规范》的要求进行爆炸性气体环境区域的划分、各类释放源的确定，以及爆炸性气体环境中电气装置选择和电气线路的安装等；

（7）按照 GB 11651《个体防护装备选用规范 》的要求，根据作业类别确定使用限制、使用防护用品和防护设施；

（8）按照 GB 50016《建筑设计防火规范》及 GB 50160《石油化工企业设计防火规范》的

要求，对照检查建构筑物的火灾危险性类别、厂房（仓库）的耐火等级和构件的耐火极限、厂房（仓库）的防火分区、防爆泄压、安全疏散通道以及建构筑物之间、装置、道路、围墙、罐区、堆场的间距是否符合要求；

（9）国家安全监管总局、工业信息化部关于危险化学品企业贯彻落实《国务院关于进一步加强企业安全生产工作的通知》的实施意见（安监总管三〔2010〕186号）要求："大力提高工艺自动化控制与安全仪表水平；新建大型和危险程度高的化工装置，在设计阶段要进行仪表系统安全完整性等级评估，选用安全可靠的仪表、联锁控制系统，配备必要的有毒有害、可燃气体泄漏检测报警系统和火灾报警系统，提高装置安全可靠性"；

（10）在组织专家进行安全生产标准化诊断过程中，依据有关标准、规范提出的需增设或完善安全设施建议，企业应予以设置。

【标准化要求】3

无。

【企业达标标准】

二级企业化工生产装置设置自动化控制系统，涉及危险化工工艺和重点监管危险化学品的化工生产装置根据风险状况设置了安全联锁或紧急停车系统等。

要申请二级企业达标的危险化学品企业，应按照评审标准的要求，化工生产装置设置了自动化控制系统，如果涉及《国家安全监管总局关于公布首批重点监管的危险化工工艺目录的通知》（安监总管三〔2009〕116号）规定的危险化工工艺和《国家安全监管总局关于公布首批重点监管的危险化学品目录的通知》（安监总管三〔2011〕95号）中规定危险化学品的化工生产装置，要根据风险状况设置安全联锁或紧急停车系统等。企业根据生产过程的工艺特点和生产实际，优化采用适用的智能控制器、可编程逻辑控制器（PLC）、集散控制系统（DCS）、紧急停车系统（ESD）或安全仪表控制系统（SIS），或组合采用以上控制系统，以便实现化工装置联锁开车、过程安全联锁、紧急联锁停车功能，确保人员及设备安全。

【标准化要求】4

无。

【企业达标标准】

一级企业涉及危险化工工艺的化工生产装置设置了安全仪表系统，并建立安全仪表系统功能安全管理体系。

申请一级企业达标的危险化学品企业，涉及危险化工工艺的化工生产装置要设置安全仪表系统，并建立安全仪表系统功能安全管理体系。

【标准化要求】5

企业的各种安全设施应有专人负责管理，定期检查和维护保养。

【企业达标标准】

1. 专人负责管理各种安全设施；

2. 建立安全设施管理档案；

3. 定期检查和维护保养安全设施，并建立记录。

（1）企业要按照制定的安全设施的管理制度规定的责任部门和管理职责，做好安全设施的管理，做到专人负责。

(2) 要按照《危险化学品建设项目安全设施目录》分类，建立安全设施台账，保存检查和维护保养记录。

【标准化要求】6

安全设施应编入设备检维修计划，定期检维修。安全设施不得随意拆除、挪用或弃置不用，因检维修拆除的，检维修完毕后应立即复原。

【企业达标标准】

1. 安全设施应编入设备检维修计划，定期检维修；

2. 安全设施不得随意拆除、挪用或弃置不用，因检维修拆除的，检维修完毕后应立即复原。

(1) 企业在编制生产设备检维修计划时，把相应的安全设施一并编入检维修计划，实施定期检维修，要保存与检维修计划一致的记录。

(2) 在生产装置现场设置的安全设施不得随意拆除、挪用或弃置不用，因检维修需要拆除的，检修拆除完毕后应立即复原，并保持原有的功能和作用。

【标准化要求】7

企业应对监视和测量设备进行规范管理，建立监视和测量设备台账，定期进行校准和维护，并保存校准和维护活动的记录。

【企业达标标准】

1. 对监视和测量设备进行规范管理；

2. 建立监视和测量设备台账；

3. 定期进行校准和维护；

4. 保存校准和维护活动的记录；

5. 对风险较高的系统或装置，要加强在线检测或功能测试，保证设备、设施的完整性。

按照 GB/T 19000—2008 标准规定，企业应通过产品实现的策划，识别和确定测量过程和监视过程，并根据策划结果，配备所需的测量和监视装置。

(1) 测量装置

GB/T 19000—2008 标准的 3. 10. 2 条款将测量过程定义为“确定量值的一组操作”，而测量装置正是为了实现这种测量过程所使用的相关设备。上述标准的 3. 10. 4 条款将测量设备定义为“为实现测量过程所必需的测量仪器、软件、测量标准、标准物质或辅助设备或它们的组合。”由此可以看出：测量装置应是为确定量值所进行操作中所使用的相关装置和设备；测量装置的测量结果，应是可以量化评定的；确定量值的过程，可以包括评定产品的符合性和过程的符合性。

(2) 监视装置

对于监视过程和监视装置，GB/T 19000—2008 标准没有给出定义。国际标准化组织质量管理和质量保证技术委员会(ISO/TC 176)的术语指南文件(ISO/TC 176/SC 2/N 526R)强调，“监视”是“观察、监督、始终审视，定期的测量或测试。”由 ISO/TC 176 和国际认可论坛(IAF)的质量管理专家\审核员和质量工作者组成的 ISO 9001：2000 标准审核实践工作组(ISO 9001APG)，在针对 ISO 9001：2000 标准审核中的疑难点而提出的指南性意见中，将“监视”解释为：“观察、监督，通过(使用监视装置)检查保持过程正常，可包括在间断点进行测量或测试，尤其是出于调整或控制的目的。

(3) 根据以上定义或解释，可以看出“监视”包括以下涵义：监视的目的是监控，特别是对过程状态的监控及符合法律法规情况的监控；监视的方法可以是定性的观察、监督或评审，也可以包括确定量值的测量或检测。因此，监视可以包括测量。但根据定义可以看出，凡是以监控工作状态为目的的过程，应属监视过程。而评定产品或过程的符合性，评定产品或过程是否符合规定要求的确定量值的操作，则应属测量过程。

(4) 通过以上对“监视”术语的解释可以看出，监视装置是在实施监视过程中使用的指示性设备或装置。这些指示性设备或装置的使用目的，是控制各过程的工作状态。其中可以包括观察、监督或评审过程中使用的定性评定的相关设备或装置，如控制室内使用的烟雾传感器和“电子眼”等，也包括用于监视过程状态的测量设备或装置，如机泵上观察设备是否正常运作的压力表、轴承部位的温度表等各种仪表。这些仪表不是用于直接测量产品的符合性，也不用于评定过程参数是否符合工艺规定，只是用于观察机器设备的运行状况。只有这些仪表显示的压力和温度在某范围之内，才说明本过程的工作状态是正常的。

6.3　特种设备

【标准化要求】1

企业应按照《特种设备安全监察条例》管理规定，对特种设备进行规范管理。

【企业达标标准】

按照《特种设备安全监察条例》的规定，对特种设备进行规范管理。

《特种设备安全监察条例》(中华人民共和国国务院令第373号)于2003年3月11日公布，同年6月1日实施。2009年1月24日根据《国务院关于修改〈特种设备安全监察条例〉的决定》(2009年1月14日国务院第46次常务会议通过)对该条例进行了修订，温家宝总理签署中华人民共和国国务院令第549号公布，自2009年5月1日起施行。全文由原来的七章91条修改调整为八章103条。

(1) 将“场(厂)内专用机动车辆”列入特种设备管理范围(第二条第一款)，企业场(厂)内专用机动车辆必须按照条例规定要求进行登记注册、检验等规范管理。

(2) 对特种设备生产、使用单位提出了“节能”规定(第五条、第十条)，特种设备生产单位对其生产的特种设备的安全性能和能效指标负责，不得生产不符合安全性能要求和能效指标的特种设备，不得生产国家产业政策明令淘汰的特种设备。

(3) 对特种设备安全事故进行了分级(第六十一至六十三条)，分为特别重大、重大、较大、一般事故四级，分级和调查处理与国务院493号令《生产安全事故报告和调查处理条例》的等级划分相一致，“事故预防和调查处理”单列第六章，同时对处罚与责任追究也进行了细分(第八十到九十八条)。

(4) 条例规定特种设备作业人员应当按照国家有关规定经特种设备安全监督管理部门考核合格，取得国家统一格式的特种作业人员证书，方可从事相应的作业或者管理工作。

企业常见的特种设备主要有：锅炉、压力容器(含气瓶)、压力管道、电梯、起重机械、场(厂)内专用机动车辆等；特种作业人员主要有：锅炉作业(锅炉操作、水处理作业)、压力容器作业(压力容器操作、气瓶充装)、压力管道作业、电梯作业(安装、维修、司机)、起重机械作业(机械安装、维修；电气安装、维修；司索；指挥；司机)、场(厂)内机动车辆作业(司机、维修)、特种设备管理等人员。

【标准化要求】2

企业应建立特种设备台账和档案。

【企业达标标准】

建立特种设备台账和档案，包括特种设备技术资料、特种设备登记注册表、特种设备及安全附件定期检测检验记录、特种设备运行记录和故障记录、特种设备日常维修保养记录、特种设备事故应急救援预案及演练记录。

(1) 依据《特种设备安全监察条例》第二十六条，特种设备使用单位应当建立特种设备安全技术档案。特种设备安全技术档案应当包括以下内容：

① 特种设备的设计文件、制造单位、产品质量合格证明、使用维护说明等文件以及安装技术文件和资料；

② 特种设备的定期检验和定期自行检查的记录；

③ 特种设备的日常使用状况记录；

④ 特种设备及其安全附件、安全保护装置、测量调控装置及有关附属仪器仪表的日常维护保养记录；

⑤ 特种设备运行故障和事故记录；

⑥ 高耗能特种设备的能效测试报告、能耗状况记录以及节能改造技术资料。

(2) 危险化学品企业特种设备主要有：锅炉；压力容器；气瓶；压力管道；电梯；起重机械；厂内机动车辆；特种设备附属的安全附件、安全保护装置和与安全保护装置相关的设施。

(3) 依据《特种设备安全监察条例》相关要求建立特种设备管理台账和档案，样例可参见表4－15～表4－21。

表4－15 特种设备登记注册表(台账)

序号	设备注册代码	使用证编号	设备名称	型号	单位内部编号	制造单位名称	使用状态	检验责任所在单位	设备安装地址	出厂编号	下次检验日期	特种设备安全管理人员	备注(报废注销)

编制日期： 年 月 日

表 4－16　特种设备登记总台账

单位名称：__________　组织机构代码：__________　地址：__________　特种设备：锅炉____台，压力容器____个，厂(场)内车辆____辆，起重机械______台，电梯____台，压力管道____段、共____m。

序号	设备注册代码	使用证编号	设备名称	型号	单位内部编号	制造单位名称	使用状态	检验责任所在单位	设备安装地址	出厂编号	下次检验日期	特种设备安全管理人员	备注

表 4－17　特种设备定期检验记录

设备注册代码	使用证编号	设备名称(型号)	出厂编号	单位内部编号	投用日期	安装地址	使用状态
定期检验记录							
检验日期	下次检验日期	检验情况记录	检验报告编号	检验结论	检验单位	检验员	备注

表4-18 安全附件定期检验记录

安全附件名称	型号	出厂编号	所属特种设备名称(型号)	所属特种设备出厂编号	安全附件安装位置	使用状态

定期检验记录

检验日期	下次检验日期	检验情况记录	检验报告编号	检验结论	检验单位	检验员	备注

表4-19 特种设备保养维修记录

设备名称(型号): 位置:

保养日期	保养维修内容	维修单位	维修人员	设备管理人员

表 4－20 特种设备运行故障和事故记录

设备注册代码	使用证编号	设备名称(型号)	出厂编号	单位内部编号	投用日期	安装地址	使用状态

定 期 检 验 记 录			
日　　期	故障/事故记录	记录人	备　　注

表 4－21 特种设备作业人员花名册

特种作业工种类别	姓名	性别	身份证号	特种设备作业人员证书编号	培训情况/有效期至	复审记录

【标准化要求】3

特种设备投入使用前或者投入使用后 30 日内，企业应当向直辖市或者设区的市特种设备监督管理部门登记注册。

【企业达标标准】

特种设备投入使用前或者投入使用后 30 日内，应当向直辖市或者设区的市特种设备监督管理部门登记，登记标志置于设备显著位置。

按照《特种设备安全监察条例》第二十五条之规定，办理特种设备登记，取得登记标志。

【标准化要求】4

企业应对在用特种设备进行经常性日常维护保养，至少每月进行 1 次检查，并保存记录。

【企业达标标准】

对在用特种设备进行经常性日常维护保养，至少每月进行1次检查，并保存记录。

按规定对在用特种设备进行经常性日常维护保养，至少每月进行1次检查，发现问题或隐患及时处理，确保在用特种设备的完整性。检查应形成记录并保存。

【标准化要求】5

企业应对在用特种设备及安全附件、安全保护装置、测量调控装置及有关附属仪器仪表进行定期校验、检修，并保存记录。

【企业达标标准】

对在用特种设备及安全附件、安全保护装置、测量调控装置及有关附属仪器仪表进行定期校验、检修，并保存记录。

按照《特种设备安全监察条例》第二十七条规定，特种设备使用单位应当对在用特种设备进行经常性日常维护保养，并定期自行检查。

（1）特种设备使用单位对在用特种设备应当至少每月进行一次自行检查，并作出记录。特种设备使用单位在对在用特种设备进行自行检查和日常维护保养时发现异常情况的，应当及时处理。

（2）特种设备使用单位应当对在用特种设备的安全附件、安全保护装置、测量调控装置及有关附属仪器仪表进行定期校验、检修，并作出记录。

（3）锅炉使用单位应当按照安全技术规范的要求进行锅炉水(介)质处理，并接受特种设备检验检测机构实施的水(介)质处理定期检验。

（4）从事锅炉清洗的单位，应当按照安全技术规范的要求进行锅炉清洗，并接受特种设备检验检测机构实施的锅炉清洗过程监督检验。

【标准化要求】6

企业应在特种设备检验合格有效期届满前1个月向特种设备检验检测机构提出定期检验要求。未经定期检验或者检验不合格的特种设备，不得继续使用。企业应将安全检验合格标志置于或者附着于特种设备的显著位置。

【企业达标标准】

1. 特种设备检验合格有效期届满前1个月向特种设备检验检测机构提出定期检验要求；

2. 未经定期检验或者检验不合格的特种设备，不得继续使用；

3. 将安全检验合格标志置于或者附着于特种设备的显著位置。

（1）依据《特种设备安全监察条例》第二十八条的规定要求，企业应在特种设备检验合格有效期届满前1个月，向特种设备检验检测机构提出定期检验要求(如特种设备定期检验申请单)。特种设备定期检验申报单内容可包括设备名称、型号、产品编号、设备注册代码及使用登记证号，上次检验日期、上次检验结论、下次检验日期、计划检验日期。

使用单位到期未向检验机构提出检验要求的，以及定期检验不合格继续使用的，监察机构应向使用单位下发特种设备安全监察指令书，责令使用单位改正，逾期未改正的，按《特种设备安全监察条例》第七十四条处2万元以上10万元以下罚款。

（2）企业需停止使用特种设备的，按特种设备停用封存管理程序办理。

（3）使用单位已经提出检验申请，但因检验机构未能合理安排时间，在检验合格有效期到期时不能完成检验工作，造成设备超期未检，发生特种设备安全事故的，由检验机构承担责任。

【标准化要求】7

企业特种设备存在严重事故隐患，无改造、维修价值，或者超过安全技术规范规定使用年限，应及时予以报废，并向原登记的特种设备监督管理部门办理注销。

【企业达标标准】

1. 特种设备存在严重事故隐患，无改造、维修价值，或者超过安全技术规范规定使用年限，应及时予以报废；

2. 向原登记的特种设备监督管理部门办理注销。

《特种设备安全监察条例》第八十四条："特种设备存在严重事故隐患，无改造、维修价值，或者超过安全技术规范规定的使用年限，特种设备使用单位未予以报废，并向原登记的特种设备安全监督管理部门办理注销的，由特种设备安全监督管理部门责令限期改正；逾期未改正的，处5万元以上20万元以下罚款。"

6.4　工艺安全

【标准化要求】1

企业操作人员应掌握工艺安全信息，主要包括：

化学品危险性信息：

（1）物理特性；

（2）化学特性，包括反应活性、腐蚀性、热和化学稳定性等；

（3）毒性；

（4）职业接触限值。

工艺信息：

（1）流程图；

（2）化学反应过程；

（3）最大储存量；

（4）工艺参数（如压力、温度、流量）安全上下限值。

设备信息：

（1）设备材料；

（2）设备和管道图纸；

（3）电气类别；

（4）调节阀系统；

（5）安全设施（如报警器、联锁等）。

【企业达标标准】

操作人员应掌握工艺安全信息，主要包括：

（1）化学品危险性信息。包含物理特性、化学特性（包括反应活性、腐蚀性、热和化学稳定性等）、毒性和职业接触限值。

(2)工艺信息。包含流程图、化学反应过程、最大储存量、工艺参数(如压力、温度、流量)安全上下限值。

(3)设备信息。包含设备材料、设备和管道图纸、电气类别、调节阀系统、安全设施(如报警器、联锁等)。

(1)化学品危险性信息

所有可能接触危险化学品的人员都应掌握所接触的危险化学品的危险性，包括操作人员和管理人员。

物理特性　指物质不需要经过化学变化就表现出来的性质。物质的物理性质如颜色、气味、形态、是否易融化、凝固、升华、挥发等，都可以利用人们的耳、鼻、舌、身等感官感知，还有些性质如熔点、沸点、硬度、导电性、导热性、延展性等，可以利用仪器测知。还有些性质，通过实验室获得数据，通过计算得知，如溶解性、密度、防腐性等。在实验前后物质都没有发生改变。

化学特性　物质在发生化学变化时才表现出来的性质叫做化学性质。如可燃性、稳定性、酸性、碱性、氧化性、还原性、助燃性、腐蚀性等，牵涉到物质分子(或晶体)化学组成的改变。

毒性　是指外源化学物质与机体接触或进入体内的易感部位后，能引起损害作用的相对能力，或简称为损伤生物体的能力。也可简单表述为，外源化学物在一定条件下损伤生物体的能力。包括：在危险化学品生产过程中使用和产生的、并在作业时以较少的量经呼吸道、眼睛、口进入人体，与人体发生化学作用，而对健康产生危害的物质；作用于生物体，能使机体发生暂时或永久性病变，导致疾病甚至死亡的物质。

职业接触限值　指劳动者在职业活动过程中长期反复接触，对绝大多数接触者的健康不引起有害作用的容许接触水平，是职业性有害因素的接触限制量值。分为时间加权平均容许浓度、最高容许浓度和短时间接触容许浓度三类。时间加权平均容许浓度(permissible concentration - time weighted average，PC - TWA)是以时间为权数规定的8h工作日、40h工作周的平均容许接触浓度。短时间接触容许浓度(permissible concentration - short term exposure limit，PC - STEL)是在遵守PC - TWA前提下容许段时间(15min)接触的浓度。最高容许浓度(maximum allowable concentration，MAC)指工作地点、在一个工作日内、任何时间有毒化学物质均不应超过的浓度。

职业危害因素标准　是指化学有害因素的职业接触限值(GBZ 2.1—2007)、物理因素职业接触限值(GBZ 2.2—2007)。

(2)工艺信息

工艺操作人员以及管理人员应掌握，尤其是分管工艺技术的人员更应熟练掌握。

流程图　工艺流程图是用图示的方法，把化工工艺流程和所需的全部设备、机器、管道、阀门、管件和仪表表示出来，用简单的线条及简单的设备图形来表示化工装置中原料、产品、废液或废气从一个设备进入另一个设备，流动的方向和先后连接的次序代表的整个化工生产装置的生产全过程。

化学反应过程　在化学反应中，分子破裂成原子，原子重新排列组合生成新物质的过程，称为化学反应。在反应过程中常伴有发光发热变色生成沉淀物等，判断一个反应是否为化学反应的依据是反应是否生成新的物质。操作人员应对化学反应的吸热、放热、反应条件、反应速率等熟练掌握。

最大储存量　生产过程中《建筑防火设计规范》GB 50016—2008 的第 3.3.9 条款规定：厂房内设置甲、乙类中间仓库时，其储量不宜超过一昼夜的需要量。

工艺参数安全上下限值　进行工艺操作时，应熟练掌握操作的工艺参数如流量、温度、压力、液位等安全上下限值，精心操作，使得工艺参数处于受控状态。

（3）设备信息

设备材料　根据生产工艺的要求，选用各种不同材质的反应器、塔、罐、管道、阀门等生产设备，符合设计规范的要求。决定压力容器安全性的内在因素是结构和材料性能，材料是构成设备的物质基础，合理选材是压力容器设计的任务之一，而对操作人员来说了解化工设备常用材料有助于自己的操作工作及安全生产。

设备和管道图纸　管道和仪表流程图又称为 P&ID，P&ID 可分为工艺管道和仪表流程图（即通常意义的 P&ID）和公用工程管道和仪表流程图（即 U&ID）两大类。P&ID 注明了容器、塔、换热器等设备和管道的放空、放净去向，如排放到大气、泄压系统、干气系统或湿气系统。在 P&ID 中表示出全部在正常生产、开车、停车、事故维修、取样、备用、再生各种工况下所需要的工艺物料管线和公用工程管线。所有的管道都要注明管径、管道号、管道等级和介质流向。

电气类别　化工行业电气环境可以分为会对工作安全有妨碍的自然因素与非自然因素。自然因素包含着雷电、静电之类；非自然因素包含着化工电气操作地点的各种环境条件。电气环境对安全生产是否有保障有着至为关键的地位。所以，应根据现场作业环境来选择合适的电气设备，如防高温、防尘、防爆、防腐蚀、防雷防静电设备设施等，并做好电气设备设施的日常检查，确保其运行完好。

调节阀系统　调节阀，又称控制阀，在工业自动化过程控制领域中，通过接受调节控制单元输出的控制信号，借助动力操作去改变介质流量、压力、温度、液位等工艺参数的最终控制元件。一般由执行机构和阀门组成。如果按行程特点，调节阀可分为直行程和角行程；按其所配执行机构使用的动力，可以分为气动调节阀、电动调节阀、液动调节阀三种；按其功能和特性分为线性特性、等百分比特性及抛物线特性三种。调节阀适用于空气、水、蒸汽、各种腐蚀性介质、油品等介质。操作人员应熟悉调节阀控制回路，有利于进行工艺安全操作。

安全设施（如报警器、联锁等）　化工生产过程中高温、高压、易燃、易爆、易中毒、有腐蚀性、有刺激性气味等危险危害因素是固有的。对高危险工艺装置，在不能消除固有的危险危害因素又不能彻底避免人为失误的情况下，采用隔离、远程自动控制等方法是最有效的安全措施。操作人员应对其所操作的设备设施设置的报警器、联锁设施等安全设施的功能和正确操作要求要熟悉，对高危作业的化工装置最基本的安全要求应当是实行温度、压力、液位超高（低）自动报警、联锁停车，最终实现工艺过程自动化控制。

【标准化要求】2

企业应保证下列设备设施运行安全可靠、完整：

（1）压力容器和压力管道，包括管件和阀门；

（2）泄压和排空系统；

（3）紧急停车系统；

（4）监控、报警系统；

（5）联锁系统；

（6）各类动设备，包括备用设备等。

【企业达标标准】

1. 保证下列设备设施运行安全可靠、完整：

（1）压力容器和压力管道，包括管件和阀门；

（2）泄压和排空系统；

（3）紧急停车系统；

（4）监控、报警系统；

（5）联锁系统；

（6）各类动设备，包括备用设备等。

2. 工艺技术自动控制水平低的重点危险化学品企业要制定技术改造计划，完成自动化控制技术改造。

（1）企业对压力容器和压力管道、阀门管件、监控和报警系统、泄压和排空系统、联锁与紧急停车系统、机泵压缩机等动设备、其他设备设施都要进行规范管理，保持其运行可靠，保证生产装置安稳长满优运行。

（2）安全联锁系统，包括传感器、逻辑单元和最终执行元件，当过程达到预定条件时，安全联锁即动作，将过程带入安全状态；压力泄放设施，用于事故或非正常工况时，依靠入口静压力打开泄压，防止设备受压损坏，如安全阀、爆破片等。

（3）国家安全监管总局 工业和信息化部《关于危险化学品企业贯彻落实＜国务院关于进一步加强企业安全生产工作的通知＞的实施意见》（安监总管三〔2010〕186号）第11条规定：重点危险化学品企业（剧毒化学品、易燃易爆化学品生产企业和涉及危险工艺的企业）要积极采用新技术，改造提升现有装置以满足安全生产的需要。工艺技术自动控制水平低的重点危险化学品企业要制定技术改造计划，尽快完成自动化控制技术改造，通过装备基本控制系统和安全仪表系统，提高生产装置本质安全化水平。

【标准化要求】3

企业应对工艺过程进行风险分析：

（1）工艺过程中的危险性；

（2）工作场所潜在事故发生因素；

（3）控制失效的影响；

（4）人为因素等。

【企业达标标准】

1. 要从工艺、设备、仪表、控制、应急响应等方面开展系统的工艺过程风险分析。

2. 对工艺过程进行风险分析，包括：

（1）工艺过程中的危险性；

（2）工作场所潜在事故发生因素；

(3)控制失效的影响;

(4)人为因素等。

(1)国家安全监管总局工业和信息化部《关于危险化学品企业贯彻落实〈国务院关于进一步加强企业安全生产工作的通知〉的实施意见》(安监总管三〔2010〕186 号)第 9 条规定:企业要按照《化工企业工艺安全管理实施导则》(AQ/T 3034—2010)要求,全面加强化工工艺安全管理。企业应建立风险管理制度,积极组织开展危害辨识、风险分析工作。要从工艺、设备、仪表、控制、应急响应等方面开展系统的工艺过程风险分析,预防重特大事故的发生。

(2)选用科学的危害识别、风险评价方法对工艺过程的危险性、工作现场潜在的危险性、控制失效的影响、人为因素等方面进行危险有害因素识别、风险评价,制定并落实安全控制措施,确保工艺过程的安全操作。

(3)为了有效地防止超温、超压、超负荷,应尽量采用自动分析、自动调节、自动报警、自动停车、自动排放、自动切除电源等安全联锁自控技术,以便在工艺指标突然变化时,能自动快速地进行工艺处理,这是防止火灾、爆炸的重要措施。火灾爆炸危险性大的生产现场,应设置可燃气体、有毒有害气体自动报警仪,以便能及时发现和消除险情。

在日常生产中应特别注意以下问题:

1)原料、材料与燃料

(1)原料、材料、燃料的理化性质(熔点、沸点、蒸气压、闪点、燃点、危险性等级等)、受到冲击或发生异常反应时的后果;

(2)工艺中所用原材料分解时产生的热量是否经过详细核算;

(3)对可燃物的防范措施;

(4)有无粉尘爆炸的潜在危险性;

(5)原材料的毒性容许浓度;

(6)容纳化学物质分解的设备是否合用,有何种安全措施?

(7)为了防止腐蚀及反应生成危险物质,应采取何种措施?

(8)原料、材料、燃料的成分是否经常变更,混入杂质会造成何种不安全影响,流程的变化对安全造成何种影响?

(9)是否根据原料、材料、燃料的特性进行合理的管理?

(10)一种或一种以上的原料如果补充不上有什么潜在性的危险,原料的补充是否能得到及时保保证?

(11)使用惰性气体进行清扫、封闭时会引起何种危险,气源供应有无保证?

(12)原料在储藏中的稳定性如何,是否会发生自燃、自聚和分解等反应?

(13)对包装和原料、材料、燃料的标志有何要求(如受压容器的检验标志、危险物品标志等)?

(14)对所用原料使用何种消防装置及灭火器材?

(15)发生火灾时有何紧急措施?

2)工艺操作

(1)对发生火灾爆炸危险的反应操作,采取了何种隔离措施?

(2) 工艺中的各种参数是否接近了危险界限?

(3) 操作中会发生何种不希望的工艺流向或工艺条件以及污染?

(4) 装置内部会发生何种可燃或可爆性混合物?

(5) 对接近闪点的操作，采取何种防范措施?

(6) 对反应或中间产品，在流程中采取了何种安全裕度?如果一部分成分不足或者混合比例不同，会产生什么样的结果?

(7) 正常状态或异常状态都有什么样的反应速度?如何预防温度、压力、反应的异常，混入杂质、流动阻塞、跑冒滴漏，发生了这些情况后，如何采取紧急措施?

(8) 发生异常状况时，有无将反应物质迅速排放的措施?

(9) 有无防止急剧反应和制止急剧反应的措施?

(10) 泵、搅拌器等机械装置发生故障时会发生什么样的危险?

(11) 设备在逐渐或急速堵塞的情况下，生产会出现什么样的危险状态?

【企业达标标准】

一级企业涉及危险化工工艺和重点监管危险化学品的化工生产装置进行过危险与可操作性分析(HAZOP)，并定期应用先进的工艺(过程)安全分析技术开展工艺(过程)安全分析。

这是对一级企业达标的前置条件之一，国家安全监管总局在近几年多次对危险与可操作性分析(HAZOP)的推广应用进行了布置和要求:

(1) 2008 年 9 月 14 日国务院安委会办公室《关于进一步加强危险化学品安全生产工作的指导意见》(安委办〔2008〕26 号):指导有关中央企业开展风险评估，提高事故风险控制管理水平;组织有条件的中央企业应用危险与可操作性分析技术(HAZOP)，提高化工生产装置潜在风险辨识能力。

(2) 2009 年 6 月 24 日国家安全监管总局《关于进一步加强危险化学品企业安全生产标准化工作的指导意见》(安监总管三〔2009〕124 号):有关中央企业总部要组织所属企业积极开展重点化工生产装置危险与可操作性分析(HAZOP)，全面查找和及时消除安全隐患，提高装置本质安全化水平。

(3) 2010 年 11 月 3 日国家安全监管总局工业和信息化部《关于危险化学品企业贯彻落实<国务院关于进一步加强企业安全生产工作的通知>的实施意见》(安监总管三〔2010〕186 号):企业要积极利用危险与可操作性分析(HAZOP)等先进科学的风险评估方法，全面排查本单位的事故隐患，提高安全生产水平。大型和采用危险化工工艺的装置在初步设计完成后要进行 HAZOP 分析。

(4) 2011 年 12 月 15 日国家安全监管总局《关于印发危险化学品安全生产"十二五"规划的通知》(安监总管三〔2011〕191 号):积极指导企业采用科学的安全管理方法，提升管理水平。继续推动中央企业开展化工生产装置 HAZOP，积极推进新建危险化学品建设项目在设计阶段应用 HAZOP，逐渐将 HAZOP 应用范围扩大至涉及有毒有害、易燃易爆，以及采用危险化工工艺的化工装置。积极推进工艺过程安全管理。

(5) 2012 年 6 月 29 日国家安全生产监督管理总局国家发展改革委员会工业和信息化部住房和城乡建设部《关于开展提升危险化学品领域本质安全水平专项行动的通知》(安监

总管三〔2012〕87 号）第 2 条：进一步加强化工过程安全管理。按照《化工企业工艺安全管理实施导则》（AQ/T 3034—2010）的要求，从及时收集危险化学品的安全信息、开展化工过程危害分析、完善操作规程、加强人员培训、加强承包商安全管理、加强动火及进入受限空间等特殊作业管理、机械仪表电气设备完好性、公用工程可靠性、变更管理、试生产安全审查、事故查处及应急管理等方面，全面加强化工企业安全管理，逐步提高化工生产过程安全管理水平。逐步推行化工生产装置定期（每 3 至 5 年一次）开展危险与可操作性分析（HAZOP）工作。

【标准化要求】4

企业生产装置开车前应组织检查，进行安全条件确认。安全条件应满足下列要求：

（1）现场工艺和设备符合设计规范；

（2）系统气密测试、设施空运转调试合格；

（3）操作规程和应急预案已制订；

（4）编制并落实了装置开车方案；

（5）操作人员培训合格；

（6）各种危险已消除或控制。

【企业达标标准】

生产装置开车前应组织检查，进行安全条件确认。安全条件应满足下列要求：

（1）现场工艺和设备符合设计规范；

（2）系统气密测试、设施空运转调试合格；

（3）操作规程和应急预案已制订；

（4）编制并落实了装置开车方案；

（5）操作人员培训合格；

（6）各种危险已消除或控制。

（1）生产装置开车前安全生产条件确认，是保证开车安全、预防重大事故的一项重要控制环节，但不是对工艺系统存在缺陷和危害的再认识，也不是要对工艺系统进行重新设计或试图改变工艺系统的现有设计，它的着眼点是确认当前设备设施的安装是否符合满足设计和标准规范的要求，所有能确保安全开工和生产持续运行的条件是否具备。

（2）需要进行安全生产条件确认的一般有以下几个阶段：新改扩建项目开工前；设备设施检修后；工艺设备实施重大变更后；设备设施发生过意外事故后，等等。

（3）安全生产条件确认一般应编制安全检查表，内容主要涵盖了以下方面：工艺和设备安装情况、系统气密性试验、设备空运转调试、操作规程/操作程序、开车方案、工艺/设备变更、机械完整性、电气安全、仪表/联锁系统、消防、人员培训、隐患排查与整改等。

【标准化要求】5

企业生产装置停车应满足下列要求：

（1）编制停车方案；

（2）操作人员能够按停车方案和操作规程进行操作。

【企业达标标准】

生产装置停车应满足下列要求：

（1）编制停车方案；

（2）操作人员能够按停车方案和操作规程进行操作。

生产进行到一段时间后，因设备需要检查或检修而进行的有计划的停车，称为正常停车。这种停车，是逐步减少物料的加入，直至完全停止加入，待所有物料反应完毕后，开始处理设备内剩余的物料，处理完毕后，停止供汽、供水，降温降压，最后停止转动设备的运转，使生产完全停止。

停车后，对某些需要进行检修的设备，要用盲板切断该设备上物料管线，以免可燃气体、液体物料漏过而造成事故。检修设备动火或进入设备内检查，要把其中的物料彻底清洗干净，并经过安全分析合格后方可进行。

【标准化要求】6

企业生产装置紧急情况处理应遵守下列要求：

（1）发现或发生紧急情况，应按照不伤害人员为原则，妥善处理，同时向有关方面报告；

（2）工艺及机电设备等发生异常情况时，采取适当的措施，并通知有关岗位协调处理，必要时，按程序紧急停车。

【企业达标标准】

生产装置紧急情况处理应遵守下列要求：

（1）发现或发生紧急情况，应按照不伤害人员为原则，妥善处理，同时向有关方面报告；

（2）工艺及机电设备等发生异常情况时，应及时采取适当的措施，并通知有关岗位协调处理，必要时，按程序紧急停车。

紧急情况下的停车，可分为局部紧急停车和全面紧急停车。

① 局部紧急停车：生产过程中，在一些想象不到的特殊情况下的停车，称为局部紧急停车。如某设备损坏、某部分电气设备的电源发生故障、在某一个或多个仪表失灵等，都会造成生产装置的局部紧急停车。当这种情况发生时，应立即通知前步工序采取紧急处理措施。把物料暂时储存或向事故排放部分(如火炬、放空等)排放，并停止入料，转入停车待生产的状态(绝对不允许再向局部停车部分输送物料，以免造成重大事故)。同时，立即通知下步工序，停止生产或处于待开车状态。此时，应积极抢修，排除故障。待停车原因消除后，应按开车的程序恢复生产。

② 全面紧急停车：当生产过程中突然发生停电、停水、停汽或发生重大事故时，则要全面紧急停车。这种停车事前是不知道的，操作人员要尽力保护好设备，防止事故的发生和扩大。对有危险的设备，如高压设备应进行手动操作，以排出物料；对有凝固危险的物料要进行人工搅拌(如聚合釜的搅拌器可以人工推动，并使本岗位的阀门处于正常停车状态)。对于自动化程度较高的生产装置，在车间内备有紧急停车按钮，并和关键阀门锁在一起。当发生紧急停车时，操作人员一定要以最快的速度去按这个按钮。为了防止全面紧急停车的发生，一般的化工厂均有备用电源。当第一电源断电时，第二电源应立即供电。

【标准化要求】7

企业生产装置泄压系统或排空系统排放的危险化学品应引至安全地点并得到妥善

处理。

【企业达标标准】

生产装置泄压系统或排空系统排放的危险化学品应引至安全地点并得到妥善处理。

(1)《石油化工企业设计防火规范》GB 50160—2008 第 5.5.11 条：受工艺条件或介质特性所限，无法排入火炬或装置处理排放系统的可燃气体，当通过排气筒、放空管直接向大气排放时，排气筒、放空管的高度应符合下列规定：

① 连续排放的排气筒顶或放空管口应高出 20m 范围内的平台或建筑物顶 3.5m 以上，位于排放口水平 20m 以外斜上 45°的范围内不宜布置平台或建筑物；

② 间歇排放的排气筒顶或放空管口应高出 10m 范围内的平台或建筑物顶 3.5m 以上，位于排放口水平 10m 以外斜上 45°的范围内不宜布置平台或建筑物；

③ 安全阀排放管口不得朝向邻近设备或有人通过的地方，排放管口应高出 8m 范围内的平台或建筑物顶 3m 以上。

(2)《石油化工企业设计防火规范》GB 50160—2008 第 5.5.4 条：可燃气体、可燃液体设备的安全阀出口连接应符合下列规定：

① 可燃液体设备的安全阀出口泄放管应接入储罐或其他容器，泵的安全阀出口泄放管宜接至泵的入口管道、塔或其他容器；

② 可燃气体设备的安全阀出口泄放管应接至火炬系统或其他安全泄放设施；

③ 泄放后可能立即燃烧的可燃气体或可燃液体应经冷却后接至放空设施；

④ 泄放可能携带液滴的可燃气体应经分液罐后接至火炬系统。

(3) 安全阀、爆破片、火炬等设施的设置按照《石油化工企业设计防火规范》GB 50160—2008 第 5.5 条“泄压排放和火炬系统”相关要求执行。

【标准化要求】8

企业操作人员应严格执行操作规程，对工艺参数运行出现的偏离情况及时分析，保证工艺参数控制不超出安全限值，偏差及时得到纠正。

【企业达标标准】

操作人员应对工艺参数运行出现的偏离情况及时分析，保证工艺参数控制不超出安全限值，偏差及时得到纠正。

(1) 工艺安全管理是化工生产安全管理的重要组成部分，是安全管理的重点监控环节，特别是关键岗位工艺指标的控制至关重要。如果把工艺安全管理工作做好了，安全事故就会相应地减少，才能确保生产装置平稳、持续地运行，企业才能谈得上效益和发展。

(2) 操作人员严格按照操作规程正常操作不会出现偏离工艺参数的情况。如果一旦出现偏离工艺参数的情况则证明操作过程中有异常发生，原因主要有以下几方面：①操作人员没严格按工艺规定执行，需工艺技术管理人员对操作记录作出分析，检查操作是否合格，如因工作条件更新则应立即对操作者进行技能培训直至达标方能复产。②设备设施工作出现偏差，需立即停工将该设备清零对基准后做检查，并模拟先前工作条件试加工验证设备是否工作正常。③产品原材料是否发生差异，应立即停产对该批次产品加严抽查，验证原料是否合格。④工艺规程是否经过验证且合格，排除上述三点后应立即对工艺本身作出审查，确保工艺的有效严肃性。⑤工作现场的环境(如温度、湿度、光照等)是否发生改变。

（3）针对化工工艺指标多、要求严、标准高等特点，首先要按照工艺指标对安全生产影响的大小进行分类，即：安全工艺指标、一般工艺指标。凡涉及人身安全、可能导致重大事故发生的关键安全工艺指标，应列为重点监控对象，有针对性地重点管理，实现工艺指标的可控、在控。其次，要对工艺指标控制范围进行区域划分，可分为正常操作控制区域、危险控制区域、事故区域。在实际操作中，一旦发现安全工艺指标波及危险区域，就要立即采取措施加以调整；否则，进入事故区域就可能酿成安全事故。再次，要对重要安全工艺指标进行危险性分析评价，做到心中有数。要结合岗位操作实际，从指标失控机率高低、危险性大小等方面搞好综合分析，找出工艺安全管理的重点或薄弱环节，并制定相应的整改措施加以治理，确保装置安全运行。

6.5 关键装置及重点部位

【标准化要求】1

企业应加强对关键装置、重点部位安全管理，实行企业领导干部联系点管理机制。

【企业达标标准】

1. 确定关键装置、重点部位；

2. 实行企业领导干部联系点管理机制。

（1）氯碱、合成氨、硫酸、电石、溶解乙炔、涂料生产企业，可根据 AQ/T 3016、AQ/T 3017、AQ 3037、AQ 3038、AQ 3039、AQ 3040 中相应条款规定来确定关键装置和重点部位，其他行业由企业根据各自生产特点确定，依据 AQ 3013 标准进行确定。

（2）企业应建立关键装置和重点部位管理制度，明确每个关键装置和重点部门的联系人及其责任、到联系点的活动频次及活动内容等。

（3）关键装置和重点部位联系人是企业级领导，还应建立企业领导、职能部门、基层单位、班组监控机制。

【标准化要求】2

联系人对所负责的关键装置、重点部位负有安全监督与指导责任，包括：

（1）指导联系点实现安全生产；

（2）监督安全生产方针、政策、法规、制度的执行和落实；

（3）定期检查安全生产中存在的问题；

（4）督促隐患项目治理；

（5）监督事故处理原则的落实；

（6）解决影响安全生产的突出问题等。

【企业达标标准】

联系人对所负责的关键装置、重点部位负有安全监督与指导责任，包括：

（1）指导安全联系点实现安全生产；

（2）监督安全生产方针、政策、法规、制度的执行和落实；

（3）定期检查安全生产中存在的问题；

（4）督促隐患项目治理；

(5) 监督事故处理原则的落实；

(6) 解决影响安全生产的突出问题等。

在关键装置、重点部位管理制度中，应明确联系人对负责的关键装置、重点部位负有安全监督与指导责任具体内容，包括：指导联系点如何实现安全生产；监督安全生产方针、政策、法律法规以及规章制度的执行与落实情况；要定期（明确频次和期限）检查安全生产中的问题和隐患；督促隐患治理项目的实施；监督事故处理"四不放过"原则的落实；解决影响安全生产的突出的问题。

【标准化要求】3

联系人应每月至少到联系点进行一次安全活动，活动形式包括参加基层班组安全活动、安全检查、督促治理事故隐患、安全工作指示等。

【企业达标标准】

联系人应每月至少到联系点进行一次安全活动。

联系人应按要求到联系点进行安全活动，每月至少一次，可以参加基层班组安全活动、进行安全检查、督促治理事故隐患、安全工作指示等。要求建立和保持安全活动记录，反映联系人在联系点的活动情况。

【标准化要求】4

企业应建立关键装置、重点部位档案，建立企业、管理部门、基层单位及班组监控机制，明确各级组织、各专业的职责，定期进行监督检查，并形成记录。

【企业达标标准】

1. 建立关键装置、重点部位档案；

2. 建立企业、管理部门、基层单位及班组监控机制，明确各级组织、各专业的职责；

3. 定期进行监督检查，并形成记录。

(1) 对每一个关键装置、重点部位建立档案，内容应包括：工艺参数及控制指标、设备运行及检修、仪表及安全设施运行检修维护情况、安全监督检查记录等。

(2) 建立关键装置、重点部位分级监控机制，按照企业（联系人）、管理部门、基层单位、班组职责分工，对关键装置、重点部位的安全监督管理，定期组织安全检查，对查出的问题和隐患，做好记录，并及时处理。

① 企业关键装置、重点部位联系人：履行安全监督与指导责任；定期参加安全活动等。

② 工艺、技术、设备、安全、仪表、电气等有关部门按照职责分工进行的安全管理：各项工艺操作指标符合操作规程、工艺卡片要求；各种动、静设备、设施、附件达到完好标准，压力容器、压力管道符合《特种设备安全监察条例》，其安全附件应齐全好用，关键机组实行特护管理；仪表管理应符合制度要求，严格执行仪表联锁管理规定；各类安全设施、消防设施应齐全、灵敏、完好，符合有关规程和规定的要求，消防道路畅通；定期组织专业安全检查。

③ 基层单位：确认关键装置、重点部位的危险点，绘制出危险点分布图，明确安全责任人；定期组织安全检查，对查出的隐患和问题及时整改或采取有效防范措施；操作人员应经培训合格并持证上岗。

④ 班组：严格执行巡回检查制度；定期对安全设施、危险点进行安全检查；严格遵守工艺、操作、劳动纪律和操作规程；及时报告险情和处理存在的问题。

【标准化要求】5

企业应制定关键装置、重点部位应急预案，至少每半年进行一次演练，确保关键装置、重点部位的操作、检修、仪表、电气等人员能够识别和及时处理各种事件及事故。

【企业达标标准】

1. 制定关键装置、重点部位应急预案；

2. 至少每半年进行一次演练，确保关键装置、重点部位的操作、检修、仪表、电气等人员能够识别和及时处理各种事件及事故。

（1）企业应制定关键装置、重点部位应急预案，至少每半年进行一次演练，确保关键装置、重点部位的操作、检修、仪表、电气等工作人员会识别和及时处理各种事件及事故。

（2）岗位操作人员、检修人员、电气仪表人员应该熟悉预案，应熟练掌握各种安全事件及事故的处理措施。

【标准化要求】6

企业关键装置、重点部位为重大危险源时，还应按 2.5 条执行。

【企业达标标准】

关键装置、重点部位为重大危险源时，还应按 3.5 条执行。

依据 GB 18218—2009 标准，企业关键装置、重点部位生产、储存的危险化学品的数量等于或超过临界量时，除应按照关键装置、重点部位管理要求以外，还应按照“重大危险源”的管理要素实施管理。

6.6 检维修

【标准化要求】1

企业应严格执行检维修管理制度，实行日常检维修和定期检维修管理。

【企业达标标准】

严格执行检维修管理制度，实行日常检维修和定期检维修管理。

加强设备设施检维修管理，确保检维修过程符合安全生产要求，避免发生安全事故、环境污染和对作业人员的伤害。企业应制定安全检维修管理制度，明确日常检维修和定期检维修的责任部门、职责和频次，对日常检维修和定期检维修实施规范管理。

【标准化要求】2

企业应制订年度综合检维修计划，落实“五定”，即定检修方案、定检修人员、定安全措施、定检修质量、定检修进度原则。

【企业达标标准】

1. 制订年度综合检维修计划；

2. 落实“五定”，即定检修方案、定检修人员、定安全措施、定检修质量、定检修进度原则。

企业每年要根据设备设施运行和生产实际制定年度综合检维修计划，做到“定检修方案、定检修人员、定安全措施、定检修质量、定检修进度”。为了使各级管理人员、参检人员明确任务，使装置检维修过程得到全方位的控制，应绘制检维修网络图、施工进度表、开停车吹扫置换进度表、抽加盲板建图和动火、动土作业平面示意图及有限空间作业平面示意图、安全检查人员网络图等，使检维修作业计划更周密、详细、可操作。

（1）检修方案：在编制方案时，应根据检修项目的特点、内容和现场情况，严格按照有关规程规范的要求来加以考虑，使方案能正确指导现场工作。检修方案应包括：编制方案的目的、依据、适用范围及其他相关事项；明确检修的具体任务、起止时间；制订合理的组织措施；对检修内容进行危险有害因素识别与风险评价；提出有针对性的安全措施或安全方案等。

（2）检修人员：根据检修项目的内容和特点，选择具备相应资质和专业技术水平的检修人员，从事检维修工作。检修人员可以是企业内部的检维修作业人员，也可以是承包商作业人员，企业相关部门和人员都要对参加检维修的人员进行安全教育和技术交底。

（3）安全措施：检修过程安全措施是针对危险有害因素识别和风险评价的结果而制定的保障安全检修的措施和手段。

（4）检修质量：设备检修质量缺陷会给设备运行带来隐患，甚至导致装置停车、生产安全事故的发生，所以制定检修质量标准，严格把好检修质量关，也是制定检修计划时需要考虑和重视的。

（5）检修进度：要根据检修项目的任务量科学安排工期，合理安排检修进度，始终树立做到“以人为本、安全第一”的思想，科学组织检修，不要盲目赶进度，忽视施工质量和作业安全。

【标准化要求】3

企业在进行检维修作业时，应执行下列程序：

（1）检维修前

——进行危险、有害因素识别；

——编制检维修方案；

——办理工艺、设备设施交付检维修手续；

——对检维修人员进行安全培训教育；

——检维修前对安全控制措施进行确认；

——为检维修作业人员配备适当的劳动保护用品；

——办理各种作业许可证。

（2）对检维修现场进行安全检查。

（3）检维修后办理检维修交付生产手续。

【企业达标标准】

在进行检维修作业时，应执行下列程序：

（1）检维修前

——进行危险、有害因素识别；

——编制检维修方案；

——办理工艺、设备设施交付检维修手续；

——对检维修人员进行安全培训教育；

——检维修前对安全控制措施进行确认；

——为检维修作业人员配备适当的劳动保护用品；

——办理各种作业许可证。

(2) 对检维修现场进行安全检查。

(3) 检维修后办理检维修交付生产手续。

企业在进行检维修前，应组织有关人员，采用工作危害分析(JHA)法或其他适用方法对检维修活动进行风险分析、评价风险，制定针对性的安全措施，控制风险，确保检维修工作的顺利完成。

6.7 拆除和报废

【标准化要求】1

企业应严格执行生产设施拆除和报废管理制度。拆除作业前，拆除作业负责人应与需拆除设施的主管部门和使用单位共同到现场进行对接，作业人员进行危险、有害因素识别，制定拆除计划或方案，办理拆除设施交接手续。

【企业达标标准】

1. 拆除作业前，拆除作业负责人应与需拆除设施的主管部门和使用单位共同到现场进行作业前交底；

2. 作业人员进行危险、有害因素识别；

3. 制定拆除计划或方案；

4. 办理拆除设施交接手续。

(1) 为安全拆除生产设施，严格规范生产设施的拆除管理，企业应制定生产设施安全拆除管理制度，明确设备拆除审批程序和工作程序以及责任部门，在拆除过程中严格按有关作业票证的管理和审批程序进行。在进行拆除作业前，企业应组织有关人员，采用适用的风险分析方法，对拆除作业活动进行风险分析，评价拆除过程的风险，制定拆除计划或拆除方案，落实风险控制措施。

(2) 拆除作业前，拆除作业负责人、设施主管部门、使用单位有关人员共同到现场进行安全技术交底，作业人员采用工作危害分析(JHA)法或其他适用方法对拆除作业活动进行危险、有害因素识别，制定拆除计划或拆除方案，落实各项安全控制措施。

(3) 企业根据职能分工和制度规定的要求，办理、审批设备设施拆除有关手续。

【标准化要求】2

企业凡需拆除的容器、设备和管道，应先清洗干净，分析、验收合格后方可进行拆除作业。

【企业达标标准】

1. 凡需拆除的容器、设备和管道，应先清洗干净，分析、验收合格后方可进行拆除作业；

2. 拆除、清洗等现场作业应严格遵守作业许可等有关规定。

(1) 容器、设备、管道在拆除前，根据职责分工要求进行回收处理、清洗干净、分析、验收合格后，实施拆除作业，作业中严格执行危险性作业许可管理等要求。

（2）还要特别注意废弃危险化学品的处置和清洗产生的废水收集处理，避免产生环境污染。

【标准化要求】3

企业欲报废的容器、设备和管道内仍存有危险化学品的，应清洗干净，分析、验收合格后，方可报废处置。

【企业达标标准】

1. 欲报废的容器、设备和管道，应清洗干净，分析、验收合格后，方可报废处置；

2. 报废、清洗等现场作业应严格遵守作业许可等有关规定。

（1）企业应制定生产设施的报废管理制度，明确责任部门和工作程序。对于容器、设备、管道在报废前，应清洗干净，经过分析、验收合格，可实施报废处置。

（2）在清洗、报废等现场作业应严格执行危险性作业许可管理的要求，废弃的危险化学品和清洗产生的废水应按照有关规定进行处理，容器、管道属于特种设备的应按《特种设备安全监察条例》的规定办理报废手续。

7　作业安全

7.1　作业许可

【标准化要求】

企业应对下列危险性作业活动实施作业许可管理，严格履行审批手续，各种作业许可证中应有危险、有害因素识别和安全措施内容：

（1）动火作业；

（2）进入受限空间作业；

（3）破土作业；

（4）临时用电作业；

（5）高处作业；

（6）断路作业；

（7）吊装作业；

（8）设备检修作业；

（9）抽堵盲板作业；

（10）其他危险性作业。

【企业达标标准】

1. 对动火作业、进入受限空间作业、破土作业、临时用电作业、高处作业、断路作业、吊装作业、设备检修作业和抽堵盲板作业等危险性作业实施作业许可管理，严格履行审批手续；

2. 作业许可证中有危险、有害因素识别和安全措施内容。

企业应对动火作业、进入受限空间作业、破土作业、临时用电作业、高处作业、断路作业、吊装作业等危险性作业实施作业许可证管理，由安全生产管理部门对作业许可证进行审批。作业许可证应落实针对作业活动的安全措施和有效期限、责任人、监护人等，未办理作业许可证的，不得进行危险性作业。

危险性作业的作业许可证可参见案例16～案例20。

案例16　动火作业许可证

编号：　　　　　　　　动火级别(______级)　　　　　　第　　联

申请部门		动火地点			
动火执行人		监火人		动火作业负责人	
动火方式					
动火时间	年　月　日　时　分至　年　月　日　时　分				
采样检测时间	年　月　日　时	年　月　日　时		年　月　日　时	
采样地点					
分析结果					
分析人					
危害识别		安全措施			

序号	主要安全措施	确认人签字
1	用火设备内部构件清理干净，蒸汽吹扫或水洗合格，达到用火条件	
2	断开与用火设备相连接的所有管线，加盲板(　　)块	
3	用火点周围(最小半径15m)的下水井、地漏、地沟、电缆沟等已清除易燃物，并已采取覆盖、铺沙、水封等手段进行隔离	
4	罐区内用火点同一圈堰内和防火间距内的油罐不得进行脱水作业	
5	高处作业应采取防火花飞溅措施	
6	清除用火点周围易燃物	
7	电焊回路线应接在焊件上，把线不得穿过下水井或与其他设备搭接	
8	乙炔气瓶(禁止卧放)、氧气瓶与火源间的距离不得少于10m	
9	现场配备消防蒸汽带(　)根，灭火器(　)台，铁锹(　)把，石棉布(　)块	
10	其他补充安全措施：	

特殊动火会签：

动火前，岗位当班班长验票签字：　　　　　　　　　　　　年　月　日　时

申请用火基层单位意见	生产、消防等相关单位意见	安全监督管理部门意见	领导审批意见
年　月　日	年　月　日	年　月　日	年　月　日

完工验收：

签名：　　　　　　年　　月　　日　　时　　分

案例17　进入受限空间作业许可证

编号		施工地点	
所属单位		受限空间名称	
受限空间主要介质		主要危险因素	
检修作业内容		所属单位负责人	
作业单位		作业负责人	
作业人		作业监护人	
作业时间	年　月　日　时　分至　年　月　日　时　分		

采样分析	分析项目	有毒有害介质含量	可燃气含量	氧含量	取样时间	取样部位	分析人
	分析标准						
	分析数据						

序号	主要安全措施	确认人签字
1	作业前对进入受限空间危险性进行分析	
2	所有与受限空间有联系的阀门、管线加盲板隔离、列出盲板清单，并落实拆装盲板责任人	
3	设备经过置换、吹扫、蒸煮	
4	设备打开通风孔进行自然通风，温度适宜人作业；必要是采用强制通风或佩戴空气呼吸器，但设备内缺氧时，严禁用通氧气的方法补氧	
5	相关设备进行处理，带搅拌机的应切断电源，挂“禁止合闸”标志牌，设专人监护	
6	检查受限空间内部，具备作业条件，清罐时应用防爆工具	
7	检查受限空间进出口通道，不得有阻碍人员进出的障碍物	
8	盛装过可燃有毒液体、气体的受限空间，应分析可燃、有毒有害气体含量	
9	作业人员清楚受限空间内存在的其他危险有害因素，如内部附件、集渣坑等	
10	作业监护措施：消防器材(　)、救生绳(　)、气防装备(　)	
11	其他补充安全措施：	

危害识别		安全措施	

施工作业负责人意见	基层单位现场负责人意见	基层单位领导审批意见	单位领导审批意见
年　月　日	年　月　日	年　月　日	年　月　日

完工验收： 签名：　　　年　月　日　时　分

案例18 临时用电作业许可证

编号		申请作业单位	
工程名称		施工单位	
施工地点		用电设备及功率	
电源接入点		工作电压	
临时用电人		电工证号	
监护人			
临时用电时间	年 月 日 时 分至 年 月 日 时 分		

序号	主要安全措施	确认人签字
1	安装临时线路人员持电工作业操作证	
2	在防爆场所使用的临时电源、电气元件和线路达到相应的防爆等级要求	
3	临时用电的单相和混用线路采用五线制	
4	临时用电线路架空高度在装置内不低于2.5m，道路不低于5m	
5	临时用电线路架空进线不得采用裸线，不得在树上或脚手架上架设	
6	暗管埋设及地下电缆线路设有“走向标志”和安全标志，电缆埋深大于0.7m	
7	现场临时用电配电盘、箱应有防雨措施	
8	临时用电设施安有漏电保护器，移动工具、手持工具应一机一闸一保护	
9	用电设备、线路容量、负荷符合要求	
10	其他补充安全措施：	

危害识别		安全措施	

临时用电单位意见	供电主管部门意见	供电执行单位意见
年 月 日	年 月 日	年 月 日

完工验收： 签名： 年 月 日 时 分

案例19 高处作业许可证

<table>
<tr><td>编号：</td><td colspan="2"></td><td>申请单位</td><td></td></tr>
<tr><td>作业地点</td><td colspan="2"></td><td>申请人</td><td></td></tr>
<tr><td>作业高度</td><td colspan="2"></td><td>作业类别</td><td></td></tr>
<tr><td>作业单位</td><td colspan="2"></td><td>作业人</td><td></td></tr>
<tr><td>作业内容</td><td colspan="2"></td><td>监护人</td><td></td></tr>
<tr><td>作业时间</td><td colspan="4">自　年　月　日　时　分至　年　月　日　时　分</td></tr>
<tr><td>危害识别</td><td></td><td>安全措施</td><td colspan="2"></td></tr>
<tr><td>序号</td><td colspan="3">高处作业安全措施</td><td>确认人签名</td></tr>
<tr><td>1</td><td colspan="3">作业人员身体条件符合要求</td><td></td></tr>
<tr><td>2</td><td colspan="3">作业人员着装符合工作要求</td><td></td></tr>
<tr><td>3</td><td colspan="3">作业人员佩戴合格的安全帽</td><td></td></tr>
<tr><td>4</td><td colspan="3">作业人员佩戴安全带，安全带要高挂低用</td><td></td></tr>
<tr><td>5</td><td colspan="3">作业人员携带有工具袋</td><td></td></tr>
<tr><td>6</td><td colspan="3">作业人员佩戴：A. 过滤式防毒面具或口罩；B. 空气呼吸器</td><td></td></tr>
<tr><td>7</td><td colspan="3">现场搭设的脚手架、防护网、围栏符合安全规定</td><td></td></tr>
<tr><td>8</td><td colspan="3">垂直分层作业中间有隔离设施</td><td></td></tr>
<tr><td>9</td><td colspan="3">梯子、绳子符合安全规定</td><td></td></tr>
<tr><td>10</td><td colspan="3">石棉瓦等轻型棚的承重梁、柱能承重负荷的要求</td><td></td></tr>
<tr><td>11</td><td colspan="3">作业人员在石棉瓦等不承重物作业所搭设的承重板稳定牢固</td><td></td></tr>
<tr><td>12</td><td colspan="3">高处作业有充足的照明、安装临时灯、防爆灯</td><td></td></tr>
<tr><td>13</td><td colspan="3">30m 以上高处作业配备通讯、联络工具</td><td></td></tr>
<tr><td>14</td><td colspan="3">其他补充安全措施：</td><td></td></tr>
<tr><td colspan="2">作业单位负责人意见</td><td>基层单位现场负责人意见</td><td>基层单位领导审核意见</td><td>审批部门意见</td></tr>
<tr><td colspan="2">签字：
年　月　日　时</td><td>签字：
年　月　日　时</td><td>签字：
年　月　日　时</td><td>签字：
年　月　日　时</td></tr>
<tr><td colspan="5">完工验收：

签字：　　　　　　　　年　月　日　时　分</td></tr>
</table>

案例 20　破土作业许可证

<table>
<tr><td>编号</td><td></td><td>施工单位</td><td></td></tr>
<tr><td>建设单位</td><td></td><td>施工地点</td><td></td></tr>
<tr><td>电源接入点</td><td></td><td>电压</td><td></td></tr>
<tr><td>作业时间</td><td colspan="3">年　月　日　时　分起至　　年　月　日　　时　分止</td></tr>
<tr><td>作业内容</td><td></td><td>填写人</td><td></td></tr>
<tr><td colspan="4">如果作业条件、工作范围等发生异常变化，必须立即停止工作，本许可证同时作废</td></tr>
<tr><td>序号</td><td colspan="2">作业条件确认</td><td>确认人签字</td></tr>
<tr><td>1</td><td colspan="2">电力电缆已确认，保护措施已落实</td><td></td></tr>
<tr><td>2</td><td colspan="2">电信电缆已确认，保护措施已落实</td><td></td></tr>
<tr><td>3</td><td colspan="2">地下供排水管线、工艺管线已确认，保护措施已落实</td><td></td></tr>
<tr><td>4</td><td colspan="2">已按施工方案图划线施工</td><td></td></tr>
<tr><td>5</td><td colspan="2">作业现场围栏、警戒线、警告牌、夜间警示灯已按要求设置</td><td></td></tr>
<tr><td>6</td><td colspan="2">已进行放坡处理和固壁支撑</td><td></td></tr>
<tr><td>7</td><td colspan="2">道路施工作业已报：交通、消防、调度、安全部门</td><td></td></tr>
<tr><td>8</td><td colspan="2">人员进出口和撤离保护措施已落实：A. 梯子；B. 修坡道</td><td></td></tr>
<tr><td>9</td><td colspan="2">备有可燃气体检测仪、有毒介质检测仪</td><td></td></tr>
<tr><td>10</td><td colspan="2">作业现场夜间有充足照明：A. 普通灯；B. 防爆灯</td><td></td></tr>
<tr><td>11</td><td colspan="2">作业人员必须佩戴防护器具</td><td></td></tr>
<tr><td>12</td><td colspan="2">其他补充安全措施：</td><td></td></tr>
<tr><td>危害识别</td><td></td><td>安全措施</td><td></td></tr>
<tr><td colspan="4">破土作业许可证签发</td></tr>
<tr><td>施工单位负责人意见</td><td></td><td>签名</td><td></td></tr>
<tr><td>现场安全负责人意见</td><td></td><td>签名</td><td></td></tr>
<tr><td>施工区域所在单位审批意见</td><td></td><td>签名</td><td></td></tr>
<tr><td>主管领导审批意见</td><td></td><td>签名</td><td></td></tr>
<tr><td>完工验收</td><td>年　　月　　日　　时　　分</td><td>签名</td><td></td></tr>
</table>

7.2　警示标志

【标准化要求】1

企业应按照 GB 16179 规定，在易燃、易爆、有毒有害等危险场所的醒目位置设置符合 GB 2894 规定的安全标志。

【企业达标标准】

装置、仓库、罐区、装卸区、危险化学品输送管道等危险场所的醒目位置设置符合 GB 2894 规定的安全标志。

按照 GB 2894《安全标志及其使用导则》、GB 7231《工业管道基本识别色、识别符号和安全标识》、GBZ 158《工作场所职业病危害警示标识》等要求在生产装置、仓库、罐区、装卸区、危险化学品输送管道等场所设置安全标志及标识。安全标志分为禁止标志、警告标志、指令标志、提示标志四类。

(1) 禁止标志：禁止人们不安全行为的图形标志，其几何图形为带斜杠的圆形框。

(2) 警告标志：含义是提醒人们对周围环境引起注意，以避免可能发生危险的图形标志，基本形式是正三角形边框。

(3) 指令标志：含义是强制人们必须做出某种动作或采取防范措施的图形标志，基本形式是圆形边框。

(4) 提示标志：含义是向人们提供某种信息(如标明安全设施或场地等)的图形标志，基本形式是正方形边框。

【标准化要求】2

企业应在重大危险源现场设置明显的安全警示标志。

【企业达标标准】

重大危险源现场，设置明显的安全警示标志和告知牌。

企业按照 GB 2894《安全标志及其使用导则》、HG 23010《常用危险化学品安全周知卡编制导则》等要求，在构成重大危险源的场所设立"重大危险源安全警示标志牌"、"重大危险源危险物质安全周知牌"。"重大危险源安全警示标志牌"应设立在进入重大危险源区域的道路入口处或醒目处，多个入口处或区域范围较大需设置多块重大危险源安全警示标志牌。"重大危险源危险物质安全周知牌"应设立在紧靠作业场所、作业人员出入处或操作人员岗位的醒目处。

(1)"重大危险源安全警示标志牌"应由禁止标志、警告标志、警示用语等组合构成，重大危险源场所要根据其危险物质以及其他危险化学品的危险特性选取一个或多个禁止标志、警告标志；警示用语为"重大危险源生产区域"或"重大危险源储存区域"。

(2)"重大危险源危险物质安全周知牌"应标注相关重大危险源的成分、特性、最大存放数量以及应急救援方式等。

【标准化要求】3

企业应按有关规定，在厂内道路设置限速、限高、禁行等标志。

【企业达标标准】

按有关规定在厂内道路设置限速、限高、禁行标志。

企业应按有关规定在厂内道路设置限速、限高、禁行等安全警示标志牌。

(1) 按照 GB 4387《工业企业厂内铁路、道路运输安全规程》"6.4 机动车行驶"对厂内道路行驶速度进行了规定："6.4.1　机动车在无限速标志的厂内主干道行驶时，不得超过 30km/h，其他道路不得超过 20km/h"；"6.4.2　机动车行驶在下列地点、路段或遇到特殊情况时的限速要求应符合下表的规定。"见表 4－22。

表 4-22 厂内道路限速标准

限速地点、路段及情况	最高行驶速度/(km/h)
无限速标志的厂内主干道	30
厂内其他道路	20
道口、交叉口、装卸作业、人行稠密地段、下坡道、设有警告标志处或转弯、调头时,货运汽车载运易燃易爆等危险货物时	15
结冰、积雪、积水的道路;恶劣天气能见度在30m以内时	10
进出厂房、仓库、车间大门、停车场、加油站、上下地中衡、危险地段、生产现场、倒车或拖带损坏车辆时	5

恶劣天气能见度在5m以内或能见度在10m以内、道路最大纵坡在6%以上时,应停止行驶。

(2)对于厂内机动车的限速标志,可以按照GB 5768.2《道路交通标志和标线第2部分:道路交通标志》的要求进行设置。原则上在厂区入口、交叉口、转弯处、下坡道、厂房(仓库、车间)大门等处结合企业厂内交通安全管理制度的要求设置明显的限速警示标志。

(3)厂区道路限高标志应按照GB 4387《工业企业厂内铁路、道路运输安全规程》要求设置:"6.1.2 跨越道路上空架设管线距路面最小净高不得小于5m,现有低于5m的管线在改、扩建时应予以解决";"6.1.3 厂内道路应根据交通量设置交通标志,其设置、位置、形式、尺寸、图案和颜色等必须符合GB 5768《道路交通标志和标线》的规定。"

(4)GB 4387《工业企业厂内铁路、道路运输安全规程》6.1.4条规定:易燃、易爆物品的生产区域或储存仓库区,应根据安全生的需要,将道路划分为限制车辆通行或禁止车辆通行的路段,并设置标志。

【标准化要求】4

企业应在检维修、施工、吊装等作业现场设置警戒区域和安全标志,在检修现场的坑、井、洼、沟、陡坡等场所设置围栏和警示灯。

【企业达标标准】

1. 检维修、施工、吊装等作业现场设置相应的警戒区域和警示标志;

2. 检修现场的坑、井、洼、沟、陡坡等场所设置围栏和警示灯。

企业应在检维修、施工、吊装等作业现场设置相应的警戒区域和警示标志,并设置监护人,无关人员未经许可不得进入警戒区域,防止其他人员进入该区域造成伤害,在检修施工现场的坑、洼、沟、陡坡等区域设置围栏,夜间还应设置警示红灯,提醒行人或车辆安全通行。

【标准化要求】5

企业应在可能产生严重职业危害作业岗位的醒目位置,按照GBZ 158设置职业危害警示标识,同时设置告知牌,告知产生职业危害的种类、后果、预防及应急救治措施、作业场所职业危害因素检测结果等。

【企业达标标准】

1. 在装置现场、仓库、罐区、装卸区等区域可能产生严重职业危害的岗位醒目位置

设置警示标志；

2. 在产生职业危害的岗位醒目位置设置告知牌，告知职业危害因素检测结果、时间和周期及标准规定值。

（1）产生职业危害的企业，应在醒目位置设置公告栏，公布有关职业危害防治的规章制度、操作规程、职业危害事故应急救援措施和作业场所职业危害因素检测结果。设置的公告栏应内容清楚、醒目，应达到对内对外都能起到宣传与公告的目的。

（2）应在可能产生严重职业危害作业岗位的醒目位置，按照 GBZ 158 设置职业危害警示标识，将可能存在的职业危害标识予以公布。同时应设置职业危害告知牌，告知产生职业危害的种类、后果、预防及应急救治措施、作业场所职业危害因素检测结果等。室外设置的牌（卡）尺寸大小原则上不应小于 140cm × 120cm，并具有良好的防腐、防潮性能，保证醒目美观实用。

【标准化要求】6

企业应按有关规定在生产区域设置风向标。

【企业达标标准】

按有关规定，在生产区域设置风向标。

可以按照 HG 20571《化工企业安全卫生设计规定》要求，在有毒有害的化工生产区域设置风向标。

7.3　作业环节

【标准化要求】1

企业应在危险性作业活动作业前进行危险、有害因素识别，制定控制措施。在作业现场配备相应的安全防护用品（具）及消防设施与器材，规范现场人员作业行为。

【企业达标标准】

危险作业现场配备相应安全防护用品（具）及消防设施与器材。

为了控制和预防风险，降低生产安全事故，企业应对动火作业、进入受限空间作业、临时用电作业、高处作业、吊装作业、破土作业、断路作业、检修作业等危险性作业进行规范管理，作业前应先组织有关人员进行风险分析，辨识作业活动中的风险，制定相应的控制和预防措施，办理相关的作业票证，按风险情况和国家有关规定配备安全防护用品（具），并指导、监督作业人员按规定合理使用安全防护用品（具），作业现场应配备监护人员或指挥人员。

【标准化要求】2

企业作业活动的负责人应严格按照规定要求科学指挥；作业人员应严格执行操作规程，不违章作业，不违反劳动纪律。

【企业达标标准】

1. 作业活动负责人应严格按照规定要求科学组织作业活动，不得违章指挥；

2. 作业人员应严格执行操作规程和作业许可要求，不违章作业，不违反劳动纪律。

作为作业活动的负责人应精心组织、科学指挥，杜绝违章指挥；施工作业人员应严格执行操作规程、作业指导书、作业许可的要求，实施作业活动。

【标准化要求】3

企业作业人员在进行5.6.1中规定的作业活动时，应持相应的作业许可证作业。

【企业达标标准】

进行危险性作业时，作业人员应持经过审批许可的相应作业许可证。

在危化品企业进行作业活动时，多数属于危险性作业范围，应严格按照“作业许可”规定的要求办理作业许可手续，并经审核批准后，方可实施危险性作业。

【标准化要求】4

企业作业活动监护人员应具备基本救护技能和作业现场的应急处理能力，持相应作业许可证进行监护作业，作业过程中不得离开监护岗位。

【企业达标标准】

1. 作业活动监护人员应具备基本救护技能和作业现场的应急处理能力；

2. 作业活动监护人员持相应作业许可证进行现场监护，不得离开监护岗位。

（1）在进行作业活动，特别是进行危险性作业时，一定设置监护人，危化品企业具有高温、高压、易燃、有毒、长周期生产的特点，在生产装置内从事技改施工、日常维修、现场抢修时，装置经常是处于开车或局部停车状态，在这样的环境下进行动火作业、高处作业、进入受限空间行业、临时用电等作业时，现场环境复杂，当生产不正常或现场条件发生突然变化时，原有的作业条件遭到破坏，发生火灾、爆炸、中毒、窒息、高空坠落、触电等事故的危险性则大大增加。如果在作业前进行危险、有害因素识别风险评价，制定安全控制措施和突发事件的应急预案，安排好精干的监护人员进行现场监护，一旦现场发生异常情况，能及时正确处理，把事故消灭在萌芽状态，就会避免更大的损失。

（2）作为作业活动监护人，应具备基本救护技能和作业现场的应急处理能力，指派监护人实施监护时，应重点考虑以下方面：

① 应安排责任心强、技术水平高、熟悉作业现场的人员执行监护人任务。一个连自己的安全都不能顾全的人，当发生突发事件时如何能保护他人的安全呢？

② 应安排经过监护人技能培训且经考核合格的人执行监护任务，坚决杜绝一人监护多个作业点的现象发生。

③ 应向监护人交代清楚作业任务范围、安全措施、现场环境和生产及设备状态。

④ 监护人应佩戴明显标志，快速有效识别作业人与监护人。

⑤ 监护人因有事离开现场应与作业人通报，作业人员在监护人离开现场时，应按规定停止作业。

⑥ 监护人对作业人的违章行为(如擅自移动作业点等)要及时制止。

⑦ 监护人的身体状况应适应现场作业环境，遇到身体不适时，应及时调整，确保监护到位。

【标准化要求】5

企业应保持作业环境整洁。

【企业达标标准】

保持作业环境整洁，消除安全隐患。

在作业活动现场，存在准备安装的设备设施、施工机具、拆卸下的设备、施工垃圾，如果对作业现场不能做到科学有序管理，杂乱的作业环境可能就会给作业人员带来伤害，这些都是潜在的安全隐患。因此实施作业时，保持作业环境整洁，及时消除作业现场的一切隐患，实现作业现场“人、机、环、管”的和谐统一。

【标准化要求】6

企业同一作业区域内有两个以上承包商进行生产经营活动，可能危及对方生产安全时，应组织并监督承包商之间签订安全生产协议，明确各自的安全生产管理职责和应当采取的安全措施，并指定专职安全生产管理人员进行安全检查与协调。

【企业达标标准】

1. 同一作业区域内有两个以上承包商进行生产经营活动，可能危及对方生产安全时，应组织承包商之间签订安全生产协议，明确各自的安全生产管理职责和应当采取的安全措施；

2. 指定专职安全生产管理人员进行安全检查和协调并记录。

《安全生产法》第四十条规定，“两个以上生产经营单位在同一作业区域内进行生产经营活动，可能危及对方生产安全的，应当签订安全生产管理协议，明确各自的安全生产管理职责和应当采取的安全措施，并指定专职安全生产管理人员进行安全检查与协调。”这是对在危化品企业内作业的承包商进行交叉作业的安全管理要求。

目前，两个以上承包商在危化品企业同一区域进行检维修、施工作业活动的情况很多，往往一个施工工地，有多个不同的承包商同时施工。当可能危及对方安全生产情况时，企业应组织承包商之间签订安全生产协议。安全生产协议应当明确各自的安全生产管理职责，管理职责要明确、具体，操作性要强，并落实到人。当某一事项双方都有安全生产管理责任时，必须明确由谁负主要责任，另一方给予配合。在安全生产管理协议中，必须载明安全措施。

【标准化要求】7

企业应办理机动车辆进入生产装置区、罐区现场相关手续，机动车辆应佩戴标准阻火器、按指定线路行驶。

【企业达标标准】

机动车辆进入生产装置区、罐区现场应按规定办理相关手续，佩戴符合标准要求的阻火器，按指定路线、规定速度行驶。

危险化学品企业生产装置区、罐区绝大多数都是易燃易爆区域，机动车进入该类区域，应严格执行机动车辆进入生产装置区、罐区现场的管理制度，办理相关手续，并佩戴符合标准要求的阻火器，按照指定路线、规定的速度行驶。

【标准化要求】8

无。

【企业达标标准】

二级企业动火作业、进入受限空间作业及吊装作业管理制度、作业票证及作业现场评审不失分。

这是对申请二级达标企业的条件之一，动火作业、进入受限空间作业、吊装作业三个危险性作业的管理工作，从管理制度内容、作业许可证办理与审批手续、作业现场管理等方面均不得失分。

7.4 承包商

【标准化要求】

企业应严格执行承包商管理制度，对承包商资格预审、选择、开工前准备、作业过程监督、表现评价、续用等过程进行管理，建立合格承包商名录和档案。企业应与选用的承包商签订安全协议书。

【企业达标标准】

1. 建立合格承包商名录、档案(包括承包商资质资料、表现评价、合同等资料)；

2. 对承包商进行资格预审；

3. 选择、使用合格的承包商；

4. 与选用的承包商签订安全协议；

5. 对作业过程进行监督检查。

(1) 承包商的安全管理是企业安全生产管理的重要环节，其安全表现好坏，直接影响到企业的声誉和业绩。承包商是指在企业的作业现场，按照双方协定的要求、期限及条件向企业提供服务的个人或团体。

(2) 企业建立的承包商管理制度，应明确对承包商资格预审、选择、开工前准备、作业过程监督、表现评价、续用等的方法、标准和要求等，明确各环节的责任部门和参与部门。

资格预审：主要包括对承包商的资质证书、安全生产管理机构、安全生产规章制度、安全操作规程、以往的业绩表现、经营范围和能力、负责人和安全生产管理人员的持证、特种作业人员的持证情况等。

选择：企业应根据项目的具体情况(包括风险)，发布招标通知书，提出安全生产管理要求。承包商根据招标要求，编制含有安全生产保证措施(安全生产规章制度)的投标书。企业安全生产管理部门对其安全生产保证措施进行审查，作为选择承包商的重要依据。

开工前的准备：中标后的承包商，应编制项目安全生产计划，对所有人员进行安全培训教育，为员工配备劳动保护用品，检查与作业有关的安全设施，配备安全生产管理人员，接受企业的安全生产培训教育，办理入厂证。

表现评价与续用：项目完工后，企业工程项目管理部门应对承包商安全生产表现做出评价，将承包商安全生产表现评价送交施工单位，抄送企业安全生产管理部门备案，并汇入承包商档案，作为是否续用的依据。同时，可以促使承包商提高其安全生产管理水平。

(3) 企业应将确定为合格的承包商进行造册，形成合格承包商名录。建立承包商档案，包括：承包商的资质证书复印件，过去3年的安全生产业绩，安全生产管理机构、安全管理制度目录，特种作业人员证书复印件，安全生产表现评价报告及其他有关资料。

(4) 企业对承包商安全管理内容主要有：邀请承包商安全管理人员参加企业组织的项目安全生产会议；施工项目管理部门和安全生产监督管理部门应经常深入承包商施工作业现场，监督检查安全措施落实情况，发现承包商施工人员违反安全管理规定，应向承包商下达隐患整改通知，并跟踪检查，确保承包商的安全生产管理符合企业安全管理要求。

【企业达标标准】

要向承包商进行作业现场安全交底，对承包商的安全作业规程、施工方案和应急预案进行审查。

作业前要向承包商进行作业现场安全交底，将安全措施和注意事项交代清楚，对承包商的安全作业规程、施工方案和应急预案进行审查，审查合格后方可允许施工作业。

8 职业健康

8.1 职业危害项目申报

【标准化要求】

企业如存在法定职业病目录所列的职业危害因素，应及时、如实向当地安全生产监督管理部门申报，接受其监督。

【企业达标标准】

1. 识别职业危害因素；

2. 及时、如实向当地安全监督管理部门申报法定职业病目录所列的职业危害因素，接受其监督。

（1）职业危害是指对从事职业活动的人员能引发职业病的各种危害。职业危害因素包括：职业活动中存在的各种有害的化学、物理、生物因素以及在作业过程中产生的其他有害因素。

（2）职业病危害项目是指存在或产生《职业病危害因素分类目录》所列职业病危害因素的项目。工作场所存在职业病目录所列职业病危害因素的，应当及时、如实向所在地安全生产监督管理部门申报危害项目，并接受安全生产监督管理部门的监督管理。

（3）职业病危害项目申报工作实行属地分级管理的原则。中央企业、省属企业及其所属企业的职业病危害项目，向其所在地设区的市级人民政府安全生产监督管理部门申报。前款规定以外的其他企业的职业病危害项目，向其所在地县级人民政府安全生产监督管理部门申报。

（4）企业申报职业病危害项目时，应当提交《职业病危害项目申报表》和下列文件、资料：①企业的基本情况；②工作场所职业病危害因素种类、分布情况以及接触人数；③法律、法规和规章规定的其他文件、资料。

（5）职业病危害项目申报同时采取电子数据和纸质文本两种方式。企业应当首先通过“职业病危害项目申报系统”进行电子数据申报，同时将《职业病危害项目申报表》加盖公章并由本单位主要负责人签字后，按照《职业病危害项目申报办法》(国家安全生产监督管理总局令第 48 号)第四条和第五条的规定，连同有关文件、资料一并上报所在地设区的市级、县级安全生产监督管理部门。受理申报的安全生产监督管理部门自收到申报文件、资料之日起 5 个工作日内，为企业出具《职业病危害项目申报回执》。

8.2 作业场所职业危害管理

【标准化要求】1

企业应制定职业危害防治计划和实施方案，建立、健全职业卫生档案和从业人员健康监护档案。

【企业达标标准】

1. 制定职业危害防治计划和实施方案；

2. 建立健全职业卫生档案，包括职业危害防护设施台账、职业危害监测结果、健康监护报告等；

3. 建立从业人员健康监护档案。

作业场所职业危害管理的目的是预防、控制和消除职业危害，防治职业病，保护从业人员健康及其相关权益，促进安全生产。

（1）企业应根据作业场所存在的职业危害，制订切实可行的职业危害防治计划和实施方案。防治计划或实施方案，要明确责任人、责任部门、目标、方法、资金、时间表等，对防治计划和实施方案的落实情况要定期进行检查，确保职业危害的防治与控制效果。

（2）职业卫生档案是职业危害预防、评价、控制、治理、研究和开发职业病防治技术以及职业病诊断鉴定的重要依据，是区分健康损害责任的重要证据之一。职业卫生档案资料包括：①职业病防治责任制文件；②职业卫生管理规章制度、操作规程；③作业场所职业病危害因素种类清单、岗位分布以及作业人员接触情况等资料；④职业病防护设施、应急救援设施基本信息，以及其配置、使用、维护、检修与更换等记录；⑤作业场所职业病危害因素检测、评价报告与记录；⑥职业病防护用品配备、发放、维护与更换等记录；⑦主要负责人、职业卫生管理人员和职业病危害严重工作岗位的人员等相关人员职业卫生培训资料；⑧职业病危害事故报告与应急处置记录；⑨劳动者职业健康检查结果汇总资料，存在职业禁忌证、职业健康损害或者职业病的人员处理和安置情况记录；⑩建设项目职业卫生“三同时”有关技术资料，以及其备案、审核、审查或者验收等有关回执或者批复文件；⑪安全许可证申领、职业病危害项目申报等有关回执或者批复文件；⑫有关职业卫生管理的资料或者文件。

（3）职业健康监护档案应按照《企业职业健康监护监督管理办法》（国家安全生产监督管理总局令第49号）建立并按照规定的期限妥善保存。职业健康监护档案内容包括：①人员姓名、性别、年龄、籍贯、婚姻、文化程度、嗜好等情况；②人员职业史、既往病史和职业病危害接触史；③历次职业健康检查结果及处理情况；④职业病诊疗资料；⑤需要存入职业健康监护档案的其他有关资料。

【标准化要求】2

企业作业场所应符合 GBZ 1、GBZ 2。

【企业达标标准】

企业作业场所职业危害因素应符合 GBZ 1、GBZ 2.1、GBZ 2.2 规定。

（1）企业应为从业人员提供符合法律、法规、规章、国家职业卫生标准和卫生要求的工作环境和条件。

（2）工作场所有害因素的职业接触限值符合标准规定，如有不符合要有整改计划或方案，并按计划或方案进行整改，整改效果要进行评价。

【标准化要求】3

企业应确保使用有毒物品作业场所与生活区分开，作业场所不得住人；应将有害作业与无害作业分开，高毒作业场所与其他作业场所隔离。

【企业达标标准】

1. 使用有毒物品作业场所与生活区分开，作业场所不得住人；

2. 将有害作业与无害作业分开；

3. 将高毒作业场所与其他作业场所隔离。

（1）企业生产流程、生产布局必须合理，使从业人员尽可能减少接触职业危害因素。符合：①生产布局合理，有害作业与无害作业分开；②工作场所与生活场所分开，工作场所不得设置宿舍、生活区。

（2）使用有毒物品作业场所应当设置黄色区域警示线，高毒作业场所应当设置红色区域警示线，高毒作业场所与其他作业场所隔离。

【标准化要求】4

企业应在可能发生急性职业损伤的有毒有害作业场所按规定设置报警设施、冲洗设施、防护急救器具专柜，设置应急撤离通道和必要的泄险区，定期检查，并记录。

【企业达标标准】

在可能发生急性职业损伤的有毒有害作业场所按规定设置报警设施、冲洗设施、防护急救器具专柜，设置应急撤离通道和必要的泄险区，定期检查并记录。

（1）可能发生急性职业损伤的有毒、有害工作场所，应当设置报警装置，配置现场急救用品、冲洗设备、应急撤离通道和必要的泄险区。现场急救用品、冲洗设备等应当设在可能发生急性职业损伤的工作场所或者临近地点，并在醒目位置设置清晰的标识。要明确责任部门并确定责任人和检查周期，定期对应急、报警设施进行检查、维护，并记录，确保其处于正常状态。

（2）放射性同位素和射线装置场所，应当按照国家有关规定设置明显的放射性标志，其入口处应当按照国家有关安全和防护标准的要求，设置安全和防护设施以及必要的防护安全联锁、报警装置或者工作信号。放射性装置的生产调试和使用场所，应当具有防止误操作、防止工作人员受到意外照射的安全措施。必须配备与辐射类型和辐射水平相适应的防护用品和监测仪器，包括个人剂量测量报警、固定式和便携式辐射监测、表面污染监测、流出物监测等设备，并保证可能接触放射线的工作人员佩戴个人剂量计。

（3）在可能突然泄漏或者逸出大量有害物质的密闭或者半密闭工作场所还应当安装事故通风装置以及与事故排风系统相联锁的泄漏报警装置。

【标准化要求】5

企业应严格执行生产作业场所职业危害因素检测管理制度，定期对作业场所进行检测，在检测点设置标识牌，告知检测结果，并将检测结果存入职业卫生档案。

【企业达标标准】

1. 定期对作业场所职业危害因素进行检测；

2. 在检测点设置告知牌，告知检测结果；

3. 将检测结果存入职业卫生档案；

4. 工作场所职业危害因素的检测结果不符合标准规定，要进行整改。

（1）企业应建立职业危害因素监测制度，由专人负责工作场所职业病危害因素日常监测，确保监测系统处于正常工作状态。在检测点设置告知牌将检测时间、结果进行公告，并将检测结果存入职业卫生档案。

（2）存在职业病危害的企业，应当委托具有相应资质的职业卫生技术服务机构，每年至少进行一次职业病危害因素检测。职业病危害严重的企业，应当委托具有相应资质的职业卫生技术服务机构，每 3 年至少进行一次职业病危害现状评价。检测、评价结果应存入职业卫生档案，并向安全生产监督管理部门报告和从业人员公布。

（3）在日常职业病危害监测或者定期检测、现状评价过程中，发现工作场所职业病危害因素不符合国家职业卫生标准和卫生要求时，应当立即采取相应治理措施，确保其符合职业卫生环境和条件的要求；仍然达不到国家职业卫生标准和卫生要求的，必须停止存在职业病危害因素的作业；职业病危害因素经治理后，符合国家职业卫生标准和卫生要求的，方可重新作业。

【标准化要求】6

企业不得安排上岗前未经职业健康检查的从业人员从事接触职业病危害的作业；不得安排有职业禁忌的从业人员从事禁忌作业。

【企业达标标准】

1. 不得安排上岗前未经职业健康检查的从业人员从事接触职业病危害的作业；

2. 按规定对从事接触职业病危害作业的人员进行在岗期间、离岗时职业健康检查；

3. 不得安排有职业禁忌的从业人员从事禁忌作业。

（1）企业应依照《用人单位职业健康监护监督管理办法》（国家安全生产监督管理总局令第 49 号）、《健康监护技术规范》（GBZ 188）、《放射工作人员职业健康监护技术规范》（GBZ 235）等国家职业卫生标准的要求，制定、落实本单位职业健康检查年度计划，并保证所需要的专项经费。

（2）按规定组织上岗前、在岗期间和离岗时的职业健康检查，并将检查结果如实告知从业人员。不得安排未经上岗前职业健康检查的人员从事接触职业病危害的作业，需进行上岗前职业健康检查的人员包括：①拟从事接触职业病危害作业的新录用人员，包括转岗到该作业岗位的人员；②拟从事有特殊健康要求作业的人员。对未进行离岗前职业健康检查的人员不得解除或者终止与其订立的劳动合同。

（3）不得安排有职业禁忌的人员从事其所禁忌的作业；不得安排未成年工从事接触职业病危害的作业，不得安排孕期、哺乳期的女职工从事对本人和胎儿、婴儿有危害的作业。对在职业健康检查中发现有与所从事的职业相关的健康损害的人员，应当调离原工作岗位，并妥善安置。

【标准化要求】7

无。

【企业达标标准】

二级企业已建立完善的作业场所职业危害控制管理制度与检测制度并有效实施，作业

场所职业危害得到有效控制。

（1）存在职业病危害的企业应当建立、健全下列职业卫生管理制度和操作规程：①职业病危害防治责任制度；②职业病危害警示与告知制度；③职业病危害项目申报制度；④职业病防治宣传教育培训制度；⑤职业病防护设施维护检修制度；⑥职业病防护用品管理制度；⑦职业病危害监测及评价管理制度；⑧建设项目职业卫生“三同时”管理制度；⑨劳动者职业健康监护及其档案管理制度；⑩职业病危害事故处置与报告制度；⑪职业病危害应急救援与管理制度；⑫岗位职业卫生操作规程；⑬法律、法规、规章规定的其他职业病防治制度。

（2）各项职业卫生管理制度和操作规程要定期修订、完善并及时公布，落实到各部门及基层单位，有效管理控制企业职业危害因素。

8.3　劳动防护用品

【标准化要求】1

企业应根据接触危害的种类、强度，为从业人员提供符合国家标准或行业标准的个体防护用品和器具，并监督、教育从业人员正确佩戴、使用。

【企业达标标准】

1. 为从业人员提供符合国家标准或行业标准的个体防护用品和器具；

2. 监督、教育从业人员正确佩戴、使用个体防护用品和器具。

（1）企业要根据接触危害的种类和强度及对人体伤害的途径等，为从业人员配备符合国家或行业标准的个体防护用品。《个体防护装备选用规范》(GB/T 11651—2008)，为正确合理的选用劳动防护用品提供了依据。

（2）企业应为从业人员提供符合国家职业卫生标准的职业病防护用品，并督促、指导从业人员按照使用规则正确佩戴、使用，不得发放钱物替代发放职业病防护用品。应对职业病防护用品进行经常性的维护、保养，确保防护用品有效，不得使用不符合国家职业卫生标准或者已经失效的职业病防护用品。

（3）在作业过程中，从业人员必须按照安全生产规章制度和个体防护用品使用规则，正确佩戴和使用个体防护用品；未按规定佩戴和使用的，不得上岗作业。

【标准化要求】2

企业各种防护器具应定点存放在安全、方便的地方，并有专人负责保管、检查，定期校验和维护，每次校验后应记录、铅封。

【企业达标标准】

1. 各种防护器具都应设置专柜，定点存放在安全、方便的地方；

2. 专人负责保管防护器具专柜；

3. 定期校验和维护防护器具；

4. 防护器具校验后记录、铅封。

各种防护器具要定点存放，确保其安全、易于存取。要有专人负责保管防护器具。企业要对防护器具定期进行校验和维护，每次校验后应记录或铅封，主管人员应经常检查防护器具的管理情况。

【标准化要求】3

企业应建立职业卫生防护设施及个体防护用品管理台账，加强对劳动防护用品使用情况的检查监督，凡不按规定使用劳动防护用品者不得上岗作业。

【企业达标标准】

1. 建立职业卫生防护设施及个体防护用品管理台账；

2. 加强对劳动防护用品使用情况的检查监督，凡不按规定使用劳动防护用品者不得上岗作业。

（1）企业应建立职业卫生防护设施及个体防护用品管理台账，将职业卫生防护设施的设置、校验、维护、更新情况进行登记。将个体防护用品的发放和更换情况进行登记。

（2）从业人员在作业过程中，必须按照安全生产规章制度和劳动防护用品使用规则，正确佩戴和使用劳动防护用品。

（3）企业安全生产管理人员应加强对从业人员个体防护用品使用情况的检查监督，凡不按规定使用劳动防护用品者不得上岗作业。

9　危险化学品管理

9.1　危险化学品档案

【标准化要求】

企业应对所有危险化学品，包括产品、原料和中间产品进行普查，建立危险化学品档案。

【企业达标标准】

1. 对所有危险化学品进行普查；

2. 建立危险化学品档案，内容包括：名称及存放、生产、使用地点；数量、危险性分类、危规号、包装类别、登记号、危险化学品安全技术说明书和安全标签（以下简称“一书一签”）等。

（1）《危险化学品登记管理办法》第十八条“登记企业应当对本企业的各类危险化学品进行普查，建立危险化学品管理档案”。档案应包括以下内容：

① 普查、建档登记表格（表4-23～表4-27）；

② 危险性不明的化学品要有鉴别分类报告；

③ 危险化学品要有安全技术说明书与安全标签（对非危险品要列出其理化、燃爆数据和危害）。

（2）表格填写说明：

① 要用钢笔、签字笔填写或用打印机打印。

② “产品”是指生产企业生产且用于出售的危险化学品；“原料”是指生产企业外购的作为原料使用的危险化学品；“中间产品”是指生产企业为生产某种产品，在生产过程中产生，并根据目前技术已知的、稳定存在的且不向外出售的危险化学品。

③ 登记号：是指危险化学品登记后，由国家安全监管总局化学品登记中心（简称“化学品登记中心”）颁发的化学品登记号码。

④ 最大储量：指产品或原料在仓储设施内的最大储存量。

⑤“危险性类别”，应填写依据相关国家标准（见 GB 20576～GB 20599，GB 20601，GB 20602）对化学品进行危险性分类的结果，标明化学品的物理、健康和环境危害的危险性种类和类别。

表 4－23　产品一览表

栏号	1			2		3	4	5	6
序号	化学品名称			危险性类别		生产地点	储存地点	最大储量/t	登记号
	商品名	化学名	英文名	类别	是否剧毒				

表 4－24　生产原料一览表

栏号	1			2		3	4	5
序号	化学品名			危险性类别		使用地点	储存地点	最大储量/t
	商品名	化学名	俗名	类别	是否剧毒			

表 4－25　中间产品一览表

栏号	1			2		3	4	5	6	7
序号	化学品			危险性类别		生产地点	使用地点	储存地点	最大储量/t	登记号
	商品名	化学名	俗名	类别	是否剧毒					

表 4－26　储存单位的危险化学品一览表

栏号	1			2	3	4	5	6
序号	化学品名称			是否剧毒	危险性类别	最大储量/t	包装类别	储存地点
	商品名	化学名	俗　名					

表 4-27　经营单位的危险化学品一览表

栏号	1			2	3	4	5	6	7
序号	化学品名称			是否剧毒	危险性类别	最大储量/t	储存地点	包装类别	经营地点
	商品名	化学名	俗　名						

9.2　化学品分类

【标准化要求】

企业应按照国家有关规定对其产品、所有中间产品进行分类，并将分类结果汇入危险化学品档案。

【企业达标标准】

1. 对产品、所有中间产品进行危险性分类，并将分类结果汇入危险化学品档案；

2. 化验室使用化学试剂应分类并建立清单。

（1）化学品危险性分类，就是根据化学品本身的特性，依据有关标准确定是否为危险化学品，并划出危险性和类别。企业对其产品、所有中间产品按照 GB 20576 ~ GB 20599、GB 20601、GB 20602 等国家标准进行分类，并将分类结果汇入化学品档案。

（2）化验室使用的化学试剂应按照 GB 20576 ~ GB 20599、GB 20601、GB 20602 等国家标准分类并建立清单。

9.3　化学品安全技术说明书和安全标签

【标准化要求】1

生产企业的产品属危险化学品时，应按 GB/T 16483 和 GB 15258 编制产品安全技术说明书和安全标签，并提供给用户。

【企业达标标准】

1. 生产企业要给本企业生产的危险化学品编制符合国家标准要求的“一书一签”；

2. 生产企业生产的危险化学品发现新的危险特性时，要及时更新“一书一签”，并公告；

3. 主动向本企业生产的危险化学品购买者或用户提供“一书一签”。

（1）化学品安全技术说明书编写说明

化学品安全技术说明书，国际上称作化学品安全信息卡，简称 SDS，是关于危险化学品燃爆、毒性和环境危害以及安全使用、泄漏应急处置、主要理化参数、法律法规等方面信息的综合性文件。生产企业应随化学产品向用户提供安全技术说明书，使用户明了化学品的有关危害，使用时能主动进行防护，起到减少职业危害和预防化学事故的作用。化学品安全技术说明书项目说明分如下 16 项。

① 化学品及企业标识

该部分主要提供化学品名称及企业信息。

a）化学品名称：标明化学品的中文名称和英文名称。中英文名称应与标签上的名称一致。化学品属于物质的可填写其化学名称或常用名（俗名）；属于混合物的可填写其商品名称或混合物名称；属于农药的应填写其通用名称。建议同时标注供应商对该化学品的产品代码。

b）企业应急电话：应提供供应商的 24h 化学事故应急咨询电话或供应商签约委托机构的 24h 化学事故应急咨询电话。对于国外进口的化学品，应提供至少 1 家中国境内的 24h 化学事故应急咨询电话。应急电话需为固定电话。

c）化学品的推荐用途和限制用途：提供化学品的建议或预期用途，包括其实际应用的简要说明，如用作阻燃剂，用作抗氧化剂等，并尽可能说明化学品的使用限制，包括非法定的供应商建议的使用限制。

② 危险性概述

a）紧急情况概述：紧急情况概述描述在事故状态下化学品可能立即引发的严重危害，以及可能具有严重后果需要紧急识别的危害，为化学事故现场救援人员处置时提供参考。

b）危险性类别：应填写依据相关国家标准（见 GB 20576 ~ GB 20599、GB 20601、GB 20602）对化学品进行危险性分类的结果，标明化学品的物理、健康和环境危害的危险性种类和类别。

c）标签要素：根据分类提供适当的标签要素，应符合 GB 20576 ~ GB 20599、GB 20601、GB 20602 及 GB 15258 等国家标准的相关规定。

d）物理和化学危险：简要描述化学品潜在的物理和化学危险性，例如燃烧爆炸的危险性、金属腐蚀性等。

e）健康危害：提供的信息为人接触化学品后所引起的有害健康影响（包括人接触化学品后出现的症状、体征，以及能够加重病情的原有疾患等）。

f）环境危害：描述化学品的显著环境危害。

③ 成分/组成信息

a）主要成分：混合物，填写主要危险组分及其浓度或浓度范围；

物质，应列明包括对该物质的危险性分类产生影响的杂质和稳定剂在内的所有危险组分的名称，以及浓度或浓度范围。

b）CAS 号：填写该化学产品中有害组分的化学文摘索引号。

④ 急救措施

根据化学品的不同接触途径，按照吸入、皮肤接触、眼睛接触和食入的顺序，分别描述相应的急救措施。如果存在除中毒、化学灼伤外必须处置的其他损伤(例如低温液体引起的冻伤，固体熔融引起的烧伤等)，也应说明相应的急救措施。

⑤ 消防措施

a）灭火剂：对不同类别的化学品要根据其性能和状态，选用合适的灭火介质。

b）特别危险性：提供在火场中化学品可能引起的特别危害方面的信息。例如：化学品燃烧可能产生的有毒有害燃烧产物或遇高热容器内压缩气体(或液体)急剧膨胀，或发生物料聚合放出热量，导致容器内压增大引起开裂或爆炸等。

c）灭火注意事项及防护措施：一是灭火过程中采取的保护行动，例如：隔离事故现场，禁止无关人员进入；消防人员应在上风向灭火；喷水冷却容器等；二是消防人员应穿戴的个体防护装备，包括消防靴、消防服、消防手套、消防头盔，以及呼吸防护装备(如携气式呼吸器)等；三是应包括泄漏物和消防水对水源和土壤污染的可能性，以及减少这些环境污染应采取的措施等方面的信息。

⑥ 泄漏应急处理

应急处理可参考下列层次填写。

a）迅速报警、疏散有关人员、隔离污染区。疏散人员的多少和隔离污染区的大小，根据泄漏量和泄漏物的毒性大小具体而定。

b）切断火源：对于易燃、易爆泄漏物在清除之前必须切断火源。

c）应急处理人员防护：泄漏作为一种紧急事态，防护要求比较严格。

d）注意事项：有些物质不能直接接触，有些物质可喷水雾减少挥发，有的则不能喷水，有些物质则需要冷却、防震，这都要针对具体物质和泄漏现场进行选择。

e）消除方法：根据化学品的物态(气、液、固)及其危险性(燃爆特性、毒性)和环保要求给出具体的消除方法。

f）设备器材：给出应急处理时所需的设备、器材名称。

⑦ 操作处置与储存

a）操作处置：就化学品安全处置和一般卫生要求的注意事项和措施提出建议，例如防止人员接触化学品、防火防爆、局部或全面通风、防止产生气溶胶和粉尘、防止接触禁配物(不相容物质或混合物)等方面。

b）储存：包括安全储存条件(指库房及温湿度条件、安全设施与设备、禁配物、添加抑制剂或稳定剂的要求等)和包装材料的要求。

⑧ 接触控制/个体防护

a）职业接触限值：填写 GBZ 2.1 的工作场所空气中化学物质容许浓度值，包括最高容许浓度(MAC)、时间加权平均容许浓度(PC－TWA)和短时间接触容许浓度(PC－STEL)，对于国内尚未制定职业接触限值的物质，可填写国外发达国家规定的该物质的职业接触限值。

b）生物限值：填写国内已制定标准规定的生物限值，对于国内未制定生物限值标准的物质，可填写国外尤其是发达国家规定的该物质的生物限值。

c）监测方法：尽可能提供职业接触限值和生物限值的监测方法，以及监测方法的来源。

d）工程控制：列明减少接触的工程控制方法，注明在什么情况下需要采取特殊工程控制措施，并说明工程控制措施的类型。

e）个体防护装备：个体防护装备的使用应与其他控制措施(包括通风、密闭和隔离等)相结合，以将化学品接触引起疾患和损伤的可能性降至最低。本项应为个体防护装备的正确选择和使用提出建议，主要包括呼吸系统防护、眼面防护、皮肤和身体防护、手防护等。

⑨ 理化特性

a）辛醇/水分配系数：是用来预计一种化学品在土壤中的吸附性、生物吸收、辛脂性储存和生物富集的重要参数。当一种化学品溶解在辛醇/水的混合物中时，该化学品在辛醇和水中浓度的比值称为辛醇/水分配系数，通常以 10 为底的对数形式($\lg K_{ow}$)表示。

b）闪点：在指定的条件下，试样被加热到它的蒸气与空气混合气接触火焰时，能产生闪燃的最低温度，填写时注明开杯或闭杯值。

⑩ 稳定性和反应性

a）稳定性：描述在正常环境下和预计的储存和处置温度和压力条件下，物质或混合物是否稳定。说明为保持物质或混合物的化学稳定性可能需要使用的任何稳定剂。说明物质或混合物的外观变化有何安全意义。

b）危险反应：说明物质或混合物能否发生伴有诸如压力升高、温度升高、危险副产物形成等现象的危险反应。危险反应包括(但不限于)聚合、分解、缩合、与水反应和自反应等。应注明发生危险反应的条件。

c）应避免的条件：列出可能导致危险反应的条件，如热、压力、撞击、静电、震动、光照、潮湿等。

d）禁配物：明确标出化学品在其化学性质上相抵触不相容的物质。

e）危险的分解产物：列出已知和可合理预计会因使用、储存、泄漏或受热产生危险分解产物，例如可燃和有毒物质，窒息性气体等。

⑪ 毒理学资料

填写动物实验结果。注意事项：

a）所提供的信息应能用来评估物质、混合物的健康危害和进行危险性分类。这些信息包括：人类健康危害资料(例如流行病学研究、病例报告或人皮肤斑贴试验等)、动物试验资料(例如急性毒性试验、反复染毒毒性试验等)、体外试验资料(例如体外哺乳动物细胞染色体畸变试验、Ames 试验等)、结构 - 活性关系(SAR)(例如定量结构 - 活性关系，QSAR)等。

b）对于动物试验数据，应简明扼要地填写试验动物种类(性别)，染毒途径(经口、经皮、吸入等)、频度、时间和剂量等方面的信息。

c）与物质或混合物的健康危害的危险性分类相对应，分别描述一次性接触、反复接触与连续接触所产生的毒性作用(健康影响)。迟发效应和即刻效应应分开描述。

d）提供能够引起有害健康影响的接触剂量、浓度或条件方面的信息。

⑫ 生态学资料

a）生态毒性：提供水生和(或)陆生生物的毒性试验资料。包括鱼类、甲壳纲、藻类和其他水生植物的急性和慢性水生毒性的现有资料；其他生物(包括土壤微生物和大生物)，如鸟类、蜂类和植物等的现有毒性资料。如果物质或混合物对微生物的活性有抑制作用，应填写对污水处理厂可能产生的影响。

b）持久性和降解性：是指物质或混合物相关组分在环境中通过生物或其他过程(如氧化或水解)降解的可能性。如有可能，应提供有关评估物质或混合物相关组分持久性和降解性的现有试验数据。如填写降解半衰期，应说明这些半衰期是指矿化作用还是初级降解。还应填写物质或混合物的某些组分在污水处理厂中降解的可能性。

c）潜在的生物累积性：应提供评估物质或混合物某些组分生物累积潜力的有关试验结果，包括生物富集系数(BCF)和辛醇/水分配系数($\lg K_{ow}$)。

d）土壤中的迁移性：是指排放到环境中的物质或混合物组分在自然力的作用下迁移到地下水或排放地点一定距离以外的潜力。如能获得，应提供物质或混合物组分在土壤中迁移性方面的信息。物质或混合物组分的迁移性可经由相关的迁移性研究确定，如吸附研究或淋溶作用研究。吸附系数值(K_{oc}值)可通过$\lg K_{ow}$推算；淋溶和迁移性可利用模型推算。

e）其他环境有害作用：如有可能，应提供化学品其他任何环境影响有关的资料，如环境转归、臭氧损耗潜势、光化学臭氧生成潜势、内分泌干扰作用、全球变暖潜势等。

⑬ 废弃处置

a）具体说明处置使用的容器和方法，包括废弃化学品和被污染的任何包装物的合适处置方法(如焚烧、填埋或回收利用等)。

b）说明影响废弃处置方案选择的废弃化学品的物理化学特性。

c）应明确说明不得采用排放到下水道的方式处置废弃化学品。

d）说明焚烧或填埋废弃化学品时应采取的任何特殊防范措施。

e）有关从事废弃化学品处置或回收利用活动人员的安全防范措施，可参见SDS第8部分中的信息。

f）提请下游用户注意国家和地方有关废弃化学品的处置法规。

⑭ 运输信息

a）联合国危险货物编号(UN号)：提供联合国《关于危险货物运输的建议书　规章范本》中的联合国危险货物编号(即物质或混合物的4位数字识别号码)。见GB 12268。

b）联合国运输名称：提供联合国《关于危险货物运输的建议书　规章范本》中的联合国危险货物运输名称。见GB 12268。

c）联合国危险性分类：提供联合国《关于危险货物运输的建议书规章范本》中根据物质或混合物的最主要危险性划定的物质或混合物的运输危险性类别(和次要危险性)。见GB 12268。

d）包装类别：提供联合国《关于危险货物运输的建议书　规章范本》的包装类别。包装类别是根据危险货物的危险程度划定的。见GB 12268。

e）海洋污染物(是/否)：注明根据《国际海运危险货物规则》物质或混合物是否为已知的海洋污染物。

f）运输注意事项：为使用者提供应该了解或遵守的其他与运输或运输工具有关的特殊防范措施方面的信息，包括：对运输工具的要求，消防和应急处置器材配备要求，防火、防爆、防静电等要求，禁配要求，行驶路线要求等。

⑮ 法规信息

a）标明国家管理该化学品的法律(或法规)的名称，提供基于这些法律(或法规)管制该化学品的法规、规章或标准等方面的具体信息。

b）如果化学品已列入有关化学品国际公约的管制名单，应在 SDS 的本部分中说明。

c）提请下游用户注意遵守有关该化学品的地方管理规定。

d）如果该化学品为混合物，则应提供混合物中相关组分的与上述 a)，b)，c)项要求相同的信息。

⑯ 其他信息

a）编写和修订信息：应说明最新修订版本与修订前相比有哪些改变。

b）缩略语和首字母缩写：列出编写 SDS 时使用的缩略语和首字母缩写，并作适当说明。

c）培训建议：根据需要提出对员工进行安全培训的建议。

d）参考文献：编写 SDS 使用的主要参考文献和数据源可在 SDS 的本部分中列出。

e）免责声明：必要时可在 SDS 的本部分给出 SDS 编写者的免责声明。

中文版(GHS)SDS 样例，参见案例 21。

案例 21　化学品安全技术说明书

产品名称：苯	按照 GB/T 16483 编制
修订日期：2012 年 2 月 19 日	SDS 编号：×××××－×××
最初编制日期：2001 年 11 月 20 日	版本：2.1

第一部分　化学品及企业标识

化学品中文名： 苯

化学品英文名： benzene

企业名称： ××××××

企业地址： ××省××市××区××路××号

邮　　编： ××××××　**传真：** ×××－××××××××

联系电话： ×××－××××××××；×××－××××××××

电子邮件地址： ×××××@×××.com

企业应急电话： ×××－××××××××(24h)；×××－××××××××(24h)

产品推荐及限制用途： 是染料、塑料、合成橡胶、合成树脂、合成纤维、合成药物和农药的重要原料。用作溶剂。

第二部分　危险性概述

紧急情况概述：

无色液体，有芳香气味。易燃液体和蒸气。其蒸气能与空气形成爆炸性混合物。重度中毒出现意识障碍、呼吸循环衰竭、猝死。可发生心室纤颤。损害造血系统。可致白血病。

GHS 危险性类别：

易燃液体，类别 2

皮肤腐蚀/刺激，类别 2

严重眼睛损伤/眼睛刺激性，类别 2

致癌性，类别 1A

生殖细胞突变性，类别 1B

特异性靶器官系统毒性　一次接触，类别 3

特异性靶器官系统毒性　反复接触，类别 1

吸入危害，类别 1

对水环境危害－急性，类别 2

对水环境危害－慢性，类别 3

标签要素：

象形图：

警示词：危险

危险性说明：易燃液体和蒸气，引起皮肤刺激，引起严重眼睛刺激，可致癌，可引起遗传性缺陷，可能引起昏睡或眩晕，长期或反复接触引起器官损伤，吞咽并进入呼吸道可能致命，对水生生物有毒，对水生生物有害并且有长期持续影响。

防范说明：

- 预防措施：

在得到专门指导后操作。在未了解所有安全措施之前，且勿操作。

远离热源、火花、明火、热表面。使用不产生火花的工具作业。

采取防止静电措施，容器和接收设备接地、连接。

使用防爆型电器、通风、照明及其他设备。

保持容器密闭。

仅在室外或通风良好处操作。

避免吸入蒸气（或雾）。

戴防护手套和防护眼镜。

空气中浓度超标时戴呼吸防护器具。

妊娠、哺乳期间避免接触。

作业场所不得进食、饮水、吸烟。

操作后彻底清洗身体接触部位。污染的工作服不得带出工作场所。

应避免释放到环境中。

● 事故响应：

如食入，立即就医。禁止催吐。

如吸入，立即将患者转移至空气新鲜处，休息，保持有利于呼吸的体位。就医。

眼接触后应该用水清洗若干分钟，注意充分清洗。如戴隐形眼镜并可方便取出，应将其取出，继续清洗。就医。

皮肤（或头发）接触，立即脱去所有被污染的衣着，用大量肥皂水和水冲洗。如发生皮肤刺激，就医。受污染的衣着在重新穿用前应彻底清洗。

收集泄漏物。

发生火灾时，使用雾状水、干粉、泡沫或二氧化碳灭火。

● 安全储存：

在阴凉、通风良好处储存。

上锁保管。

● 废弃处置：

本品或其容器采用焚烧法处置。

物理化学危险：易燃液体和蒸气。其蒸气与空气混合，能形成爆炸性混合物。遇明火、高热能引起燃烧爆炸。与强氧化剂能发生强烈反应。流速过快，容易产生和积聚静电。其蒸气比空气重，能在较低处扩散到相当远的地方，遇火源会着火回燃。

健康危害：

急性中毒：短期内吸入大量苯蒸气引起急性中毒。轻者出现头晕、头痛、恶心、呕吐、黏膜刺激症状，伴有轻度意识障碍。重度中毒出现中、重度意识障碍或呼吸循环衰竭、猝死。可发生心室纤颤。

慢性中毒：长期接触可引起慢性中毒。可有头晕、头痛、乏力、失眠、记忆力减退，造血系统改变有白细胞减少（计数低于 $4\times10^9/L$）、血小板减少，重者出现再生障碍性贫血；并有易感染和（或）出血倾向。少数病例在慢性中毒后可发生白血病（以急性粒细胞性为多见）。

皮肤损害有脱脂、干燥、皲裂、皮炎。

环境危害：对水生生物有毒，有长期持续影响。

第三部分　成分/组成信息

√物质		混合物
危险组分	**浓度或浓度范围**	**CAS No**
苯	99%（质量分数）	71-43-2

第四部分　急救措施

急　救：

吸入：迅速脱离现场至空气新鲜处。保持呼吸道通畅。如呼吸困难，给输氧。呼吸心跳停止，立即进行心肺复苏术。立即就医。

皮肤接触：脱去污染的衣着，用肥皂水和清水彻底冲洗皮肤。如有不适感，就医。

眼睛接触：分开眼睑，用流动清水或生理盐水冲洗。如有不适感，就医。

食入：漱口，饮水，禁止催吐。就医。

对保护施救者的忠告：进入事故现场应佩戴携气式呼吸防护器。

对医生的特别提示：急性中毒可用葡萄糖醛酸内酯；忌用肾上腺素，以免发生心室纤颤。

第五部分　消防措施

灭火剂：

用水雾、干粉、泡沫或二氧化碳灭火剂灭火。

避免使用直流水灭火，直流水可能导致可燃性液体的飞溅，使火势扩散。

特别危险性：

易燃液体和蒸气。燃烧会产生一氧化碳、二氧化碳、醛类和酮类等有毒气体。

在火场中，容器内压增大有开裂和爆炸的危险。

灭火注意事项及防护措施：

消防人员须佩戴携气式呼吸器，穿全身消防服，在上风向灭火。

尽可能将容器从火场移至空旷处。

喷水保持火场容器冷却，直至灭火结束。

处在火场中的容器若已变色或从安全泄压装置中发出声音，必须马上撤离。

隔离事故现场，禁止无关人员进入。

收容和处理消防水，防止污染环境。

第六部分　泄漏应急处理

作业人员防护措施、防护装备和应急处置程序：

建议应急处理人员戴携气式呼吸器，穿防静电服，戴橡胶耐油手套。

禁止接触或跨越泄漏物。

作业时使用的所有设备应接地。

尽可能切断泄漏源。

消除所有点火源。

根据液体流动和蒸气扩散的影响区域划定警戒区，无关人员从侧风、上风向撤离至安全区。

环境保护措施：

收容泄漏物，避免污染环境。防止泄漏物进入下水道、地表水和地下水。

泄漏化学品的收容、清除方法及所使用的处置材料：

小量泄漏　尽可能将泄漏液体收集在可密闭的容器中。用沙土、活性炭或其他惰性材料吸收，并转移至安全场所。禁止冲入下水道。

大量泄漏　构筑围堤或挖坑收容。封闭排水管道。用泡沫覆盖，抑制蒸发。用防爆泵转移至槽车或专用收集器内，回收或运至废物处理场所处置。

第七部分　操作处置与储存

操作注意事项：

操作人员必须经过专门培训，严格遵守操作规程。

操作处置应在具备局部通风或全面通风换气设施的场所进行。

避免眼和皮肤的接触，避免吸入蒸气。个体防护措施参见第八部分。

远离火种、热源，工作场所严禁吸烟。

使用防爆型的通风系统和设备。

灌装时应控制流速，且有接地装置，防止静电积聚。

避免与氧化剂等禁配物接触(见第十部分)。

搬运时要轻装轻卸，防止包装及容器损坏。

倒空的容器可能残留有害物。

使用后洗手，禁止在工作场所进饮食。

配备相应品种和数量的消防器材及泄漏应急处理设备。

储存注意事项：

储存于阴凉、通风的库房。

库温不宜超过37℃。

应与氧化剂、食用化学品分开存放，切忌混储(禁配物参见第十部分)。

保持容器密封。

远离火种、热源。

库房必须安装避雷设备。

排风系统应设有导除静电的接地装置。

采用防爆型照明、通风设施。

禁止使用易产生火花的设备和工具。

储区应备有泄漏应急处理设备和合适的收容材料。

第八部分　接触控制/个体防护

职业接触限值：

组分名称	标准来源	类型	标准值	备注
苯	GBZ 2.1—2007	PC－STEL PC－STEL	6mg/m^3 10mg/m^3	皮，G1

注：皮——表示该物质通过完整的皮肤吸收引起全身效应；G1——IARC 致癌性分类：确认人类致癌物。

生物限值：

组分名称	标准来源	生物监测指标	生物限值	采样时间
苯	ACGIH(2009)	尿中S－苯巯基尿酸 尿中t，t－黏糠酸	25μg/g(肌酐) 500μg/g(肌酐)	班末 班末

监测方法：

工作场所空气有毒物质测定方法：GB/T 160.42——溶剂解析－气相色谱法、热解析－气相色谱法、无泵型采样－气相色谱法。

生物监测检验方法：ACGIH——尿中t，t－黏糠酸——高效液相色谱法；尿中S－苯巯基尿酸——气相色谱/质谱法。

工程控制：

本品属高毒物品，作业场所应与其他作业场所分开。

密闭操作，防止蒸气泄漏到工作场所空气中。

加强通风，保持空气中的浓度低于职业接触限值。

设置自动报警装置和事故通风设施。

设置应急撤离通道和必要的泻险区。

设置红色区域警示线、警示标识和中文警示说明，并设置通讯报警系统。

提供安全淋浴和洗眼设备。

个体防护设备：

呼吸系统防护　空气中浓度超标时，佩戴过滤式防毒面具(半面罩)。紧急事态抢救或撤离时，应该佩戴携气式呼吸器。

手防护　戴橡胶耐油手套。

眼睛防护：戴化学安全防护眼镜。

皮肤和身体防护：穿防毒物渗透工作服。

第九部分　理化特性

外观与性状：无色透明液体，有强烈芳香味。

pH 值：无资料

熔点(℃)：5.5

沸点(℃)：80

闪点(℃)：－11(闭杯)

爆炸上限[%(体积分数)]：8.0

临界温度(℃)：288.9

临界压力(MPa)：4.92

自燃温度(℃)：498

分解温度(℃)：无资料

燃烧热(kJ/mol)：3264.4

爆炸下限[%(体积分数)]：1.2
饱和蒸气压(kPa)：10(20℃)
相对密度(水=1)：0.88
相对蒸气密度(空气=1)：2.7
辛醇/水分配系数：2.13
蒸发速率：5.1[乙酸(正)丁酯=1]
易燃性(固体、气体)：不适用
黏度(mPa·s)：0.604(25℃)
气味阈值(mg/m^3)：15(4.68ppm)

溶解性：不溶于水，溶于醇、醚、丙酮等多数有机溶剂。

第十部分　稳定性和反应性

稳定性：在正常环境温度下储存和使用，本品稳定。

危险反应：与强氧化剂等禁配物接触，有发生火灾和爆炸的危险。

避免接触的条件：避免接触明火、火花、静电、热和其他火源；避免接触禁配物。

禁配物：氯、硝酸、过氧化氢、过氧化钠、过氧化钾、三氧化铬、高锰酸、臭氧、二氟化二氧、六氟化铀、液氧、过(二)硫酸、过一硫酸、乙硼烷、高氯酸盐(如高氯酸银)、高氯酸硝酰盐、卤间化合物等。

危险的分解产物：无资料。

第十一部分　毒理学信息

急性毒性：

大鼠经口 LD_{50} 范围为810～10016mg/kg。大鼠使用数量较大试验的结果显示经口 LD_{50} 大于2000mg/kg。

兔经皮 LD_{50}：≥8200mg/kg。

大鼠吸入 LC_{50}：44.6mg/L(4h)。

皮肤刺激或腐蚀：

兔标准德瑞兹试验：20mg(24h)，中度皮肤刺激。

兔皮肤刺激试验：0.5mL(未稀释，4h)，中度皮肤刺激。

眼睛刺激或腐蚀：

兔眼内滴入1～2滴未稀释液苯，引起结膜中度刺激和角膜一过性轻度损伤。

呼吸或皮肤过敏：

未见苯对皮肤和呼吸系统有致敏作用的报道。从苯的化学结构分析，本品不可能引起与呼吸道和皮肤过敏有关的免疫性改变。

生殖细胞突变性：

体内研究显示，苯对哺乳动物和人有明显的体细胞致突变作用。有关生殖细胞致突变的显性死试验没有得出明确的结论。根据苯对精原细胞的遗传效应的阳性数据及其毒物代谢动力学特点，苯有到达性腺并导致生殖细胞发生突变的潜在能力。

致癌性：

苯所致白血病已列入《职业病目录》，属职业性肿瘤。

IARC对本品的致癌性分类：G1——确认人类致癌物。

生殖毒性：

动物实验结果显示，苯在对母体产生毒性的剂量下出现胚胎毒性。

特异性靶器官系统毒性——一次性接触：

大鼠经口和小鼠吸入苯后出现麻醉作用；吸入麻醉作用的阈值约为 $13000mg/m^3$。

人吸入高浓度或口服大剂量苯引起急性中毒，表现为中枢神经系统抑制，甚至死亡。急性中毒的原因主要是工业事故或为追求欣快感而故意吸入含苯产品引起。除非发生死亡，接触停止后中枢神经系统的抑制症状可逆。

特异性靶器官系统毒性——反复接触：

大鼠吸入最低中毒浓度（TCL_0）：300ppm（每天 6h，共 13 周，间断），白细胞减少。

小鼠吸入最低中毒浓度（TCL_0）：300ppm（每天 6h，共 13 周，间断），出现贫血和血小板减少。

人反复或长期接触苯主要对骨髓造血系统产生抑制作用，出现血小板减少、白细胞减少、再生障碍性贫血，甚至发生白血病。这些毒效应取决于接触剂量、时间以及受影响干细胞的发育阶段。

一项对 32 名苯中毒者的研究显示，患者吸入接触苯的时间为 4 个月到 15 年，接触浓度为 480 ~ $2100mg/m^3$（150 ~ 650ppm），出现伴有再生不良、过度增生或幼红细胞骨髓象的各类血细胞减少。其中 8 名有血小板减少，导致出血和感染。

吸入危害：

液苯直接吸入肺部，可立即在肺组织接触部位引起水肿和出血。

第十二部分　生态学信息[1]

生态毒性：

鱼类急性毒性试验（OECD203）：虹鳟（Oncorhynchus mykis）LC_{50}：5.3mg/L（96h）。使用流水式试验系统，对苯浓度进行实时监测。

溞类 24h EC_{50}急性活动抑制试验（OECD202）：大型溞（Daphnia magna）EC_{50}：10mg/L(48h)。

藻类生长抑制试验（OECD201）：羊角月牙藻（Selenastrum capricornutum）ErC_{50}：100mg/L(72h)。使用密闭系统。

鱼类早期生活阶段毒性试验（OECD210）：呆鲦鱼（Pimephales promelas）$NOEC$：0.8mg/L(32d)。

持久性和降解性：

非生物降解：苯不会水解，不易直接光解。在大气中，与羟基自由基反应降解的半衰期为 13.4d。

生物降解性：呼吸计量法试验（OECD 301F），28 天后降解率 82% ~ 100%（满足 10d 的观察期）。试验表明，苯易快速生物降解。

生物富集或生物积累性：

生物富集因子（BCF）：大西洋鲱（Clupea harrengus）为 11；高体雅罗鱼（Leuciscusi dus) <10。众多鱼类试验表明苯的生物富集性很低。

土壤中的迁移性：

有氧条件下被土壤和有机物吸附，厌氧条件下转化为苯酚；根据 K_{oc} 值估算，苯易挥发。因此，苯在土壤中有很强的迁移性。

第十三部分　废弃处置

废弃化学品：

尽可能回收利用。如果不能回收利用，采用焚烧方法进行处置。

不得采用排放到下水道的方式废弃处置本品。

污染包装物：

将容器返还生产商或按照国家和地方法规处置。

废弃注意事项：

废弃处置前应参阅国家和地方有关法规。

处置人员的安全防范措施参见第八部分。

第十四部分　运输信息

联合国危险货物编号(UN 号)：1114

联合国运输名称：苯

联合国危险性分类：3

包装类别：Ⅱ

包装标志：易燃液体

包装方法：小开口钢桶；螺纹口玻璃瓶、铁盖压口玻璃瓶、塑料瓶或金属桶(罐)外普通木箱。

海洋污染物(是/否)：否

运输注意事项：

本品铁路运输时限使用企业自备钢制罐车装运，装运前需报有关部门批准。

铁路运输时应严格按照铁道部《危险货物运输规则》中的危险货物配装表进行配装。运输车辆应配备相应品种和数量的消防器材及泄漏应急处理设备。

严禁与氧化剂、食用化学品等混装混运。

装运该物品的车辆排气管必须配备阻火装置。

使用槽(罐)车运输时应有接地链，槽内可设孔隔板以减少震荡产生静电。

禁止使用易产生火花的机械设备和工具装卸。

夏季最好早晚运输。

运输途中应防曝晒、雨淋，防高温。

中途停留时应远离火种、热源、高温区。

公路运输时要按规定路线行驶，勿在居民区和人口稠密区停留。

铁路运输时要禁止溜放。

第十五部分　法规信息

下列法律、法规、规章和标准，对该化学品的管理作了相应的规定。

中华人民共和国职业病防治法：

职业病危害因素分类目录：列入。可能导致的职业病：苯中毒；苯所致白血病的危害因素：苯。

职业病目录：苯中毒，苯所致白血病。

危险化学品安全管理条例：

危险化学品目录：列入。危险性分类：易燃液体，类别2；皮肤腐蚀/刺激，类别2；严重眼睛损伤/眼睛刺激性，类别2；致癌性，类别1A；生殖细胞突变性，类别1B；特异性靶器官系统毒性——反复接触，类别1；吸入危害，类别1；对水环境危害－急性，类别2；对水环境危害－慢性，类别3。

危险化学品重大危险源监督管理暂行规定：

GB 18218《危险化学品重大危险源辨识》：类别：易燃液体，临界量(t)：50。

国家安全监管总局关于公布首批重点监管的危险化学品名录的通知——附件：首批重点监管的危险化学品名录：列入。

危险化学品安全使用许可证管理办法——附件：首批危险化学品使用量的数量标准：最低设计使用量(t/a)：1800。

使用有毒物品作业场所劳动保护条例：

高毒物品目录：列入。

新化学物质环境管理办法：

中国现有化学物质名录：列入。

第十六部分　其他信息

编写和修订信息：

与第一版相比，本修订版SDS对下述部分的内容进行了修订：

第二部分——危险性概述，增加了GHS危险性分类和标签要素。

第九部分——理化特性，增加了黏度数据。

第十一部分——毒理学信息。

第十二部分——生态学信息。

(2) 化学品安全标签编写说明

化学品安全标签：是指危险化学品在市场上流通时由生产销售单位提供的附在化学品包装上的标签，是向作业人员传递安全信息的一种载体，它用简单、明了、易于理解的文字、图形表述有关化学品的危险特性及其安全处置的注意事项，以警示作业人员进行安全操作和处置。《化学品安全标签编写规定》(GB 15258)规定化学品安全标签应包括化学品标识、成分信息、警示词、象形图、危险性说明、防范说明、供应商标识、应急咨询电话、资料参阅提示语等内容。化学品安全标签样例如图4－6所示。

警示词：根据化学品的危险程度和类别，用“危险”、“警告”分别进行危害程度的警示。根据GB 20576～GB 20599，GB 20601，GB 20602等国家标准，选择不同类别的警示词。

象形图：采用GB 20576～GB 20599，GB 20601，GB 20602等国家标准规定的象形图。

危险性说明：简要概述化学品的危险特性。根据GB 20576～GB 20599，GB 20601，GB 20602等国家标准，选择不同类别危险化学品的危险性说明。

防范说明：表述化学品在处置、搬运、储存和使用作业中所必须注意的事项和发生意外时简单有效的救护措施等，包括安全预防措施、意外情况的处理、安全储存措施及废弃处置等内容。

应急咨询电话：填写化学品生产商或生产商委托的 24 小时化学事故应急咨询服务电话。国外进口化学品安全标签上应至少有 1 家我国境内的 24 小时化学事故应急咨询电话。应急电话需为固定电话。

供应商名称、地址、邮编、电话和应急咨询或应急代理电话。

提示参阅安全技术说明书。

化学品名称　A组分：40%；B组分：60%

危　险

极易燃液体和蒸气，食入致死，对水生生物毒性非常大。

【预防措施】

- 远离热源、火花、明火、热表面。使用不产生火花的工具作业。
- 保持容器密闭。
- 采取防止静电措施，容器和接收设备接地/连接。
- 使用防爆电器、通风、照明及其他设备。
- 戴防护手套/防护眼镜/防护面罩。
- 操作后彻底清洗身体接触部位。
- 作业场所不得进食、饮水或吸烟。
- 禁止排入环境。

【事故响应】

- 如皮肤(或头发)接触：立即脱掉所有被污染的衣服。用水冲洗皮肤/沐浴。
- 食入：催吐，立即就医。
- 收集泄漏物。
- 火灾时，使用干粉、泡沫、二氧化碳灭火。

【安全储存】

- 在阴凉、通风良好处储存。
- 上锁保管。

【废弃处置】

- 本品或其容器采用焚烧法处置。

请参阅化学品安全技术说明书

供应商：××××××××××××××××××　　电话：××××××

地　址：××××××××××××××××××　　邮编：××××××

化学事故应急咨询电话：0532-83889090

图 4－6　化学品安全标签样例

②其他安全标签：某些情况下，如很小量定向供应的化学品、实验室内制备自用的化学品等，使用化学品安全标签在操作上有一定困难，这时安全标签内容可简略为品名、警示词、主要危害、应急电话、提示参阅安全技术说明书等，样例如图4－7所示。

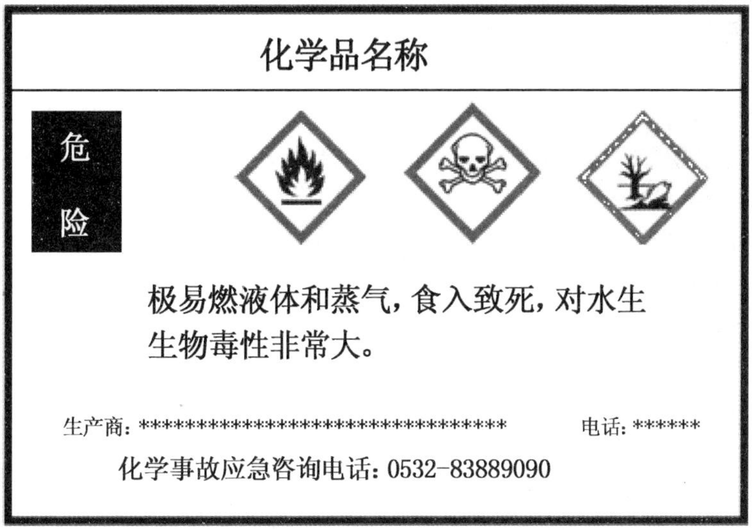

图4－7　其他安全标签

③应用要求：化学品安全标签应粘贴、挂拴、印刷在危险化学品容器或包装的明显位置。标签应由生产厂（公司）在货物出厂前粘贴、挂拴、印刷。出厂后若要改换包装，则由改换包装单位重新粘贴、挂拴、印刷标签。标签的粘贴、挂拴、印刷应牢固，以便在运输、储存期间不会脱落。

大批量散运，可将安全标签与SDS同货物一起送交用户，让其在分装时粘贴；小于100mL的包装，贴简易标签。

多层包装，原则要求外包装贴（挂）运输标签，内包装贴安全标签。

盛装危险化学品的容器或包装，在经过处理并确认其危险性完全消除之后，方可撕下标签，否则不能撕下相应的标签。

当某种化学品有新的信息发现时，标签应及时修订、更改。在正常情况下，标签的更新时间应与安全技术说明书相同，不得超过5年。

【标准化要求】2

采购危险化学品时，应索取安全技术说明书和安全标签，不得采购无安全技术说明书和安全标签的危险化学品。

【企业达标标准】

采购危险化学品时，应主动向销售单位索取“一书一签”。

企业采购危险化学品时，应主动向销售单位索取符合标准要求的安全技术说明书和安全标签，以了解该物质的危险特性，掌握相应的风险控制和应急处置措施。

9.4 化学事故应急咨询服务电话

【标准化要求】

生产企业应设立24小时应急咨询服务固定电话，有专业人员值班并负责相关应急咨询。没有条件设立应急咨询服务电话的，应委托危险化学品专业应急机构作为应急咨询服务代理。

【企业达标标准】

生产企业设立应急咨询服务固定电话或委托危险化学品专业应急机构，为用户提供24小时应急咨询服务。

(1)《危险化学品登记管理办法》(国家安全生产监督管理总局令第53号)和国家标准《化学品安全标签编写规定》(GB 15258)规定，危险化学品生产单位应设立24小时应急咨询服务电话。

危险化学品生产单位的应急咨询服务电话应符合下列条件：

① 应急咨询电话应是国内固定服务电话，专门用于提供本单位危险化学品的应急咨询服务，不得挪作他用。电话号码应印在本单位生产的危险化学品的"一书一签"上。

② 有专职人员负责接听并准确回答用户的应急咨询，专职人员应当熟悉本单位生产的危险化学品的危险特性和应急处置方法，以及国家有关危险化学品安全管理法律法规。

③ 除不可抗拒的因素外，应急咨询服务电话应当每天24小时开通，并有专职人员值守。不设立本单位专门应急咨询服务电话的生产单位，可委托登记机构代理应急咨询服务，并签定应急咨询代理服务协议。应急咨询代理服务协议经生产单位、登记机构的负责人签字、盖章生效后，生产单位方可在其生产的危险化学品的"一书一签"上标注登记机构的应急咨询服务电话号码。

(2) 国家安全生产监督管理总局化学品登记中心于1998年在全国率先开通了化学事故应急咨询专线0532－83889090(以下简称专线)，每天24小时、全年365天，面向全国的危险化学品用户和化学事故现场提供化学品理化性质、泄漏处置、灭火方法、中毒急救和个体防护等信息和技术支持。为遏制事故，减轻次生危害，减少人员伤亡起到了重要的支撑作用。2002年被国家安全生产监督管理总局指定为国家化学事故应急响应专线，同时，专线为公安部消防局处置化学事故提供技术支持，也是中国石化集团的应急响应电话。国家安全生产监督管理总局化学品登记中心于2002年起开展应急咨询代理服务业务，已有9000多家国内外化学品企业委托提供应急咨询服务。

9.5 危险化学品登记

【标准化要求】

企业应按照有关规定对危险化学品进行登记。

【企业达标标准】

按照有关规定对危险化学品进行登记。

(1) 我国对危险化学品实行登记制度，并为危险化学品事故预防和应急救援提供技术、信息支持。危险化学品登记是我国开展危险化学品安全管理的重要基础。通过登记，对化学品进行危险性评估和分类，有针对性地制订预防和防护措施；建立化学事故应急响应信息系统和全国化学品动态管理系统，减少化学事故的发生、减少和控制化学事故的损失，促进和强化化学品的管理。

登记的化学品包括：列入《危险化学品目录》中的化学品，以及根据国家关于化学品危险性鉴定的有关规定，委托具有国家规定资质的机构对其进行危险性鉴定后，属于危险化学品的化学品。

登记单位范围：生产、进口危险化学品的企业。

（2）登记的组织机构。国家安全生产监督管理总局化学品登记中心（以下简称登记中心），承办全国危险化学品登记的具体工作和技术管理工作。省、自治区、直辖市人民政府安全生产监督管理部门设立危险化学品登记办公室或者危险化学品登记中心（以下简称登记办公室），承办本行政区域内危险化学品登记的具体工作和技术管理工作。

① 登记中心的职责

a）组织、协调和指导全国危险化学品登记工作；

b）负责全国危险化学品登记内容审核、危险化学品登记证的颁发和管理工作；

c）负责管理与维护全国危险化学品登记信息管理系统（以下简称登记系统）以及危险化学品登记信息的动态统计分析工作；

d）负责管理与维护国家危险化学品事故应急咨询电话，并提供24小时应急咨询服务；

e）组织化学品危险性评估，对未分类的化学品统一进行危险性分类；

f）对登记办公室进行业务指导，负责全国登记办公室危险化学品登记人员的培训工作；

g）定期将危险化学品的登记情况通报国务院有关部门，并向社会公告。

② 登记办公室的职责

a)组织本行政区域内危险化学品登记工作；

b）对登记企业申报材料的规范性、内容一致性进行审查；

c）负责本行政区域内危险化学品登记信息的统计分析工作；

d）提供危险化学品事故预防与应急救援信息支持；

e）协助本行政区域内安全生产监督管理部门开展登记培训，指导登记企业实施危险化学品登记工作。

③ 登记企业的职责

a）登记企业应当对本企业的各类危险化学品进行普查，建立危险化学品管理档案；危险化学品管理档案应当包括危险化学品名称、数量、标识信息、危险性分类和化学品安全技术说明书、化学品安全标签等内容；

b）登记企业应当按照规定向登记机构办理危险化学品登记，如实填报登记内容和提交有关材料，并接受安全生产监督管理部门依法进行的监督检查；

c）登记企业应当指定人员负责危险化学品登记的相关工作，配合登记人员在必要时对本企业危险化学品登记内容进行核查；登记企业从事危险化学品登记的人员应当具备危险化学品登记相关知识和能力；

d）对危险特性尚未确定的化学品，登记企业应当按照国家关于化学品危险性鉴定的有关规定，委托具有国家规定资质的机构对其进行危险性鉴定；属于危险化学品的，应当依照本办法的规定进行登记；

e）危险化学品生产企业应当设立由专职人员 24 小时值守的国内固定服务电话，针对《危险化学品登记管理办法》第十二条规定的内容向用户提供危险化学品事故应急咨询服务，为危险化学品事故应急救援提供技术指导和必要的协助；专职值守人员应当熟悉本企业危险化学品的危险特性和应急处置技术，准确回答有关咨询问题。危险化学品生产企业不能提供前款规定应急咨询服务的，应当委托登记机构代理应急咨询服务；危险化学品进口企业应当自行或者委托进口代理商、登记机构提供符合本条第一款要求的应急咨询服务，并在其进口的危险化学品安全标签上标明应急咨询服务电话号码；从事代理应急咨询服务的登记机构，应当设立由专职人员 24 小时值守的国内固定服务电话，建有完善的化学品应急救援数据库，配备在线数字录音设备和 8 名以上专业人员，能够同时受理 3 起以上应急咨询，准确提供化学品泄漏、火灾、爆炸、中毒等事故应急处置有关信息和建议。

f）登记企业不得转让、冒用或者使用伪造的危险化学品登记证。

（3）企业危险化学品登记按照下列程序办理：

a）登记企业通过登记系统提出申请；

b）登记办公室在 3 个工作日内对登记企业提出的申请进行初步审查，符合条件的，通过登记系统通知登记企业办理登记手续；

c）登记企业接到登记办公室通知后，按照有关要求在登记系统中如实填写登记内容，并向登记办公室提交有关纸质登记材料；

d）登记办公室在收到登记企业的登记材料之日起 20 个工作日内，对登记材料和登记内容逐项进行审查，必要时可进行现场核查，符合要求的，将登记材料提交给登记中心；不符合要求的，通过登记系统告知登记企业并说明理由；

e）登记中心在收到登记办公室提交的登记材料之日起 15 个工作日内，对登记材料和登记内容进行审核，符合要求的，通过登记办公室向登记企业发放危险化学品登记证；不符合要求的，通过登记系统告知登记办公室、登记企业并说明理由。登记企业修改登记材料和整改问题所需时间，不计算在前款规定的期限内。

9.6 危害告知

【标准化要求】

企业应以适当、有效的方式对从业人员及相关方进行宣传，使其了解生产过程中危险化学品的危险特性、活性危害、禁配物等，以及采取的预防及应急处理措施。

【企业达标标准】

对从业人员及相关方进行宣传、培训，使其了解企业的危险化学品的危险特性、活性危害、禁配物等，以及采取的预防及应急处理措施。

（1）企业应采取各种有效的方式，如：培训教育、张贴（或悬挂）警示标志和警示说明、提供安全技术说明书和安全标签等，对从业人员进行宣传，使从业人员了解生产经营过程中的危险化学品的危险特性、活性危害、禁配物等，以及采取的预防和应急处理措施。

（2）产生职业病危害的企业，应当在醒目位置设置公告栏，公布有关职业病防治的规章制度、操作规程、职业病危害事故应急救援措施和工作场所职业病危害因素检测结果。存在或者产生职业病危害的工作场所、作业岗位、设备、设施，应当按照《工作场所职业病危害警示标识》（GBZ 158）的规定，在醒目位置设置图形、警示线、警示语句等警示标识和中文警示说明。警示说明应当载明产生职业病危害的种类、后果、预防和应急处置措施等内容。存在或产生高毒物品的作业岗位，应当按照《高毒物品作业岗位职业病危害告知规范》（GBZ/T 203）的规定，在醒目位置设置高毒物品告知卡，告知卡应当载明高毒物品的名称、理化特性、健康危害、防护措施及应急处理等告知内容与警示标识。

（3）企业使用的可能产生职业病危害的化学品、放射性同位素和含有放射性物质的材料的，应当有销售单位提供的中文说明书。说明书应当载明产品特性、主要成分、存在的有害因素、可能产生的危害后果、安全使用注意事项、职业病防护和应急救治措施等内容。产品包装应当有醒目的警示标识和中文警示说明。储存上述材料的场所应当在规定的部位设置危险物品标识或者放射性警示标识。

（4）企业与劳动者订立劳动合同时，应当将工作过程中可能产生的职业病危害及其后果、职业病防护措施和待遇等如实告知劳动者，并在劳动合同中写明，不得隐瞒或者欺骗。劳动者在履行劳动合同期间因工作岗位或者工作内容变更，从事与所订立劳动合同中未告知的存在职业病危害的作业时，企业应当向劳动者履行如实告知的义务，并变更原劳动合同相关条款。

9.7　储存和运输

【标准化要求】1

企业应严格执行危险化学品储存、出入库安全管理制度。危险化学品应储存在专用仓库、专用场地或者专用储存室（以下统称专用仓库）内，并按照相关技术标准规定的储存方法、储存数量和安全距离，实行隔离、隔开、分离储存，禁止将危险化学品与禁忌物品混合储存；危险化学品专用仓库应当符合相关技术标准对安全、消防的要求，设置明显标志，并由专人管理；危险化学品出入库应当进行核查登记，并定期检查。

【企业达标标准】

1. 危险化学品应储存在专用仓库内，并按照相关技术标准规定的储存方法、储存数量和安全距离，实行隔离、隔开、分离储存，禁止将危险化学品与禁忌物品混合储存；

2. 危险化学品专用仓库符合安全、消防要求，设置明显安全标志、通讯和报警装置，并由专人管理；

3. 危险化学品出入库应当进行核查登记，并定期检查；

4. 选用合适的液位测量仪表，实现储罐物料液位动态监控；

5. 危化品输送管道应定期巡线。

（1）储存危险化学品的单位应当建立危险化学品出入库核查、登记制度，核查、登记的主要内容包括：危险化学品的种类、数量、状态，包装完好程度，以及接收人、接收时间等。

(2) 危险化学品应储存在专用仓库内，按照《常用危险化学品储存通则》(GB 15603)要求进行储存。专用仓库设计、建设、使用等都应当符合国家标准、行业标准要求，并设置明显标志。储存作业场所应当设置通信、报警装置，并有专人管理，及时检查、维修、更换，保证其随时处于适用状态。危化品储罐要选择合适的液位测量仪表实现储罐物料液位动态监控。

(3) 铺设危化品输送管道的企业应建立保障危险化学品管道安全的规定，对其铺设的管道设置明显标志，并对危化品管道定期检查、检测。

【标准化要求】2

企业的剧毒化学品必须在专用仓库单独存放，实行双人收发、双人保管制度。企业应将储存剧毒化学品的数量、地点以及管理人员的情况，报当地公安部门和安全生产监督管理部门备案。

【企业达标标准】

1. 剧毒化学品及储存数量构成重大危险源的其他危险化学品必须在专用仓库单独存放，实行双人收发、双人保管制度；

2. 将储存剧毒化学品的数量、地点以及管理人员的情况，报当地公安部门和安全生产监督管理部门备案。

(1) 剧毒化学品以及储存数量构成重大危险源的其他危险化学品，应当在专用仓库内单独存放，并实行双人收发、双人保管制度。生产、储存剧毒化学品或者国务院公安部门规定的可用于制造爆炸物品的危险化学品(以下简称易制爆危险化学品)的企业，应当如实记录其生产、储存的剧毒化学品、易制爆危险化学品的数量、流向，并采取必要的安全防范措施，防止剧毒化学品、易制爆危险化学品丢失或者被盗；发现剧毒化学品、易制爆危险化学品丢失或者被盗的，应当立即向当地公安机关报告。应当设置治安保卫机构，配备专职治安保卫人员。

(2) 对剧毒化学品以及储存数量构成重大危险源的其他危险化学品，储存单位应当将其储存数量、储存地点以及管理人员的情况，报所在地县级人民政府安全生产监督管理部门(在港区内储存的，报港口行政管理部门)和公安机关备案。

【标准化要求】3

企业应严格执行危险化学品运输、装卸安全管理制度，规范运输、装卸人员行为。

【企业达标标准】

1. 严格执行危险化学品运输、装卸安全管理制度，进行安全检查，对运输、装卸人员行为进行规范管理；

2. 危险化学品运输专用车辆安装具有行驶记录功能的卫星定位装置；

3. 企业要对危险化学品运输车辆 GPS 的安装、使用情况进行检查并记录；

4. 采用金属万向管道充装系统充装液氯、液氨、液化石油气、液化天然气等液化危险化学品；

5. 生产储存危险化学品企业转产、停产、停业或解散的应当采取有效措施及时妥善处置危险化学品装置、储存设施以及库存的危险化学品，不得丢弃；处置方案报县级政府有关部门备案。

（1）危险化学品的运输、装卸作业应当遵守安全作业标准、规程和制度，装卸要在装卸管理人员的现场指挥或者监控下进行。

（2）危险化学品运输车辆应当符合国家标准要求的安全技术条件，并按照国家有关规定定期进行安全技术检验。危险化学品运输专用车辆应安装具有行驶记录功能的卫星定位装置，企业对危险化学品运输车辆 GPS 的安装、使用情况进行检查并记录。

（3）液化危险化学品液氯、液氨、液化石油气、液化天然气等要采用金属万向管道充装系统充装。

（4）生产、储存危险化学品的单位转产、停产、停业或者解散的，应当采取有效措施，及时、妥善处置其危险化学品生产装置、储存设施以及库存的危险化学品，不得丢弃危险化学品；处置方案应当报所在地县级人民政府安全生产监督管理部门、工业和信息化主管部门、环境保护主管部门和公安机关备案。

10　事故与应急

10.1　应急指挥与救援系统

【标准化要求】1

企业应建立应急指挥系统，实行分级管理，即厂级、车间级管理。

【企业达标标准】

建立厂级和车间级应急指挥系统。

为了形成自上而下的应急管理系统，对生产安全事故进行及时处理，企业应建立应急指挥系统，实行分级管理。

【标准化要求】2

企业应建立应急救援队伍。

【企业达标标准】

建立应急救援队伍。

企业应建立本单位的应急救援组织机构，明确救援执行部门和专用电话，制定救援协作网，疏通纵横关系，提高应急救援行动中协同作战的效能，以便做好事故自救。

【标准化要求】3

企业应明确各级应急指挥系统和救援队伍的职责。

【企业达标标准】

明确各级指挥系统和救援队伍职责。

（1）指挥机构：企业成立应急救援指挥领导小组，由企业法定代表人、有关副职管理人员及后勤、安技、消防、保卫、环保、卫生保健等部门的负责人组成，下设应急救援办公室负责日常的管理工作。成立事故应急救援指挥部，企业法定代表人任总指挥，有关副职管理人员任副指挥，负责一旦发生事故时的全厂应急救援的组织和指挥；落实各部门的职责，若企业法定代表人不在时，应明确由哪位企业副职管理人员全权负责应急救援工作。

组织机构应包括应急处置行动组、通讯联络组、疏散引导组、安全防护救护组等。车间应建立应急小组，由车间负责人、安全人员、班组长等组成。

(2) 指挥机构职责：指挥领导小组，负责本单位预案的制定、修订，组建应急救援队伍，组织预案的实施和演练，检查督促做好事故的预防和应急救援的各项准备工作。一旦发生事故，按照应急救援预案，实施救援。企业在对应急系统进行职责划分时，应结合企业的实际，对相关部门和人员进行规定。

10.2 应急救援设施

【标准化要求】1

企业应按国家有关规定，配备足够的应急救援器材，并保持完好。

【企业达标标准】

1. 针对可能发生的事故类型，按照规定配备足够的应急救援器材、消防设施及器材；

2. 建立应急救援器材、消防设施及器材台账；

3. 应急救援器材、消防设施及器材保持完好，方便易取；

4. 疏散通道、安全出口、消防通道符合规定，保持畅通。

(1)救援器材的配备应根据各自承担的救援任务和救援要求选配。选择器材要从实用性、功能性、耐用性和安全性，以及客观条件等进行配置。化学事故应急救援的基本救援器材可分为两大类：基本装备和专用救援器材。

① 基本装备：一般指救援工作所需的通讯装备、交通工具、照明装备和防护装备等。

② 专用救援器材：主要指各专业救援队伍所用的专用工具(物品)。

(2) 企业应制定应急救援器材的保管、使用制度，建立应急救援器材、消防设施及器材台账，指定专人负责，定时检查，存放在安全、方便的地方，易于拿取。做好救援器材的交接清点工作和装备的调度使用，严禁救援器材被随意挪用，保证应急救援的紧急调用。

(3) 疏散通道、安全出口、消防通道符合规定，明确责任人和部门负责定期检查，要保持畅通，严禁占用。

【标准化要求】2

企业应建立应急通讯网络，保证应急通讯网络的畅通。

【企业达标标准】

1. 设置固定报警电话；

2. 明确应急救援指挥和救援人员电话；

3. 明确外部救援单位联络电话；

4. 报警电话 24 小时畅通。

企业应建立 24 小时有效的内部、外部应急联络电话，在应急工作中确保通讯网络的畅通。将应急救援组织内部上至总指挥，下至最基层人员的联系电话，应急救援物资存放地点及人员的联系电话，以及单位所在地政府应急救援组织的电话、安全监督管理机构的电话、火警电话等进行汇总，发至企业内所有成员备用。

【标准化要求】3

企业应为有毒有害岗位配备救援器材柜，放置必要的防护救护器材，进行经常性的维

护保养并记录，保证其处于完好状态。

【企业达标标准】

1. 有毒有害岗位配备救援器材专柜，放置必要的防护救护器材；

2. 防护救护器材应处于完好状态；

3. 建立防护救护器材管理台账和维护保养记录。

企业应根据现场危险分析结果及国家法规标准要求，为有毒有害岗位配备防护救护器材，建立防护救护器材管理台账，定期进行检测、维护保养，保证防护救护器材处于完好状态。

10.3 应急救援预案与演练

【标准化要求】1

企业宜按照 AQ/T 9002，根据风险评价的结果，针对潜在事件和突发事故，制定相应的事故应急救援预案。

【企业达标标准】

1. 事故应急救援预案编制符合标准要求；

2. 根据风险评价结果，编制专项和现场处置预案。

（1）企业应急预案的编制原则

① 针对性。应针对重大危险源、可能发生的事故类型、关键岗位、重要工程以及企业薄弱环节制定应急预案。

② 科学性。编制应急预案必须开展科学论证与分析，以制定科学的决策程序和处置方案，应急预案编制过程中，应注重全体人员的参与和培训，使所有与事故有关人员均掌握危险源的危险性、应急处置方案和技能。

③ 可操作性。当事故灾害发生时，有关组织和人员可以按照预案，迅速、有序、有效地开展应急救援行动。

④ 完整性。应急预案内容应完整，包含实施应急行动的基本信息。

⑤ 合规性。应急预案的内容应符合国家法律、法规、标准和规范的要求。

⑥ 衔接性。企事业单位应急救援预案的编制应遵循企业自救与社会救援相结合的原则；应急预案应充分利用社会应急资源，与地方政府预案、上级主管单位以及相关部门的预案相衔接。

（2）应急预案的主要内容：

① 应急预案概况。主要描述企业概况、危险源辨识情况、应急能力现状等。

② 预防程序。对潜在事件（事故）、可能发生的次生和衍生事件（事故）进行分析并说明采取的预防和控制措施。

③ 准备程序。说明应急行动前应做好的准备工作，包括应急组织及其职责、应急队伍建设和培训、应急物资准备、应急互助协议等。

④ 应急程序。应急救援过程中一些必需的核心功能和任务，如接警与通知、指挥与控制、通信、监测、警戒与治安、疏散与安置、医疗卫生、抢险与救援、信息发布等。

⑤ 恢复程序。说明事故现场应急行动结束后所采取的清除和恢复行动，防止事故再

次发生。

⑥ 应急预案管理。包括对应急预案制定、修改、更新、批准和发布做出明确的规定，不断完善应急预案体系。

【标准化要求】2

企业应组织从业人员进行应急救援预案的培训，定期演练，评价演练效果，评价应急救援预案的充分性和有效性，并形成记录。

【企业达标标准】

1. 组织应急救援预案培训；

2. 综合应急救援预案每年至少组织一次演练，现场处置方案每半年至少组织一次演练；

3. 演练后及时进行演练效果评价，并对应急预案评审。

（1）企业应当组织开展本单位的应急预案培训，使有关人员了解应急预案内容，熟悉应急职责、应急程序和岗位应急处置方案。

（2）企业应当制定本单位的应急预案演练计划，根据本单位的事故预防重点，每年至少组织一次综合应急预案演练或者专项应急预案演练，每半年至少组织一次现场处置方案演练。

（3）应急预案演练的主要内容包括：

① 预警与通知。接警人员接到报警后，按照应急预案规定的时间、方式、方法和途径，迅速向可能受到突发事件波及区域的相关部门和人员发出预警通知，同时报告上级主管部门或当地政府有关部门、应急机构，以便采取相应的应急行动。

② 决策与指挥。根据应急预案规定的响应级别，建立统一的应急指挥、协调和决策机构，迅速有效地实施应急指挥，合理高效地调配和使用应急资源，控制事态发展。

③ 应急通信。保证参与预警、应急处置与救援的各方，特别是上级与下级、内部与外部相关人员通讯联络的畅通。

④ 应急监测。对突发事件现场及可能波及区域的气象、有毒有害物质等进行有效监控并进行科学分析和评估，合理预测突发事件的发展态势及影响范围，避免发生次生或衍生事故。

⑤ 警戒与管制。建立合理警戒区域，维护现场秩序，防止无关人员进入应急处置与救援现场，保障应急救援队伍、应急物资运输和人群疏散等的交通畅通。

⑥ 疏散与安置。合理确定突发事件可能波及区域，及时、安全、有效地撤离、疏散、转移、妥善安置相关人员。

⑦ 医疗与卫生保障。调集医疗救护资源对受伤人员合理检伤并分级，及时采取有效的现场急救及医疗救护措施，做好卫生监测和防疫工作。

⑧ 现场处置。应急处置与救援过程中，按照应急预案规定及相关行业技术标准采取的有效技术与安全保障措施。

⑨ 公众引导。及时召开新闻发布会，客观、准确地公布有关信息，通过新闻媒体与社会公众建立良好的沟通。

⑩ 现场恢复。应急处置与救援结束后，在确保安全的前提下，实施有效洗消、现场

清理和基本设施恢复等工作。

（4）总结与评估

对应急演练组织实施中发现的问题和应急演练效果进行评估总结，以便不断改进和完善应急预案，提高应急响应能力和应急装备水平。

【标准化要求】3

企业应定期评审应急救援预案，尤其在潜在事件和突发事故发生后。

【企业达标标准】

1. 定期评审应急救援预案，至少每3年评审修订一次；

2. 潜在事件和突发事故发生后，及时评审修订预案。

发生下列情形的，应急预案应当及时修订：

① 因兼并、重组、转制等导致隶属关系、经营方式、法定代表人发生变化的；

② 生产经营单位生产工艺和技术发生变化的；

③ 周围环境发生变化，形成新的重大危险源的；

④ 应急组织指挥体系或者职责已经调整的；

⑤ 依据的法律、法规、规章和标准发生变化的；

⑥ 应急预案演练评估报告要求修订的；

⑦ 应急预案管理部门要求修订的。

【标准化要求】4

企业应将应急救援预案报当地安全生产监督管理部门和有关部门备案，并通报当地应急协作单位，建立应急联动机制。

【企业达标标准】

1. 将应急预案报所在地设区的市级人民政府安全生产监督管理部门备案；

2. 通报当地应急协作单位。

（1）企业应当及时向有关部门或者单位报告应急预案的修订情况，并按照有关应急预案报备程序重新备案。

（2）发生事故后，应当及时启动应急预案，组织有关力量进行救援，并按照规定将事故信息及应急预案启动情况报告安全生产监督管理部门和其他负有安全生产监督管理职责的部门。

10.4　抢险与救护

【标准化要求】1

企业发生生产安全事故后，应迅速启动应急救援预案，企业负责人直接指挥，积极组织抢救，妥善处理，以防止事故的蔓延扩大，减少人员伤亡和财产损失。安全、技术、设备、动力、生产、消防、保卫等部门应协助做好现场抢救和警戒工作，保护事故现场。

【企业达标标准】

1. 发生生产安全事故后，迅速启动应急救援预案；

2. 企业负责人直接指挥抢救，妥善处理，减少人员伤亡和财产损失；

3. 相关部门协助现场抢救和警戒工作，保护事故现场。

（1）事故接警是应急救援工作的首要环节，对救援工作的顺利进行起着重要作用。接警人员应问清报告人姓名、单位部门和联系电话；问明事故发生时间、地点、事故状态、波及范围以及对救援的要求等。有关部门接到报告后，应按照规定启动相应级别的应急预案。

（2）现场应急救援负责人应与应急救援队伍保持联系，密切关注事故发展情况，协调应急资源，必要时及时向上级请求支援。

（3）应急救援工作开展后，各方救援力量到达现场后应及时向现场指挥部报到；同时指挥部要统一整合资源、统一安排任务，实施有效、有序的救援工作。

【标准化要求】2

企业发生有害物大量外泄事故或火灾爆炸事故应设警戒线。

【企业达标标准】

发生有害物大量外泄事故或火灾爆炸事故时，及时设置警戒线。

当发生有害物大量外泄事故或火灾爆炸事故时应设警戒线，采取隔离、警戒和疏散措施，必要时采取交通管制，避免无关人员进入现场危险区域，当发生火灾爆炸事故或有害、可燃物大量外泄事故时，应及时疏散下风口附近居民，并通知停用一切明火。

【标准化要求】3

企业抢救人员应佩戴好相应的防护器具，对伤亡人员及时进行抢救处理。

【企业达标标准】

1. 抢救人员应熟练使用相关防护器具；

2. 抢救人员应掌握必要的急救知识，并经过急救技能培训。

（1）现场应急救援应坚持以人为本的原则

① 第一时间救援受伤人员，最大限度减少人员伤亡；

② 先自救、再互救，进入事故现场参加侦检、救人、抢险等任务的人员必须佩戴适合的个体防护装备，保证自身安全；

③ 在不清楚事故现场状况时，应采取有限参与原则，避免不必要的人员伤亡。

（2）进入危险化学品事故现场的注意事项

① 应从上风、上坡处接近现场；

② 避免单兵作战，要根据实际情况派遣协作人员和监护人员；

③ 处于不同区域的应急人员应佩戴不同级别的个体防护装备，并与应急任务相适应。

10.5　事故报告

【标准化要求】1

企业应明确事故报告程序。发生生产安全事故后，事故现场有关人员除立即采取应急措施外，应按规定和程序报告本单位负责人及有关部门。情况紧急时，事故现场有关人员可以直接向事故发生地县级以上人民政府安全生产监督管理部门和负有安全生产监督管理职责的有关部门报告。

【企业达标标准】

1. 明确事故报告程序和事故报告的责任部门、责任人；

2. 发生事故，现场人员立即采取应急措施；

3. 发生事故后按程序报告；

4. 情况紧急时，事故现场人员可以直接向有关部门报告。

企业发生生产安全事故后，一般情况下，事故现场有关人员应当向本单位负责人及有关部门报告事故，但是，应当在情况紧急时，允许事故现场有关人员直接向安全生产监督管理部门和负有安全生产监督管理职责的有关部门报告。“情况紧急”是指事故单位负责人联系不上、事故重大需要政府部门迅速调集救援力量等情形。

【标准化要求】2

企业负责人接到事故报告后，应当于1小时内向事故发生地县级以上人民政府安全生产监督管理部门和负有安全生产监督管理职责的有关部门报告。

【企业达标标准】

企业负责人接到事故报告后，应当于1小时内向有关部门报告。

事故发生单位负责人接到事故报告后，应当立即启动事故相应应急预案，或者采取有效措施，组织抢救，防止事故扩大，减少人员伤亡和财产损失，并按照国家有关规定立即如实报告当地安全生产监督管理部门。不得隐瞒不报、谎报或者拖延不报，不得故意破坏事故现场，毁灭有关证据。

单位负责人事故报告应当及时，明确单位负责人报告事故的“1小时”时限。在现代通讯技术比较发达的条件下，作出“1小时”限制性规定是较为切合实际的，既能保证事故单位采取相关应急措施，又能保证安全生产监督管理部门和其他负有安全生产监督管理职责的有关部门较快地获取事故的相关情况。

【标准化要求】3

企业在事故报告后出现新情况时，应按有关规定及时补报。

【企业达标标准】

事故报告后出现新情况时及时补报。

事故发生后的一定时期内，往往会出现一些新情况，尤其是伤亡人数和直接经济损失会发生一些变化。国务院第493号令第十三条规定：自事故发生之日起30日内，事故造成的伤亡人数发生变化的，应当及时补报。道路交通事故、火灾事故自发生之日起7日内，事故造成的伤亡人数发生变化的，应当及时补报。

10.6　事故调查

【标准化要求】1

企业发生生产安全事故后，应积极配合各级人民政府组织的事故调查，负责人和有关人员在事故调查期间不得擅离职守，应当随时接受事故调查组的询问，如实提供有关情况。

【企业达标标准】

1. 发生事故，积极配合政府组织的事故调查；

2. 负责人和有关人员在事故调查期间不得擅离职守，应当随时接受事故调查组的调查，如实提供有关情况。

（1）事故调查的目的是掌握事故情况、查明事故原因、分清事故责任、制定整改措施、防止事故重复发生。企业发生生产安全事故后，应当按照《生产安全事故报告与调查处理条例》国务院第493号令有关规定，根据生产安全事故等级划分、调查权以及事故调查组的组成、职责等，组建事故调查组进行事故调查。事故调查处理应当坚持实事求是、尊重科学，“四不放过”，公正、公平的原则进行处理。“四不放过”是指事故原因未查明不放过、责任人未处理不放过、整改措施未落实不放过、有关人员未受到教育不放过。

（2）事故调查期间人员访谈是事故资料收集的一项重要环节，直接影响事故调查的进度和难度，因此，事故发生单位的负责人和有关人员在事故调查期间应积极配合事故调查，不得擅离职守，并随时接受事故调查组的询问，如实提供有关情况。

【标准化要求】2

未造成人员伤亡的一般事故，县级人民政府委托企业负责组织调查的，企业应按规定成立事故调查组组织调查，按时提交事故调查报告。

【企业达标标准】

1. 按规定成立事故调查组，必要时请外部专家参加事故调查组；

2. 认真组织一般事故调查，按时提交事故调查报告。

（1）轻伤、重伤事故由企业组织事故调查组进行调查。事故调查组由企业负责人或其指定人员组织生产、技术、安全等有关人员以及企业工会代表参加。

① 事故调查组成员的基本条件

a）具有事故调查所需要的知识和专长，如专业技术知识等；

b）与所调查的事故没有利害关系；

c）实事求是、认真负责、坚持原则。

② 事故调查组的职责

a）查明事故发生的经过、原因、人员伤亡情况及直接经济损失；

b）认定事故的性质和事故责任；

c）提出对事故责任者的处理建议；

d）总结事故教训，提出防范和整改措施；

e）提交事故调查报告。

（2）事故调查组应当自事故发生之日起60日内提交事故调查报告；特殊情况下，经负责事故调查的人民政府批准，提交事故调查报告的期限可以适当延长，但延长的期限最长不超过60日。

【标准化要求】3

企业应落实事故整改和预防措施，防止事故再次发生。整改和预防措施应包括：

（1）工程技术措施；

（2）培训教育措施；

（3）管理措施。

【企业达标标准】

1. 制定并落实事故整改和预防措施；

2. 事故整改和预防措施要具体，有针对性和可操作性；

3. 检查事故整改情况和预防措施落实情况。

发生事故的企业应当认真吸取事故教训，落实防范和整改措施，防止事故再次发生。防范和整改措施的落实情况应当接受工会和职工的监督。防范和整改措施为：

工程技术措施——企业从安全生产的要求考虑，对设备、设施、工艺、操作等进行设计、检查和维护保养等，减少和消除不安全因素。

培训教育措施——通过不同形式和途径对广大从业人员进行安全培训教育，提高从业人员预防事故的意识和技能，规范从业人员的安全生产行为。

管理措施——针对事故原因，制定新的或修订、完善安全生产规章制度、安全操作规程，补充、完善安全生产管理网络和人员。

【标准化要求】4

企业应建立事故档案和事故管理台账。

【企业达标标准】

1. 建立事故管理台账，包括未遂事故；

2. 建立事故档案。

企业应建立生产安全事故(包括未遂事故)台账，其内容至少包括事故时间、地点、事故类别、伤亡人数、经济损失情况、事故经过、救援过程、事故原因、整改措施、事故教训、“四不放过”处理情况等内容。

企业还应将事故结案材料归档，如：职工伤亡事故登记表、职工死亡/重伤事故调查报告书及批复、现场调查记录/图纸/照片、技术鉴定和试验报告、物证/人证材料、直接和间接经济损失材料、事故责任者的自述材料、医疗部门对伤亡人员的论断书、发生事故时的工艺条件/操作情况和设计资料、处分决定和受处分的人员的检查材料、有关事故的通报/简报及文件、注明参加调查组的人员姓名/职务/单位。

【标准化要求】5

无。

【企业达标标准】

对涉险事故、未遂事故等安全事件(如事故征兆、非计划停工、异常工况、泄漏等)，按照重大、较大、一般等级别，进行分级管理，制定整改措施。

企业应重视涉险事故、未遂事故等安全事件的管理。按照事故致因理论，未遂事件和伤害事故具有相同的机理和诱因。通过对这些安全事件进行分析、调查和处理，吸取安全事件经验，将减少伤害事故的发生。因此，有必要对这些安全事件进行识别，按照重大、较大、一般等级别，进行分级管理，制定整改措施，消除安全隐患。

【标准化要求】6

无。

【企业达标标准】

二级企业已把承包商事故纳入本企业事故管理。

承包商事故间接反映本企业的安全管理状况，有必要把承包商事故纳入本企业的事故管理。

11 检查与自评

11.1 安全检查

【标准化要求】1

企业应严格执行安全检查管理制度，定期或不定期进行安全检查，保证安全标准化有

效实施。

【企业达标标准】

明确各种安全检查的内容、频次和要求，开展安全检查。

(1) 为了保证安全生产方针和目标的实现，确保安全标准化的有效实施，企业应建立健全安全检查和自评管理制度，规定安全检查的组织、职责、类别、内容、方法及检查结果、问题整改要求等，对安全标准化的实施情况进行定期检查和自评。

(2) 安全检查是安全管理的重要手段，其主要任务是对生产过程及安全管理中可能存在的问题、有害与危险因素、缺陷等进行查证，查找不安全因素和不安全行为，以确定隐患或有害与危险因素、缺陷的存在状态，以及它们转化为事故的条件，以便制定整改措施，消除或控制隐患和有害与危险因素，确保生产的安全。

(3) 企业应制定安全检查管理制度，明确安全检查的形式、各种安全检查的内容、频次和要求，开展定期或不定期安全检查。

【标准化要求】2

企业安全检查应有明确的目的、要求、内容和计划。各种安全检查均应编制安全检查表，安全检查表应包括检查项目、检查内容、检查标准或依据、检查结果等内容。

【企业达标标准】

1. 制定安全检查计划，明确各种检查的目的、要求、内容和负责人；

2. 编制综合、专项、节假日、季节和日常安全检查表；

3. 各种安全检查表内容全面。

(1) 企业应认真策划每一次安全检查活动，制定详细的安全检查计划，各种检查都应有明确的检查目的、检查要求、检查内容和日程安排等。组建由能够满足检查要求的专业人员组成的安全检查组，参加检查的人员应有相应的知识和经验，熟悉有关标准和规范。

(2) 企业进行的综合、专项、节假日、季节和日常安全检查表，均应编制安全检查表，以便于为安全检查人员提供依据，规范安全检查人员的行为。《安全检查表》的内容应包括检查项目、检查标准、检查结果等内容。编制安全检查表的主要依据是：

① 国家和地方有关法律、法规、规章、规程、标准、文件的规定，这是编制安全检查表的主要依据之一。

② 国内外事故案例。要搜集国内外同行业的事故案例，从中发掘出不安全因素，引用借鉴作为安全检查的内容。

③ 通过系统安全分析确定的危险部位及防范措施，也是制定安全检查表的依据。

【标准化要求】3

企业各种安全检查表应作为企业有效文件，并在实际应用中不断完善。

【企业达标标准】

1. 明确各种安全检查表的编制单位、审核人、批准人；

2. 每年评审修订各种安全检查表。

企业制定的综合、专项、节假日、季节和日常安全检查表，作为企业有效文件进行控制，应明确编制单位、审核人、批准人等内容，并每年进行评审修订完善各种安全检查表。

11.2　安全检查形式与内容

【标准化要求】1

企业应根据安全检查计划，开展综合性检查、专业性检查、季节性检查、日常检查和节假日检查；各种安全检查均应按相应的安全检查表逐项检查，建立安全检查台账，并与责任制挂钩。

【企业达标标准】

1. 根据安全检查计划，按相应检查表开展各种安全检查；

2. 建立安全检查台账；

3. 检查结果与责任制挂钩。

企业应根据安全检查管理制度制定安全检查计划，按照安全检查表开展综合、专项、节假日、季节和日常安全检查，并对安全检查建立安全检查台账，安全检查结果应纳入经济责任制考核，督促被检查单位加强安全生产管理。

【标准化要求】2

企业安全检查形式和内容应满足：

（1）综合性检查应由相应级别的负责人负责组织，以落实岗位安全责任制为重点，各专业共同参与的全面安全检查。厂级综合性安全检查每季度不少于1次，车间级综合性安全检查每月不少于1次。

（2）专业检查分别由各专业部门的负责人组织本系统人员进行，主要是对锅炉、压力容器、危险物品、电气装置、机械设备、构建筑物、安全装置、防火防爆、防尘防毒、监测仪器等进行专业检查。专业检查每半年不少于1次。

（3）季节性检查由各业务部门的负责人组织本系统相关人员进行，是根据当地各季节特点对防火防爆、防雨防汛、防雷电、防暑降温、防风及防冻保暖工作等进行预防性季节检查。

（4）日常检查分岗位操作人员巡回检查和管理人员日常检查。岗位操作人员应认真履行岗位安全生产责任制，进行交接班检查和班中巡回检查，各级管理人员应在各自的业务范围内进行日常检查。

（5）节假日检查主要是对节假日前安全、保卫、消防、生产物资准备、备用设备、应急预案等方面进行的检查。

【企业达标标准】

企业安全检查形式和内容应满足：

（1）综合性检查应由相应级别的负责人负责组织，以落实岗位安全责任制为重点，各专业共同参与的全面安全检查。厂级综合性安全检查每季度不少于1次，车间级综合性安全检查每月不少于1次。

（2）专业检查分别由各专业部门的负责人组织本系统人员进行，主要是对特种设备、危险物品、电气装置、机械设备、构建筑物、安全装置、防火防爆、防尘防毒、监测仪器等进行专业检查。专业检查每半年不少于1次。

（3）季节性检查由各业务部门的负责人组织本系统相关人员进行，是根据当地各季节

特点对防火防爆、防雨防汛、防雷电、防暑降温、防风及防冻保暖工作等进行预防性季节检查。

(4) 日常检查分岗位操作人员巡回检查和管理人员日常检查。岗位操作人员应认真履行岗位安全生产责任制，进行交接班检查和班中巡回检查，各级管理人员应在各自的业务范围内进行日常检查。

(5) 节假日检查主要是对节假日前安全、保卫、消防、生产物资准备、备用设备、应急预案等方面进行的检查。

企业应根据安全检查计划开展各种形式的安全检查。安全检查的形式主要有综合检查、日常检查和专项检查等，这些不同形式的检查可以是定期也可以是不定期的。

综合检查：综合检查(包括节假日检查)是以落实岗位安全责任制为重点，各专业共同参与的全面检查。应由相应级别的负责人负责，即厂级安全检查由厂主要负责人负责，车间级安全检查由车间主任负责。综合性安全检查应定期进行，厂级安全检查每季度不少于1次，车间级的安全检查每月不少于1次。

节日检查：主要是节前对安全、保卫、消防、生产准备、备用设备等进行的检查。

专业检查：专业检查应分别由各专业职能部门的负责人组织本专业系统人员进行，每年不少于2次。专业检查主要是对锅炉、压力容器、电气设备、机械设备、安全装备、监测仪器、危险物品、运输车辆、厂房建筑等以及防火防爆、防尘防毒等系统分别进行的专业检查。

季节性检查：季节性检查是根据各季节特点开展的专项检查。季节性检查分别由各专业职能部门的负责人，根据当地的地理和气候特点组织本专业系统人员进行。春季安全大检查以防雷、防静电、防解冻跑漏为重点；夏季安全大检查以防暑降温、防台风、防洪防汛为重点；秋季安全大检查以防火、防冻保温为重点；冬季安全大检查以防火、防爆、防中毒、防冻防凝、防滑为重点。

日常检查：日常检查分班组岗位操作人员检查和管理人员巡回检查。班组和岗位从业人员应严格履行交接班检查和班中巡回检查职责，特别对关键装置、重点部位的危险源进行重点检查，发现问题和隐患，及时逐级报告有关职能部门解决。各级管理人员，如基层管理人员及工艺、设备、安全等专业技术人员，应经常深入现场，在各自专业范围内进行安全检查，对关键装置、重点部位的检查应做好检查记录。

各种安全检查均应按相应的《安全检查表》进行，科学、规范开展检查活动。安全检查应认真填写检查记录，做好安全检查总结，做到检查监督工作有标准、有记录、有纠正、有反馈、有考核。

11.3　整改

【标准化要求】1

企业应对安全检查所查出的问题进行原因分析，制定整改措施，落实整改时间、责任人，并对整改情况进行验证，保存相应记录。

【企业达标标准】

1. 对检查出的问题进行原因分析，及时进行整改；

2. 对整改情况进行验证；

3. 保存检查、整改和验证等相关记录。

企业应对各种安全检查所查出的问题，进行原因分析，针对原因制定并实施整改措施，必须做到“四定”，定措施、定责任人、定资金来源、定完成期限，组织对整改措施的实施效果进行验证。各级安全检查的组织和主管部门，应将检查有关记录、整改及验证资料进行归档保存。

【标准化要求】2

企业各种检查的主管部门应对各级组织和人员检查出的问题和整改情况定期进行检查。

【企业达标标准】

各种检查的主管部门对各级组织检查出的问题和整改情况定期检查。

各种安全检查的主管部门，应对各级组织检查出的问题和整改情况定期进行检查，督促各级安全检查单位认真按照有关要求组织安全检查，被检查单位应对检查出的各类问题进行原因分析，完成整改，消除各类安全隐患。

11.4 自评

【标准化要求】

企业应每年至少1次对安全标准化运行进行自评，提出进一步完善安全标准化的计划和措施。

【企业达标标准】

1. 明确自评时间；

2. 制定自评计划；

3. 编制自评检查表；

4. 建立自评组织；

5. 每年至少1次进行安全标准化自评；

6. 编制自评报告；

7. 提出进一步完善的计划和措施；

8. 对自评有关资料存档管理。

(1) 企业应建立自评制度，明确安全生产标准化自评的时间、管理职责和自评的程序等内容。每年至少对安全生产标准化工作进行1次自评，由主要负责人组建自评工作组，自评工作组应至少有1名自评员，自评时应制定自评计划、编制自评检查表，对安全生产标准化工作与《危险化学品从业单位安全生产标准化评审标准》的符合情况和实施效果开展自评。

(2) 按照《危险化学品从业单位安全生产标准化评审标准》内容逐项检查，汇总计算出自评得分，依据《危险化学品从业单位安全生产标准化评审工作管理办法》规定，编制完成自评报告。

(3) 针对自评中发现的扣分项和否决项，应分析原因，制定进一步完善安全生产标准化工作的计划和具体措施，不断强化安全管理，持续改进安全管理绩效，实现安全生产长效机制。

12 本地区的要求

【标准化要求】

无。

【企业达标标准】

1. 地方人民政府及有关部门提出的安全生产具体要求;

2. 地方安全监管部门组织专家对工艺安全等安全生产条件及企业安全管理的改进意见。

(1) 该要素被设置为开放性要素，主要是考虑到全国各地危险化学品安全监管工作的差异性和特殊性，由各省级安全监管局根据本地区危险化学品行业的特点，将本地区关于安全生产条件尤其是安全设备设施、工艺条件等方面的有关具体要求纳入该要素进行充实和完善，形成地方特殊要求。

(2) 各企业应按照本地区人民政府及有关部门提出的安全生产具体要求、地方安全监管部门组织安全生产专家对工艺安全等安全生产条件及安全管理提出是具体要求，不断完善企业生产条件和安全管理，自觉接受地方安全监管部门的监督管理，通过开展岗位达标、专业达标、企业达标不断推进安全生产标准化工作，持续提升企业安全生产管理水平。

第五章　评审程序

危险化学品从业单位安全生产标准化评审程序见图 5－1。

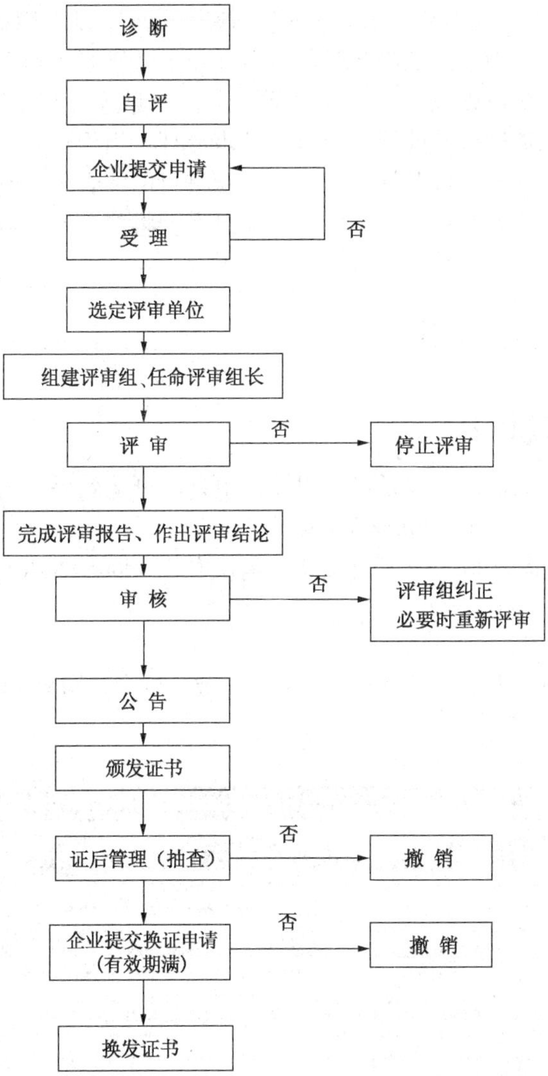

图 5－1　评审程序

第六章　危险化学品从业单位安全生产标准化信息管理系统

"危险化学品从业单位安全生产标准化信息管理系统"(以下简称信息系统)依托国家安全监管总局网站运行，为全国危险化学品从业单位、各级安全监管部门、安全生产标准化评审组织单位和评审单位以及社会公众提供服务。信息系统利用先进实用的信息技术，实现了安全生产标准化达标评审的网上申报、评审受理、组织评审、公告发布等功能，同时可对评审组织单位、评审单位及评审人员、专家进行网上管理，利用信息化手段提高安全生产标准化各项工作的效率和质量。同时，信息系统将建立网上课堂，对评审人员日常教育等进行统一管理。

1　信息系统登录

1.1　客户端环境要求

建议用 IE7 以上浏览器使用本系统，以获得更好的浏览效果。

操作系统：Win7/Vista/Win2003/WinXP。

信息系统部分功能需要 FLASH 插件支持，建议安装 Adobe Flash Player for IE V9.0 以上。

1.2　登录界面

在浏览器地址栏输入 http：//www.chinasafety.gov.cn/进入国家安全监管总局政务系统网站，如图 6－1 所示。

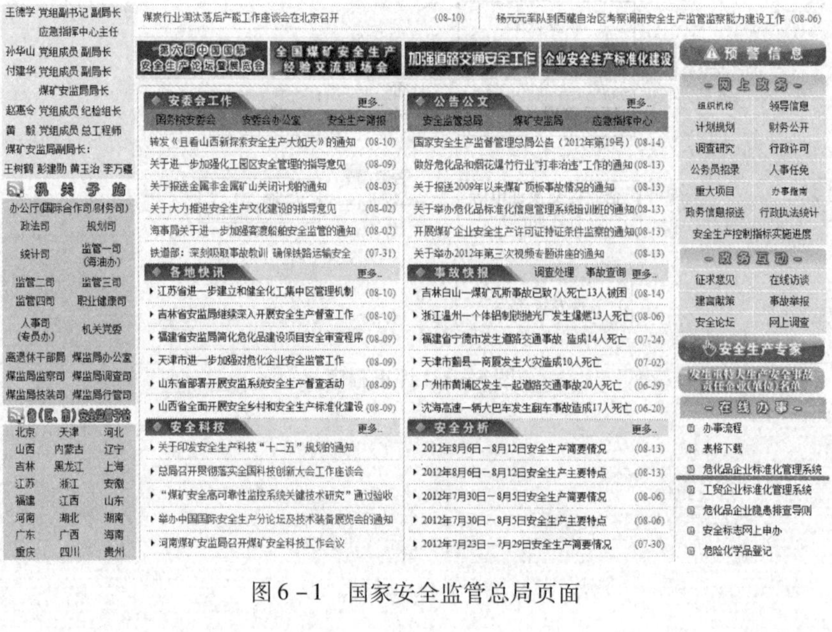

图 6－1　国家安全监管总局页面

在国家安全监管总局政务系统网站首页上，可以从“危化品企业标准化管理系统”、“企业安全生产标准化建设”、“监管三司”及“危险化学品”四个途径登录信息系统。下面以“危化品企业标准化管理系统”为途径介绍登录程序。

右侧“在线办事”一栏中点击系统登陆入口 危化品企业标准化管理系统 ，即可进入信息系统登陆页面，如图 6－2 所示。

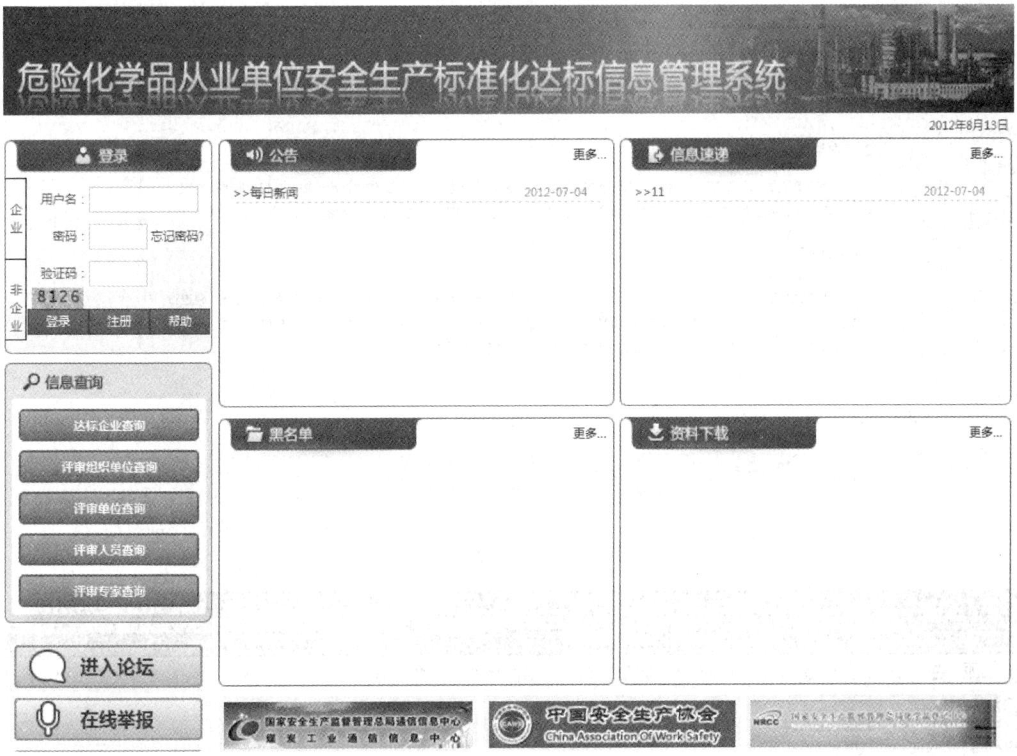

图 6－2　登陆界面

点击“帮助”，可快速查看帮助信息，如图 6－3 所示。

2　用户操作

2.1　安全监管部门用户

2.1.1　用户首页

安全监管部门的用户名和密码由国家安全监管总局统一激活。省、市两级安全监管部门用户登录信息系统后，出现界面如图 6－4 所示。

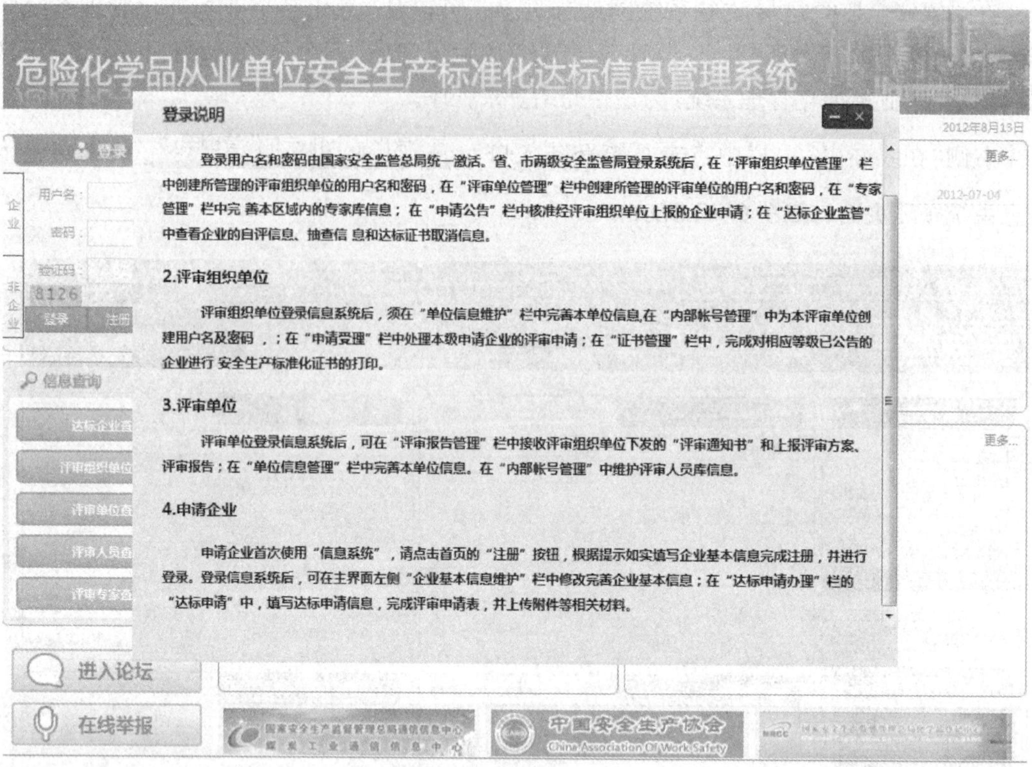

图 6－3　企业帮助信息

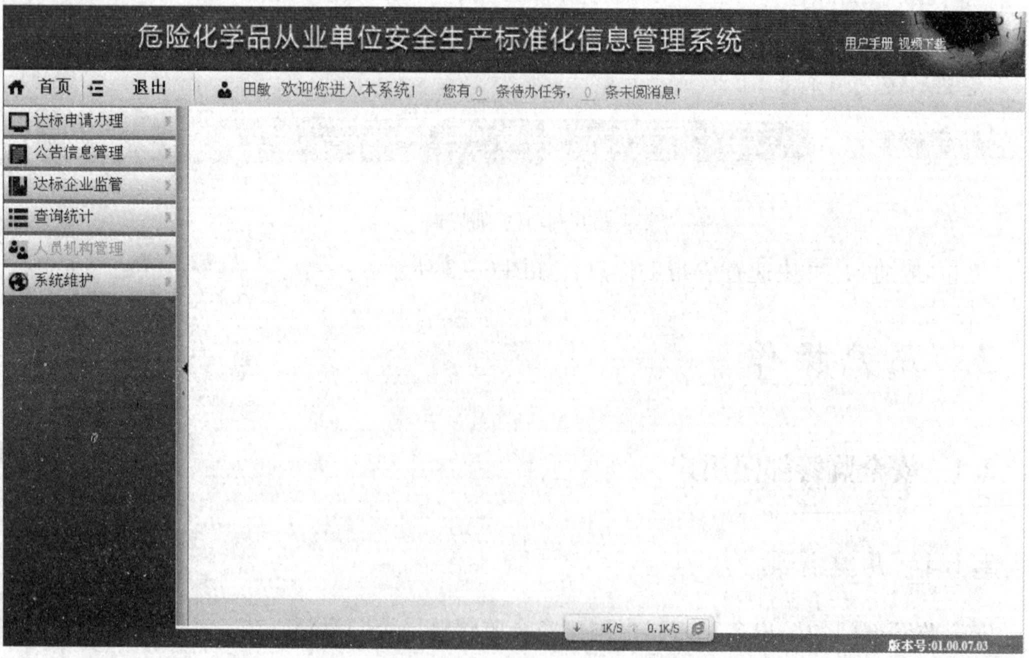

图 6－4　安全监管部门用户界面首页

用户登录系信息统后，在一段时间内(默认为30min)用户的登录状态会保持有效。为了用户信息的安全，用户在不使用系统后，可直接关闭浏览器，或者点击右上角“退出”按钮退出系统，如图6－5所示。

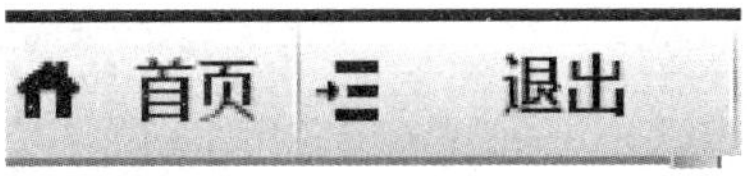

图6－5　安全退出系统

2.1.2　工作提醒

如图6－4所示，安全监管部门用户首页菜单区上部提供了工作提醒功能，当有需要办理的事项，如需进行待办任务时，会显示待办任务数及未阅信息条数，点击后即可进入如图6－6、图6－7所示的查看、处理页面。

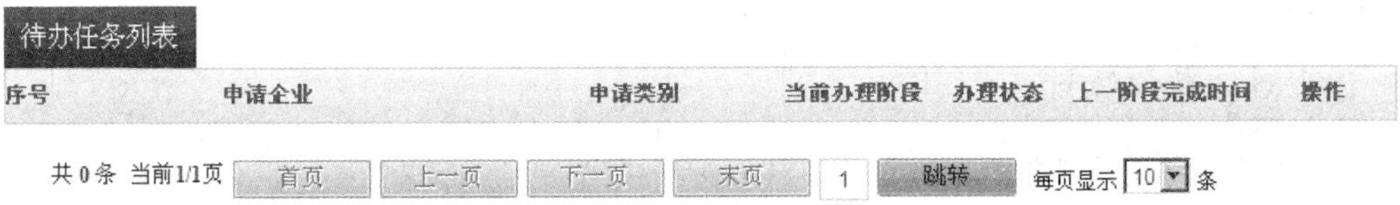

图6－6　待办任务列表

图6－7　我的消息

2.1.3　达标申请办理

点击“达标申请办理”，即出现如图6－8所示下拉菜单：

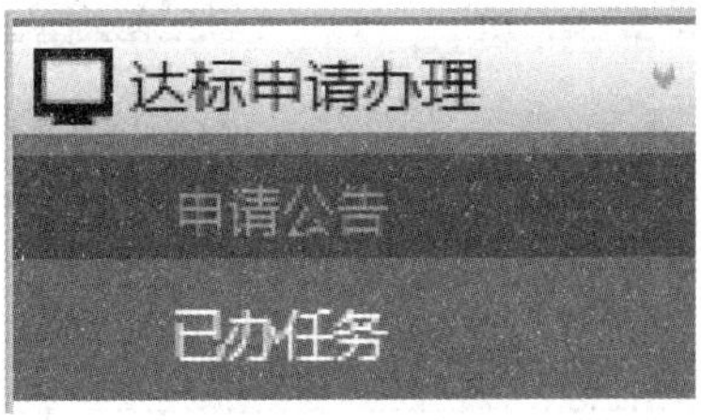

图6－8　达标申请办理

点击“申请公告”，系统进入受理界面；点击“已办任务”，系统进入已办任务列表，可查看每个任务详细办理过程。

2.1.4　公告信息管理

点击“公告信息管理”，即出现“待公告信息”菜单，点击后系统进入待公告信息管理界面，如图6－9所示。

操作	序号	企业名称	类别	审批时间
☐	1	测试企业	一级初次申请-危化	2015-06-11

图6－9　待公告信息

勾选要发布的企业，选择“公告企业名单”，可下载已公告企业名单信息。

2.1.5　达标企业监管

点击“达标企业监管”，即出现如图6－10所示下拉菜单：

安全监管部门可查看达标证书信息、企业自评信息，并进行添加抽查登记、撤消达标证书的操作。

2.1.6　查询统计

点击“查询统计”，即出现如图6－11所示下拉菜单：

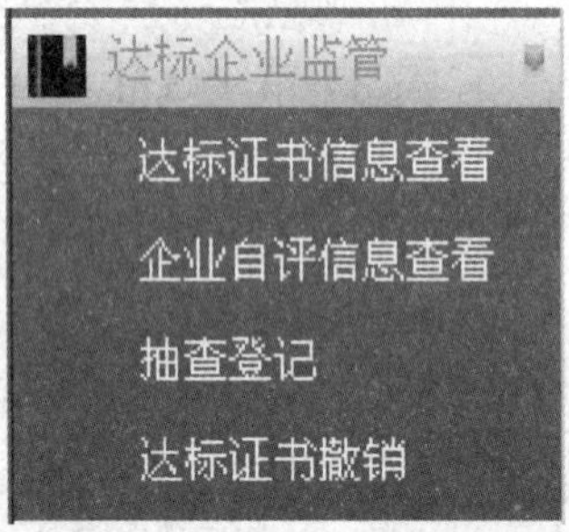

图6－10　达标企业监管

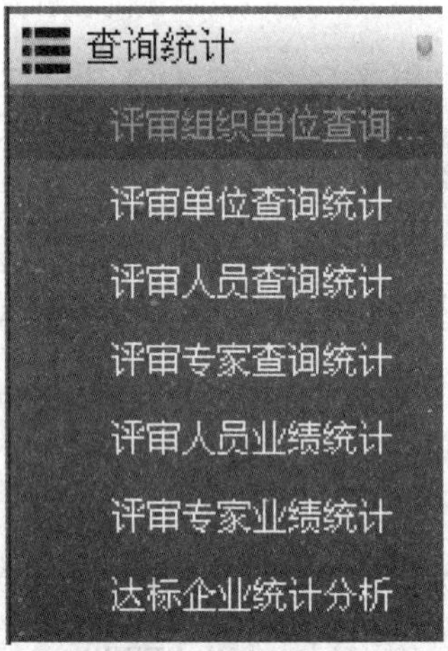

图6－11　查询统计

通过查询统计功能，安全监管部门可查询、汇总本地区相应权限内的全部信息。

2.1.7　人员机构管理

点击“人员机构管理”，即出现如图6－12所示下拉菜单：

安全监管部门可添加、删除、修改、查询本地区评审组织单位、评审单位、专家库人员信息，并且给评审组织单位和评审单位分配用户名和密码，以便其登录系统使用，同时还可以查看、修改下级安全监管部门信息。

2.1.8　系统维护

点击“系统维护”，即出现如图6－13所示下拉菜单：

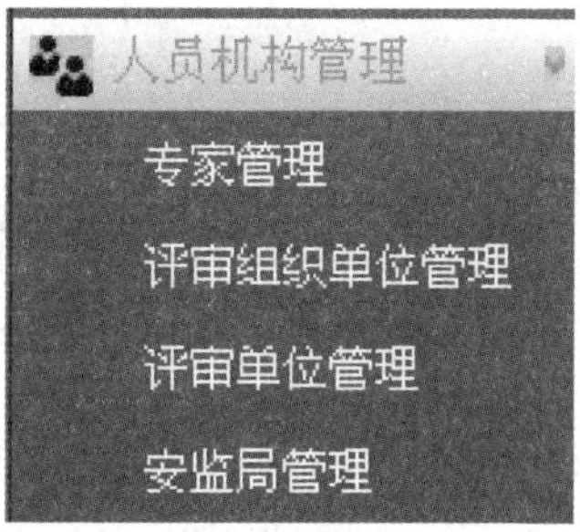

图6-12 人员机构管理

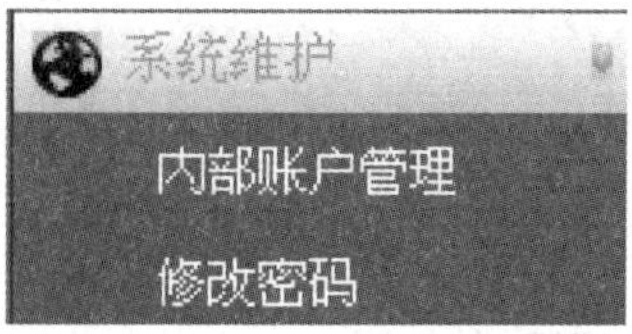

图6-13 系统维护

安全监管部门可添加、修改、禁用本单位其他账户，可设置账户权限；还可修改当前登录用户的密码。

2.2 评审组织单位用户

2.2.1 用户首页

评审组织单位的信息由相应安全监管部门添加，以分配的用户名和密码登录系统后，出现界面如图6-14所示。

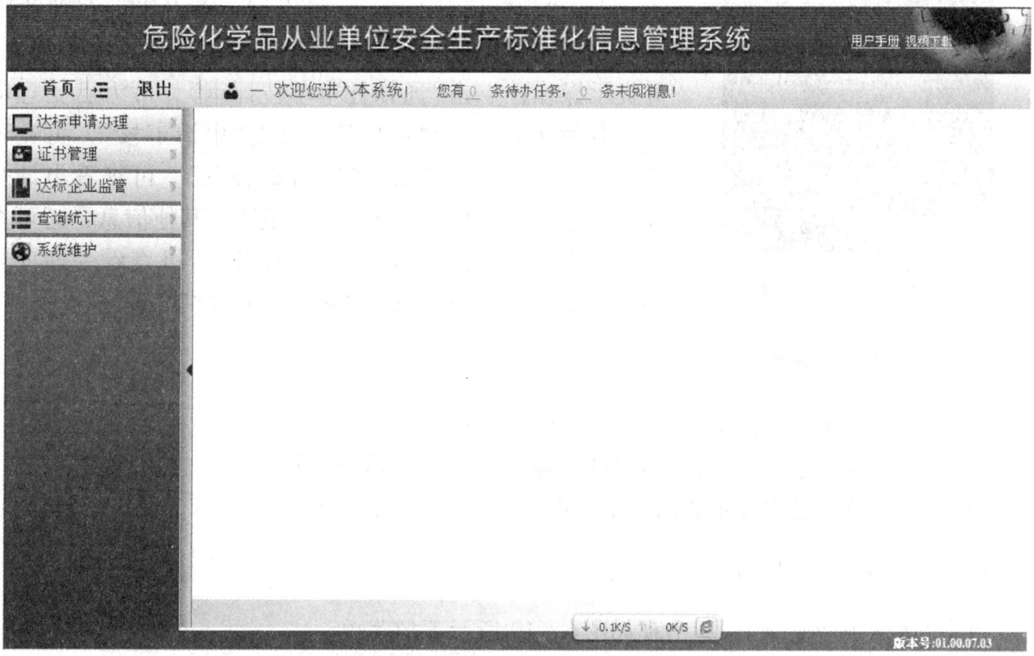

图6-14 评审组织单位用户界面首页

2.2.2 工作提醒

如图6-14所示，评审组织单位用户首页菜单区上部提供了工作提醒功能，当有需要办理的事项，如需进行待办任务时，会显示待办任务数及未阅信息条数，点击后即可进入如图 6－15、图 6－16 所示的查看、处理页面。

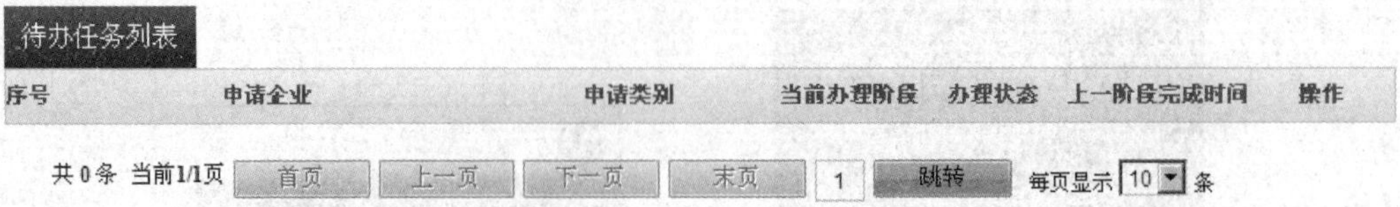

图 6－15　待办任务列表

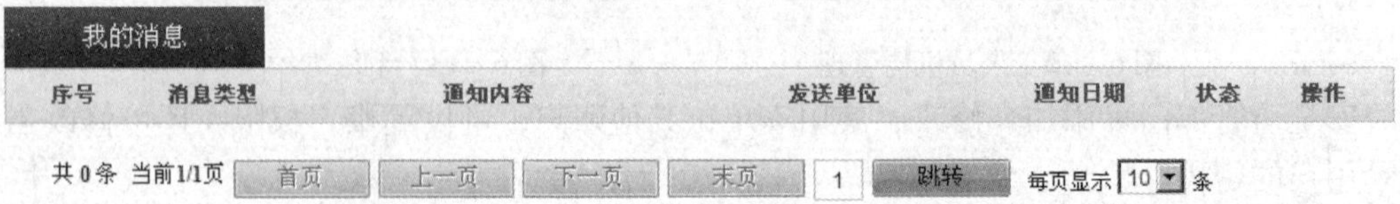

图 6－16　我的消息

2.2.3　达标申请办理

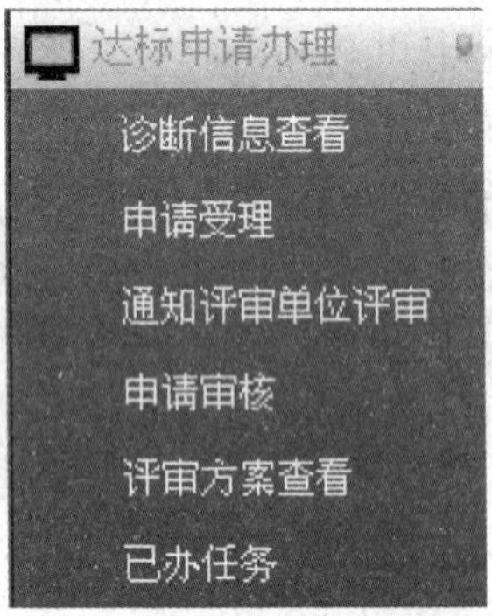

图 6－17　达标申请办理

点击“达标申请办理”，即出现如图 6－17 所示下拉菜单：

点击“诊断信息查看”，可下载、查看当前企业诊断信息；点击“申请受理”，可显示待受理申请信息列表，并提示操作；点击“通知评审单位评审”，可为已受理申请企业确认或分配评审单位；点击“申请审核”，可查看待审核申请信息；点击“评审方案查看”，可查看申请企业、评审单位的基本情况、有关说明及其他信息，还可查看评审小组的信息；点击“已办任务”，可查看受理项目的办理阶段、办理结果、办理单位及详细办理过程等。

2.2.4　证书管理

点击“证书管理”，即出现如图 6－18 所示下拉菜单：

点击“待打印证书”，可查看待发证企业信息，并可修改、打印、发放证书；点击“已打印证书”，可查看已发证企业信息，并可进行证书的再次打印。

2.2.5　达标企业监管

点击“达标企业监管”，即出现如图 6－19 所示下拉菜单：

图 6－18　证书管理

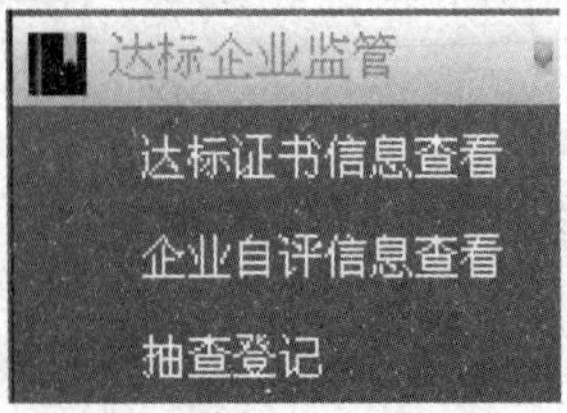

图 6－19　达标企业监管

评审组织单位可查看达标证书信息、企业自评信息，并可查看、添加抽查记录。

2.2.6　查询统计

点击“查询统计”，即出现如图6－20所示下拉菜单：
通过查询统计功能，评审组织单位可查询、汇总本地区相应权限内的全部信息。

2.2.7　系统维护

点击“系统维护”，即出现如图6－21所示下拉菜单：

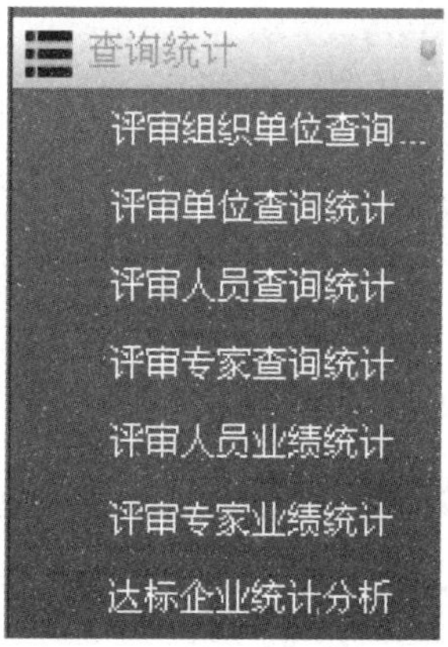

图6－20　查询统计

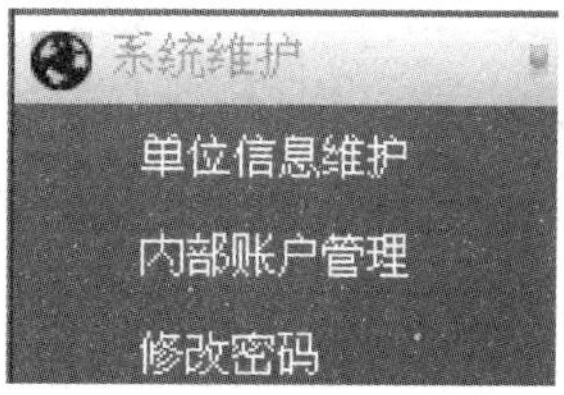

图6－21　系统维护

评审组织单位可对当前账户信息进行编辑，添加、修改、禁用本单位其他账户，可设置账户权限；还可修改当前登录用户的密码。

2.3　评审单位用户

2.3.1　用户首页

评审单位的信息由相应安全监管部门添加，以分配的用户名和密码登录系统后，出现界面如图6－22所示。

2.3.2　工作提醒

如图6－22所示，评审单位用户首页菜单区上部提供了工作提醒功能，当有需要办理的事项，如需进行待办任务时，会显示待办任务数及未阅信息条数，点击后即可进入如图6－23、图6－24所示的查看、处理页面。

2.3.3　达标申请办理

点击“达标申请办理”，即出现如图6－25所示下拉菜单：
点击“报备评审方案”，系统进入受理界面，评审单位可填写、上传评审方案，查看企业提交的详细信息和当前处理进度；点击“评审信息登记”，可查看待评审申请信息列表，并可进行操作；点击“已办任务”，可查看已办任务的过程记录。

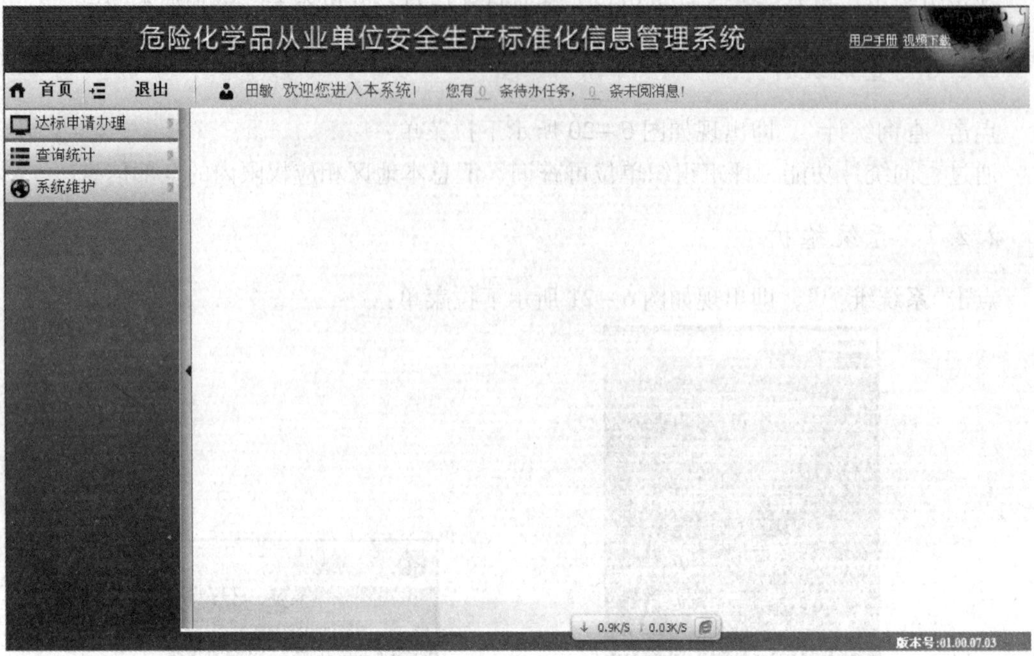

图6－22　评审单位用户界面首页

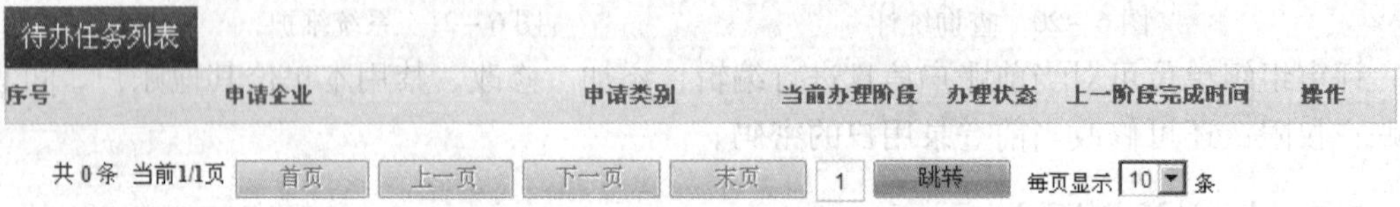

图6－23　待办任务列表

图6－24　我的消息

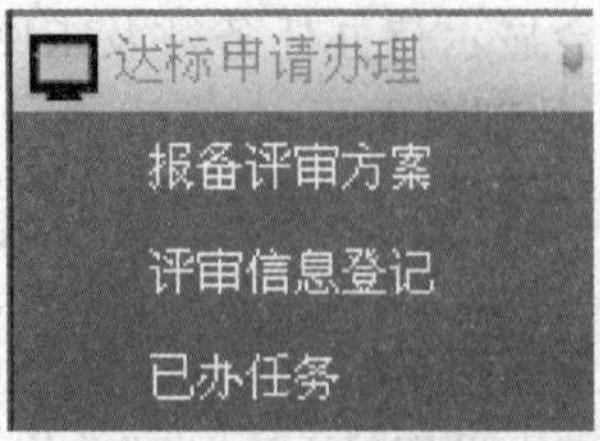

图6－25　达标申请办理

2.3.4　查询统计

点击“查询统计”，即出现如图 6－26 所示下拉菜单：
通过查询统计功能，评审单位可查询、汇总本单位评审人员的工作业绩。

2.3.5　系统维护

点击“系统维护”，即出现如图 6－27 所示下拉菜单：

图 6－26　查询统计

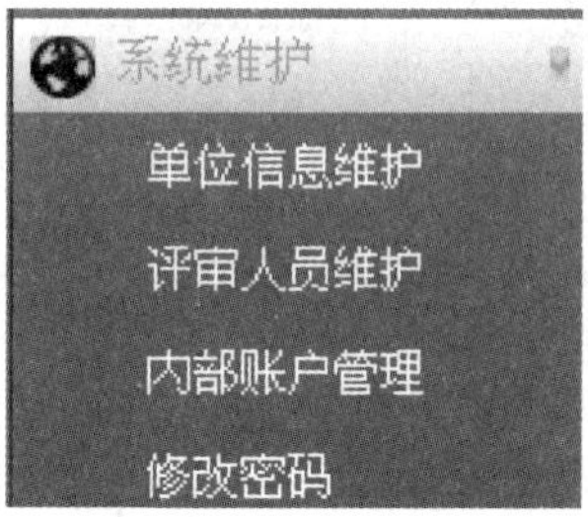

图 6－27　系统维护

评审单位可对当前账户信息进行编辑；添加、修改、删除本单位专、兼评审人员信息；添加、修改、禁用本单位其他账户，可设置账户权限；还可修改当前登录用户的密码。

2.4　企业用户

2.4.1　企业用户注册

企业用户首次使用系统需要先注册账户，应从系统首页登录区域的注册入口进入，如图 6－28 所示。

图 6－28　注册入口

点击“注册”，进入企业注册前信息填写页面，如图 6－29 所示。

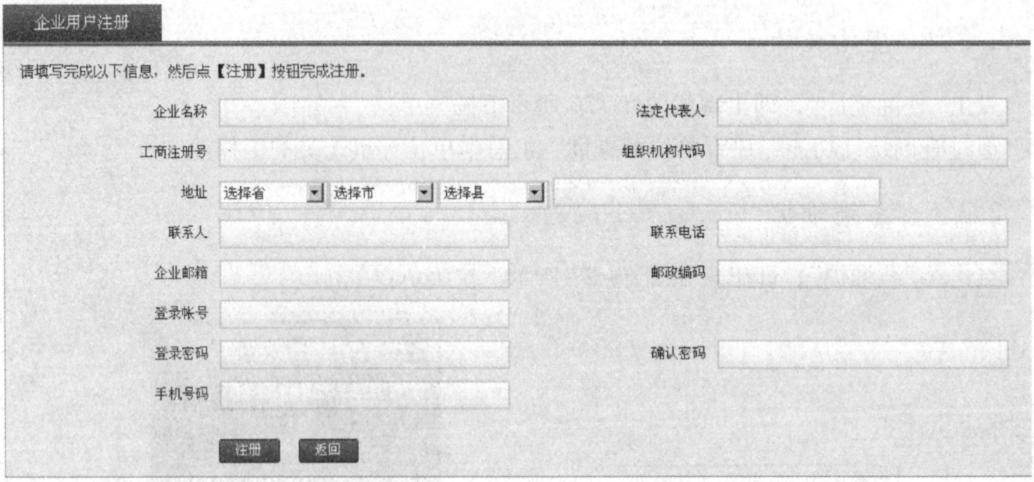

图 6 – 29　企业用户注册

2.4.2　用户首页

企业按系统提示填写完整信息后，点击注册，如注册成功即自动登录并跳转至企业用户首页，如图 6 – 30 所示，再次使用系统应以注册用户名和密码登录。

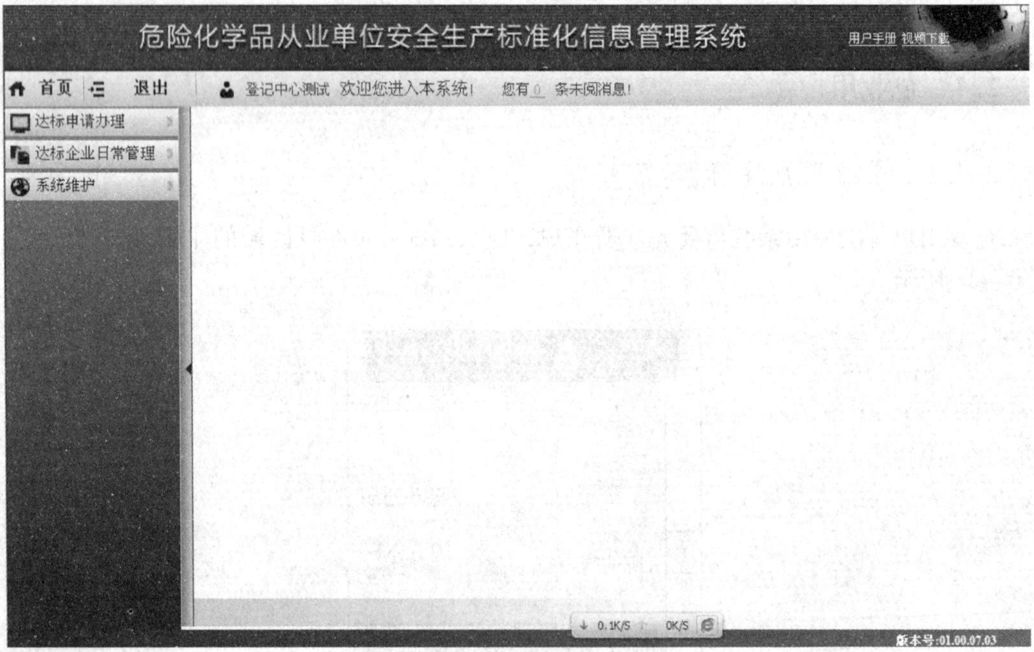

图 6 – 30　企业用户界面首页

2.4.3　工作提醒

如图 6 – 30 所示，企业用户首页菜单区上部提供了工作提醒功能，会显示未阅信息条数，点击后即可进入如图 6－31 所示的查看、处理页面。

图 6－31 我的消息

2.4.4 达标申请办理

点击“达标申请办理”，即出现如图 6－32 所示下拉菜单：

点击“诊断登记”，企业可添加、上传、保存、下载查看、删除相关诊断报告；点击“达标申请”，系统进入达标申请受理界面，企业可根据系统提示填写、查看本企业达标评审申请，并可查询进度。

2.4.5 达标企业日常管理

点击“达标企业日常管理”，即出现如图 6－33 所示下拉菜单：

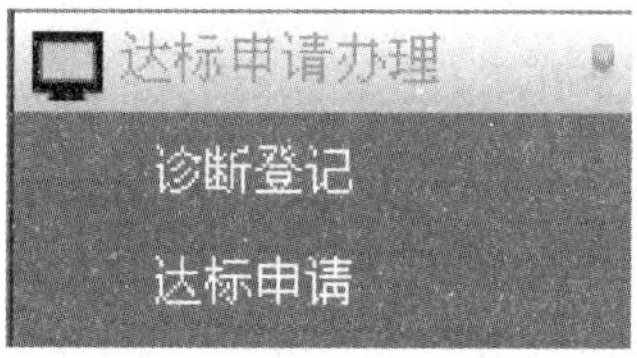

图 6－32 达标申请办理

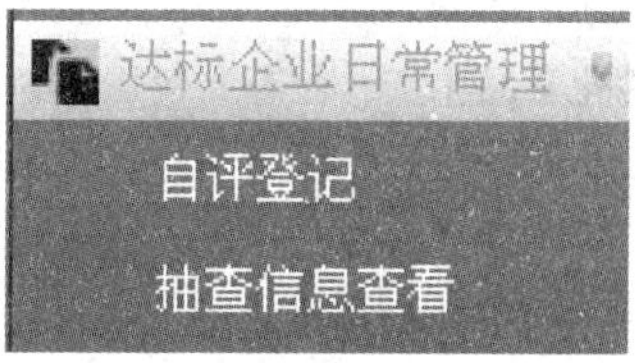

图 6－33 达标企业日常管理

企业达标后，可通过系统提交每年的自评报告，并可对证书编号、达标日期、有效期、证书状态、自评信息等进行查询。

2.4.6 系统维护

点击“系统维护”，即出现如图 6－34 所示下拉菜单：

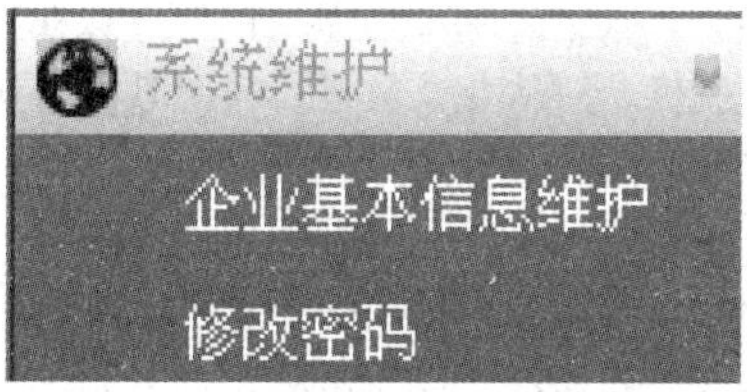

图 6－34 系统维护

企业可通过“企业基本信息维护”补充完善本企业资料；还可修改当前登录用户的密码。

附　录

1. 危险化学品安全管理条例

中华人民共和国国务院令第591号

（2002年1月26日中华人民共和国国务院令第344号公布，2011年2月16日国务院第144次常务会议修订通过）

第一章　总　　则

第一条　为了加强危险化学品的安全管理，预防和减少危险化学品事故，保障人民群众生命财产安全，保护环境，制定本条例。

第二条　危险化学品生产、储存、使用、经营和运输的安全管理，适用本条例。

废弃危险化学品的处置，依照有关环境保护的法律、行政法规和国家有关规定执行。

第三条　本条例所称危险化学品，是指具有毒害、腐蚀、爆炸、燃烧、助燃等性质，对人体、设施、环境具有危害的剧毒化学品和其他化学品。

危险化学品目录，由国务院安全生产监督管理部门会同国务院工业和信息化、公安、环境保护、卫生、质量监督检验检疫、交通运输、铁路、民用航空、农业主管部门，根据化学品危险特性的鉴别和分类标准确定、公布，并适时调整。

第四条　危险化学品安全管理，应当坚持安全第一、预防为主、综合治理的方针，强化和落实企业的主体责任。

生产、储存、使用、经营、运输危险化学品的单位（以下统称危险化学品单位）的主要负责人对本单位的危险化学品安全管理工作全面负责。

危险化学品单位应当具备法律、行政法规规定和国家标准、行业标准要求的安全条件，建立、健全安全管理规章制度和岗位安全责任制度，对从业人员进行安全教育、法制教育和岗位技术培训。从业人员应当接受教育和培训，考核合格后上岗作业；对有资格要求的岗位，应当配备依法取得相应资格的人员。

第五条　任何单位和个人不得生产、经营、使用国家禁止生产、经营、使用的危险化学品。

国家对危险化学品的使用有限制性规定的，任何单位和个人不得违反限制性规定使用危险化学品。

第六条　对危险化学品的生产、储存、使用、经营、运输实施安全监督管理的有关部门（以下统称负有危险化学品安全监督管理职责的部门），依照下列规定履行职责：

（一）安全生产监督管理部门负责危险化学品安全监督管理综合工作，组织确定、公布、调整危险化学品目录，对新建、改建、扩建生产、储存危险化学品（包括使用长输管道输送危险化学品，下同）的建设项目进行安全条件审查，核发危险化学品安全生产许可证、危险化学品安全使用许可证和危险化学品经营许可证，并负责危险化学品登记工作。

（二）公安机关负责危险化学品的公共安全管理，核发剧毒化学品购买许可证、剧毒化学品道路运输通行证，并负责危险化学品运输车辆的道路交通安全管理。

（三）质量监督检验检疫部门负责核发危险化学品及其包装物、容器（不包括储存危险化学品的固定式大型储罐，下同）生产企业的工业产品生产许可证，并依法对其产品质量实施监督，负责对进出口危险化学品及其包装实施检验。

（四）环境保护主管部门负责废弃危险化学品处置的监督管理，组织危险化学品的环境危害性鉴定和环境风险程度评估，确定实施重点环境管理的危险化学品，负责危险化学品环境管理登记和新化学物质环境管理登记；依照职责分工调查相关危险化学品环境污染事故和生态破坏事件，负责危险化学品事故现场的应急环境监测。

（五）交通运输主管部门负责危险化学品道路运输、水路运输的许可以及运输工具的安全管理，对危险化学品水路运输安全实施监督，负责危险化学品道路运输企业、水路运输企业驾驶人员、船员、装卸管理人员、押运人员、申报人员、集装箱装箱现场检查员的资格认定。铁路主管部门负责危险化学品铁路运输的安全管理，负责危险化学品铁路运输承运人、托运人的资质审批及其运输工具的安全管理。民用航空主管部门负责危险化学品航空运输以及航空运输企业及其运输工具的安全管理。

（六）卫生主管部门负责危险化学品毒性鉴定的管理，负责组织、协调危险化学品事故受伤人员的医疗卫生救援工作。

（七）工商行政管理部门依据有关部门的许可证件，核发危险化学品生产、储存、经营、运输企业营业执照，查处危险化学品经营企业违法采购危险化学品的行为。

（八）邮政管理部门负责依法查处寄递危险化学品的行为。

第七条　负有危险化学品安全监督管理职责的部门依法进行监督检查，可以采取下列措施：

（一）进入危险化学品作业场所实施现场检查，向有关单位和人员了解情况，查阅、复制有关文件、资料；

（二）发现危险化学品事故隐患，责令立即消除或者限期消除；

（三）对不符合法律、行政法规、规章规定或者国家标准、行业标准要求的设施、设备、装置、器材、运输工具，责令立即停止使用；

（四）经本部门主要负责人批准，查封违法生产、储存、使用、经营危险化学品的场所，扣押违法生产、储存、使用、经营、运输的危险化学品以及用于违法生产、使用、运输危险化学品的原材料、设备、运输工具；

（五）发现影响危险化学品安全的违法行为，当场予以纠正或者责令限期改正。

负有危险化学品安全监督管理职责的部门依法进行监督检查，监督检查人员不得少于 2 人，并应当出示执法证件；有关单位和个人对依法进行的监督检查应当予以配合，不得拒绝、阻碍。

第八条　县级以上人民政府应当建立危险化学品安全监督管理工作协调机制，支持、督促负有危险化学品安全监督管理职责的部门依法履行职责，协调、解决危险化学品安全监督管理工作中的重大问题。

负有危险化学品安全监督管理职责的部门应当相互配合、密切协作，依法加强对危险化学品的安全监督管理。

第九条　任何单位和个人对违反本条例规定的行为，有权向负有危险化学品安全监督管理职责的部门举报。负有危险化学品安全监督管理职责的部门接到举报，应当及时依法处理；对不属于本部门职责的，应当及时移送有关部门处理。

第十条　国家鼓励危险化学品生产企业和使用危险化学品从事生产的企业采用有利于提高安全保障水平的先进技术、工艺、设备以及自动控制系统，鼓励对危险化学品实行专门储存、统一配送、集中销售。

第二章　生产、储存安全

第十一条　国家对危险化学品的生产、储存实行统筹规划、合理布局。

国务院工业和信息化主管部门以及国务院其他有关部门依据各自职责，负责危险化学品生产、储存的行业规划和布局。

地方人民政府组织编制城乡规划，应当根据本地区的实际情况，按照确保安全的原则，规划适当区域专门用于危险化学品的生产、储存。

第十二条 新建、改建、扩建生产、储存危险化学品的建设项目(以下简称建设项目)，应当由安全生产监督管理部门进行安全条件审查。

建设单位应当对建设项目进行安全条件论证，委托具备国家规定的资质条件的机构对建设项目进行安全评价，并将安全条件论证和安全评价的情况报告报建设项目所在地设区的市级以上人民政府安全生产监督管理部门；安全生产监督管理部门应当自收到报告之日起45日内作出审查决定，并书面通知建设单位。具体办法由国务院安全生产监督管理部门制定。

新建、改建、扩建储存、装卸危险化学品的港口建设项目，由港口行政管理部门按照国务院交通运输主管部门的规定进行安全条件审查。

第十三条 生产、储存危险化学品的单位，应当对其铺设的危险化学品管道设置明显标志，并对危险化学品管道定期检查、检测。

进行可能危及危险化学品管道安全的施工作业，施工单位应当在开工的7日前书面通知管道所属单位，并与管道所属单位共同制定应急预案，采取相应的安全防护措施。管道所属单位应当指派专门人员到现场进行管道安全保护指导。

第十四条 危险化学品生产企业进行生产前，应当依照《安全生产许可证条例》的规定，取得危险化学品安全生产许可证。

生产列入国家实行生产许可证制度的工业产品目录的危险化学品的企业，应当依照《中华人民共和国工业产品生产许可证管理条例》的规定，取得工业产品生产许可证。

负责颁发危险化学品安全生产许可证、工业产品生产许可证的部门，应当将其颁发许可证的情况及时向同级工业和信息化主管部门、环境保护主管部门和公安机关通报。

第十五条 危险化学品生产企业应当提供与其生产的危险化学品相符的化学品安全技术说明书，并在危险化学品包装上粘贴或者拴挂与包装内危险化学品相符的化学品安全标签。化学品安全技术说明书和化学品安全标签所载明的内容应当符合国家标准的要求。

危险化学品生产企业发现其生产的危险化学品有新的危险特性的，应当立即公告，并及时修订其化学品安全技术说明书和化学品安全标签。

第十六条 生产实施重点环境管理的危险化学品的企业，应当按照国务院环境保护主管部门的规定，将该危险化学品向环境中释放等相关信息向环境保护主管部门报告。环境保护主管部门可以根据情况采取相应的环境风险控制措施。

第十七条 危险化学品的包装应当符合法律、行政法规、规章的规定以及国家标准、行业标准的要求。

危险化学品包装物、容器的材质以及危险化学品包装的型式、规格、方法和单件质量(重量)，应当与所包装的危险化学品的性质和用途相适应。

第十八条 生产列入国家实行生产许可证制度的工业产品目录的危险化学品包装物、容器的企业，应当依照《中华人民共和国工业产品生产许可证管理条例》的规定，取得工业产品生产许可证；其生产的危险化学品包装物、容器经国务院质量监督检验检疫部门认定的检验机构检验合格，方可出厂销售。

运输危险化学品的船舶及其配载的容器，应当按照国家船舶检验规范进行生产，并经海事管理机构认定的船舶检验机构检验合格，方可投入使用。

对重复使用的危险化学品包装物、容器，使用单位在重复使用前应当进行检查；发现存在安全隐患的，应当维修或者更换。使用单位应当对检查情况作出记录，记录的保存期限不得少于2年。

第十九条　危险化学品生产装置或者储存数量构成重大危险源的危险化学品储存设施（运输工具加油站、加气站除外），与下列场所、设施、区域的距离应当符合国家有关规定：

（一）居住区以及商业中心、公园等人员密集场所；

（二）学校、医院、影剧院、体育场（馆）等公共设施；

（三）饮用水源、水厂以及水源保护区；

（四）车站、码头（依法经许可从事危险化学品装卸作业的除外）、机场以及通信干线、通信枢纽、铁路线路、道路交通干线、水路交通干线、地铁风亭以及地铁站出入口；

（五）基本农田保护区、基本草原、畜禽遗传资源保护区、畜禽规模化养殖场（养殖小区）、渔业水域以及种子、种畜禽、水产苗种生产基地；

（六）河流、湖泊、风景名胜区、自然保护区；

（七）军事禁区、军事管理区；

（八）法律、行政法规规定的其他场所、设施、区域。

已建的危险化学品生产装置或者储存数量构成重大危险源的危险化学品储存设施不符合前款规定的，由所在地设区的市级人民政府安全生产监督管理部门会同有关部门监督其所属单位在规定期限内进行整改；需要转产、停产、搬迁、关闭的，由本级人民政府决定并组织实施。

储存数量构成重大危险源的危险化学品储存设施的选址，应当避开地震活动断层和容易发生洪灾、地质灾害的区域。

本条例所称重大危险源，是指生产、储存、使用或者搬运危险化学品，且危险化学品的数量等于或者超过临界量的单元（包括场所和设施）。

第二十条　生产、储存危险化学品的单位，应当根据其生产、储存的危险化学品的种类和危险特性，在作业场所设置相应的监测、监控、通风、防晒、调温、防火、灭火、防爆、泄压、防毒、中和、防潮、防雷、防静电、防腐、防泄漏以及防护围堤或者隔离操作等安全设施、设备，并按照国家标准、行业标准或者国家有关规定对安全设施、设备进行经常性维护、保养，保证安全设施、设备的正常使用。

生产、储存危险化学品的单位，应当在其作业场所和安全设施、设备上设置明显的安全警示标志。

第二十一条　生产、储存危险化学品的单位，应当在其作业场所设置通信、报警装置，并保证处于适用状态。

第二十二条　生产、储存危险化学品的企业，应当委托具备国家规定的资质条件的机构，对本企业的安全生产条件每3年进行一次安全评价，提出安全评价报告。安全评价报告的内容应当包括对安全生产条件存在的问题进行整改的方案。

生产、储存危险化学品的企业，应当将安全评价报告以及整改方案的落实情况报所在地县级人民政府安全生产监督管理部门备案。在港区内储存危险化学品的企业，应当将安全评价报告以及整改方案的落实情况报港口行政管理部门备案。

第二十三条　生产、储存剧毒化学品或者国务院公安部门规定的可用于制造爆炸物品的危险化学品（以下简称易制爆危险化学品）的单位，应当如实记录其生产、储存的剧毒化学品、易制爆危险化学品的数量、流向，并采取必要的安全防范措施，防止剧毒化学品、易制爆危险化学品丢失或者被盗；发现剧毒化学品、易制爆危险化学品丢失或者被盗的，应当立即向当地公安机关报告。

生产、储存剧毒化学品、易制爆危险化学品的单位，应当设置治安保卫机构，配备专职治安保卫人员。

第二十四条　危险化学品应当储存在专用仓库、专用场地或者专用储存室（以下统称专用仓库）内，并由专人负责管理；剧毒化学品以及储存数量构成重大危险源的其他危险化学品，应当在专用仓库内单独存放，并实行双人收发、双人保管制度。

危险化学品的储存方式、方法以及储存数量应当符合国家标准或者国家有关规定。

第二十五条　储存危险化学品的单位应当建立危险化学品出入库核查、登记制度。

对剧毒化学品以及储存数量构成重大危险源的其他危险化学品，储存单位应当将其储存数量、储存地点以及管理人员的情况，报所在地县级人民政府安全生产监督管理部门(在港区内储存的，报港口行政管理部门)和公安机关备案。

第二十六条　危险化学品专用仓库应当符合国家标准、行业标准的要求，并设置明显的标志。储存剧毒化学品、易制爆危险化学品的专用仓库，应当按照国家有关规定设置相应的技术防范设施。

储存危险化学品的单位应当对其危险化学品专用仓库的安全设施、设备定期进行检测、检验。

第二十七条　生产、储存危险化学品的单位转产、停产、停业或者解散的，应当采取有效措施，及时、妥善处置其危险化学品生产装置、储存设施以及库存的危险化学品，不得丢弃危险化学品；处置方案应当报所在地县级人民政府安全生产监督管理部门、工业和信息化主管部门、环境保护主管部门和公安机关备案。安全生产监督管理部门应当会同环境保护主管部门和公安机关对处置情况进行监督检查，发现未依照规定处置的，应当责令其立即处置。

第三章　使用安全

第二十八条　使用危险化学品的单位，其使用条件(包括工艺)应当符合法律、行政法规的规定和国家标准、行业标准的要求，并根据所使用的危险化学品的种类、危险特性以及使用量和使用方式，建立、健全使用危险化学品的安全管理规章制度和安全操作规程，保证危险化学品的安全使用。

第二十九条　使用危险化学品从事生产并且使用量达到规定数量的化工企业(属于危险化学品生产企业的除外，下同)，应当依照本条例的规定取得危险化学品安全使用许可证。

前款规定的危险化学品使用量的数量标准，由国务院安全生产监督管理部门会同国务院公安部门、农业主管部门确定并公布。

第三十条　申请危险化学品安全使用许可证的化工企业，除应当符合本条例第二十八条的规定外，还应当具备下列条件：

(一) 有与所使用的危险化学品相适应的专业技术人员；

(二) 有安全管理机构和专职安全管理人员；

(三) 有符合国家规定的危险化学品事故应急预案和必要的应急救援器材、设备；

(四) 依法进行了安全评价。

第三十一条　申请危险化学品安全使用许可证的化工企业，应当向所在地设区的市级人民政府安全生产监督管理部门提出申请，并提交其符合本条例第三十条规定条件的证明材料。设区的市级人民政府安全生产监督管理部门应当依法进行审查，自收到证明材料之日起 45 日内作出批准或者不予批准的决定。予以批准的，颁发危险化学品安全使用许可证；不予批准的，书面通知申请人并说明理由。

安全生产监督管理部门应当将其颁发危险化学品安全使用许可证的情况及时向同级环境保护主管部门和公安机关通报。

第三十二条　本条例第十六条关于生产实施重点环境管理的危险化学品的企业的规定，适用于使用实施重点环境管理的危险化学品从事生产的企业；第二十条、第二十一条、第二十三条第一款、第二十七条关于生产、储存危险化学品的单位的规定，适用于使用危险化学品的单位；第二十二条关于生产、储存危险化学品的企业的规定，适用于使用危险化学品从事生产的企业。

第四章　经营安全

第三十三条　国家对危险化学品经营(包括仓储经营，下同)实行许可制度。未经许可，任何单位和个人不得经营危险化学品。

依法设立的危险化学品生产企业在其厂区范围内销售本企业生产的危险化学品，不需要取得危险化学品经营许可。

依照《中华人民共和国港口法》的规定取得港口经营许可证的港口经营人，在港区内从事危险化学品仓储经营，不需要取得危险化学品经营许可。

第三十四条　从事危险化学品经营的企业应当具备下列条件：

（一）有符合国家标准、行业标准的经营场所，储存危险化学品的，还应当有符合国家标准、行业标准的储存设施；

（二）从业人员经过专业技术培训并经考核合格；

（三）有健全的安全管理规章制度；

（四）有专职安全管理人员；

（五）有符合国家规定的危险化学品事故应急预案和必要的应急救援器材、设备；

（六）法律、法规规定的其他条件。

第三十五条　从事剧毒化学品、易制爆危险化学品经营的企业，应当向所在地设区的市级人民政府安全生产监督管理部门提出申请，从事其他危险化学品经营的企业，应当向所在地县级人民政府安全生产监督管理部门提出申请(有储存设施的，应当向所在地设区的市级人民政府安全生产监督管理部门提出申请)。申请人应当提交其符合本条例第三十四条规定条件的证明材料。设区的市级人民政府安全生产监督管理部门或者县级人民政府安全生产监督管理部门应当依法进行审查，并对申请人的经营场所、储存设施进行现场核查，自收到证明材料之日起30日内作出批准或者不予批准的决定。予以批准的，颁发危险化学品经营许可证；不予批准的，书面通知申请人并说明理由。

设区的市级人民政府安全生产监督管理部门和县级人民政府安全生产监督管理部门应当将其颁发危险化学品经营许可证的情况及时向同级环境保护主管部门和公安机关通报。

申请人持危险化学品经营许可证向工商行政管理部门办理登记手续后，方可从事危险化学品经营活动。法律、行政法规或者国务院规定经营危险化学品还需要经其他有关部门许可的，申请人向工商行政管理部门办理登记手续时还应当持相应的许可证件。

第三十六条　危险化学品经营企业储存危险化学品的，应当遵守本条例第二章关于储存危险化学品的规定。危险化学品商店内只能存放民用小包装的危险化学品。

第三十七条　危险化学品经营企业不得向未经许可从事危险化学品生产、经营活动的企业采购危险化学品，不得经营没有化学品安全技术说明书或者化学品安全标签的危险化学品。

第三十八条　依法取得危险化学品安全生产许可证、危险化学品安全使用许可证、危险化学品经营许可证的企业，凭相应的许可证件购买剧毒化学品、易制爆危险化学品。民用爆炸物品生产企业凭民用爆炸物品生产许可证购买易制爆危险化学品。

前款规定以外的单位购买剧毒化学品的，应当向所在地县级人民政府公安机关申请取得剧毒化学品购买许可证；购买易制爆危险化学品的，应当持本单位出具的合法用途说明。

个人不得购买剧毒化学品(属于剧毒化学品的农药除外)和易制爆危险化学品。

第三十九条　申请取得剧毒化学品购买许可证，申请人应当向所在地县级人民政府公安机关提交下列材料：

（一）营业执照或者法人证书(登记证书)的复印件；

（二）拟购买的剧毒化学品品种、数量的说明；

（三）购买剧毒化学品用途的说明；

（四）经办人的身份证明。

县级人民政府公安机关应当自收到前款规定的材料之日起3日内，作出批准或者不予批准的决定。予以批准的，颁发剧毒化学品购买许可证；不予批准的，书面通知申请人并说明理由。

剧毒化学品购买许可证管理办法由国务院公安部门制定。

第四十条 危险化学品生产企业、经营企业销售剧毒化学品、易制爆危险化学品，应当查验本条例第三十八条第一款、第二款规定的相关许可证件或者证明文件，不得向不具有相关许可证件或者证明文件的单位销售剧毒化学品、易制爆危险化学品。对持剧毒化学品购买许可证购买剧毒化学品的，应当按照许可证载明的品种、数量销售。

禁止向个人销售剧毒化学品(属于剧毒化学品的农药除外)和易制爆危险化学品。

第四十一条 危险化学品生产企业、经营企业销售剧毒化学品、易制爆危险化学品，应当如实记录购买单位的名称、地址、经办人的姓名、身份证号码以及所购买的剧毒化学品、易制爆危险化学品的品种、数量、用途。销售记录以及经办人的身份证明复印件、相关许可证件复印件或者证明文件的保存期限不得少于1年。

剧毒化学品、易制爆危险化学品的销售企业、购买单位应当在销售、购买后5日内，将所销售、购买的剧毒化学品、易制爆危险化学品的品种、数量以及流向信息报所在地县级人民政府公安机关备案，并输入计算机系统。

第四十二条 使用剧毒化学品、易制爆危险化学品的单位不得出借、转让其购买的剧毒化学品、易制爆危险化学品；因转产、停产、搬迁、关闭等确需转让的，应当向具有本条例第三十八条第一款、第二款规定的相关许可证件或者证明文件的单位转让，并在转让后将有关情况及时向所在地县级人民政府公安机关报告。

第五章 运输安全

第四十三条 从事危险化学品道路运输、水路运输的，应当分别依照有关道路运输、水路运输的法律、行政法规的规定，取得危险货物道路运输许可、危险货物水路运输许可，并向工商行政管理部门办理登记手续。

危险化学品道路运输企业、水路运输企业应当配备专职安全管理人员。

第四十四条 危险化学品道路运输企业、水路运输企业的驾驶人员、船员、装卸管理人员、押运人员、申报人员、集装箱装箱现场检查员应当经交通运输主管部门考核合格，取得从业资格。具体办法由国务院交通运输主管部门制定。

危险化学品的装卸作业应当遵守安全作业标准、规程和制度，并在装卸管理人员的现场指挥或者监控下进行。水路运输危险化学品的集装箱装箱作业应当在集装箱装箱现场检查员的指挥或者监控下进行，并符合积载、隔离的规范和要求；装箱作业完毕后，集装箱装箱现场检查员应当签署装箱证明书。

第四十五条 运输危险化学品，应当根据危险化学品的危险特性采取相应的安全防护措施，并配备必要的防护用品和应急救援器材。

用于运输危险化学品的槽罐以及其他容器应当封口严密，能够防止危险化学品在运输过程中因温度、湿度或者压力的变化发生渗漏、洒漏；槽罐以及其他容器的溢流和泄压装置应当设置准确、起闭灵活。

运输危险化学品的驾驶人员、船员、装卸管理人员、押运人员、申报人员、集装箱装箱现场检查员，应当了解所运输的危险化学品的危险特性及其包装物、容器的使用要求和出现危险情况时的应急处置方法。

第四十六条 通过道路运输危险化学品的，托运人应当委托依法取得危险货物道路运输许可的企业承运。

第四十七条 通过道路运输危险化学品的，应当按照运输车辆的核定载质量装载危险化学品，不得超载。

危险化学品运输车辆应当符合国家标准要求的安全技术条件，并按照国家有关规定定期进行安全技术检验。

危险化学品运输车辆应当悬挂或者喷涂符合国家标准要求的警示标志。

第四十八条　通过道路运输危险化学品的，应当配备押运人员，并保证所运输的危险化学品处于押运人员的监控之下。

运输危险化学品途中因住宿或者发生影响正常运输的情况，需要较长时间停车的，驾驶人员、押运人员应当采取相应的安全防范措施；运输剧毒化学品或者易制爆危险化学品的，还应当向当地公安机关报告。

第四十九条　未经公安机关批准，运输危险化学品的车辆不得进入危险化学品运输车辆限制通行的区域。危险化学品运输车辆限制通行的区域由县级人民政府公安机关划定，并设置明显的标志。

第五十条　通过道路运输剧毒化学品的，托运人应当向运输始发地或者目的地县级人民政府公安机关申请剧毒化学品道路运输通行证。

申请剧毒化学品道路运输通行证，托运人应当向县级人民政府公安机关提交下列材料：

（一）拟运输的剧毒化学品品种、数量的说明；

（二）运输始发地、目的地、运输时间和运输路线的说明；

（三）承运人取得危险货物道路运输许可、运输车辆取得营运证以及驾驶人员、押运人员取得上岗资格的证明文件；

（四）本条例第三十八条第一款、第二款规定的购买剧毒化学品的相关许可证件，或者海关出具的进出口证明文件。

县级人民政府公安机关应当自收到前款规定的材料之日起 7 日内，作出批准或者不予批准的决定。予以批准的，颁发剧毒化学品道路运输通行证；不予批准的，书面通知申请人并说明理由。

剧毒化学品道路运输通行证管理办法由国务院公安部门制定。

第五十一条　剧毒化学品、易制爆危险化学品在道路运输途中丢失、被盗、被抢或者出现流散、泄漏等情况的，驾驶人员、押运人员应当立即采取相应的警示措施和安全措施，并向当地公安机关报告。公安机关接到报告后，应当根据实际情况立即向安全生产监督管理部门、环境保护主管部门、卫生主管部门通报。有关部门应当采取必要的应急处置措施。

第五十二条　通过水路运输危险化学品的，应当遵守法律、行政法规以及国务院交通运输主管部门关于危险货物水路运输安全的规定。

第五十三条　海事管理机构应当根据危险化学品的种类和危险特性，确定船舶运输危险化学品的相关安全运输条件。

拟交付船舶运输的化学品的相关安全运输条件不明确的，应当经国家海事管理机构认定的机构进行评估，明确相关安全运输条件并经海事管理机构确认后，方可交付船舶运输。

第五十四条　禁止通过内河封闭水域运输剧毒化学品以及国家规定禁止通过内河运输的其他危险化学品。

前款规定以外的内河水域，禁止运输国家规定禁止通过内河运输的剧毒化学品以及其他危险化学品。

禁止通过内河运输的剧毒化学品以及其他危险化学品的范围，由国务院交通运输主管部门会同国务院环境保护主管部门、工业和信息化主管部门、安全生产监督管理部门，根据危险化学品的危险特性、危险化学品对人体和水环境的危害程度以及消除危害后果的难易程度等因素规定并公布。

第五十五条　国务院交通运输主管部门应当根据危险化学品的危险特性，对通过内河运输本条例第五十四条规定以外的危险化学品（以下简称通过内河运输危险化学品）实行分类管理，对各类危险化学品的运输方式、包装规范和安全防护措施等分别作出规定并监督实施。

第五十六条　通过内河运输危险化学品，应当由依法取得危险货物水路运输许可的水路运输企业承运，其他单位和个人不得承运。托运人应当委托依法取得危险货物水路运输许可的水路运输企业承运，不得委托其他单位和个人承运。

第五十七条　通过内河运输危险化学品，应当使用依法取得危险货物适装证书的运输船舶。水路运输企业应当针对所运输的危险化学品的危险特性，制定运输船舶危险化学品事故应急救援预案，并为运输船舶配备充足、有效的应急救援器材和设备。

通过内河运输危险化学品的船舶，其所有人或者经营人应当取得船舶污染损害责任保险证书或者财务担保证明。船舶污染损害责任保险证书或者财务担保证明的副本应当随船携带。

第五十八条 通过内河运输危险化学品，危险化学品包装物的材质、型式、强度以及包装方法应当符合水路运输危险化学品包装规范的要求。国务院交通运输主管部门对单船运输的危险化学品数量有限制性规定的，承运人应当按照规定安排运输数量。

第五十九条 用于危险化学品运输作业的内河码头、泊位应当符合国家有关安全规范，与饮用水取水口保持国家规定的距离。有关管理单位应当制定码头、泊位危险化学品事故应急预案，并为码头、泊位配备充足、有效的应急救援器材和设备。

用于危险化学品运输作业的内河码头、泊位，经交通运输主管部门按照国家有关规定验收合格后方可投入使用。

第六十条 船舶载运危险化学品进出内河港口，应当将危险化学品的名称、危险特性、包装以及进出港时间等事项，事先报告海事管理机构。海事管理机构接到报告后，应当在国务院交通运输主管部门规定的时间内作出是否同意的决定，通知报告人，同时通报港口行政管理部门。定船舶、定航线、定货种的船舶可以定期报告。

在内河港口内进行危险化学品的装卸、过驳作业，应当将危险化学品的名称、危险特性、包装和作业的时间、地点等事项报告港口行政管理部门。港口行政管理部门接到报告后，应当在国务院交通运输主管部门规定的时间内作出是否同意的决定，通知报告人，同时通报海事管理机构。

载运危险化学品的船舶在内河航行，通过过船建筑物的，应当提前向交通运输主管部门申报，并接受交通运输主管部门的管理。

第六十一条 载运危险化学品的船舶在内河航行、装卸或者停泊，应当悬挂专用的警示标志，按照规定显示专用信号。

载运危险化学品的船舶在内河航行，按照国务院交通运输主管部门的规定需要引航的，应当申请引航。

第六十二条 载运危险化学品的船舶在内河航行，应当遵守法律、行政法规和国家其他有关饮用水水源保护的规定。内河航道发展规划应当与依法经批准的饮用水水源保护区划定方案相协调。

第六十三条 托运危险化学品的，托运人应当向承运人说明所托运的危险化学品的种类、数量、危险特性以及发生危险情况的应急处置措施，并按照国家有关规定对所托运的危险化学品妥善包装，在外包装上设置相应的标志。

运输危险化学品需要添加抑制剂或者稳定剂的，托运人应当添加，并将有关情况告知承运人。

第六十四条 托运人不得在托运的普通货物中夹带危险化学品，不得将危险化学品匿报或者谎报为普通货物托运。

任何单位和个人不得交寄危险化学品或者在邮件、快件内夹带危险化学品，不得将危险化学品匿报或者谎报为普通物品交寄。邮政企业、快递企业不得收寄危险化学品。

对涉嫌违反本条第一款、第二款规定的，交通运输主管部门、邮政管理部门可以依法开拆查验。

第六十五条 通过铁路、航空运输危险化学品的安全管理，依照有关铁路、航空运输的法律、行政法规、规章的规定执行。

第六章　危险化学品登记与事故应急救援

第六十六条 国家实行危险化学品登记制度，为危险化学品安全管理以及危险化学品事故预防和应急救援提供技术、信息支持。

第六十七条　危险化学品生产企业、进口企业，应当向国务院安全生产监督管理部门负责危险化学品登记的机构(以下简称危险化学品登记机构)办理危险化学品登记。

危险化学品登记包括下列内容：

（一）分类和标签信息；

（二）物理、化学性质；

（三）主要用途；

（四）危险特性；

（五）储存、使用、运输的安全要求；

（六）出现危险情况的应急处置措施。

对同一企业生产、进口的同一品种的危险化学品，不进行重复登记。危险化学品生产企业、进口企业发现其生产、进口的危险化学品有新的危险特性的，应当及时向危险化学品登记机构办理登记内容变更手续。

危险化学品登记的具体办法由国务院安全生产监督管理部门制定。

第六十八条　危险化学品登记机构应当定期向工业和信息化、环境保护、公安、卫生、交通运输、铁路、质量监督检验检疫等部门提供危险化学品登记的有关信息和资料。

第六十九条　县级以上地方人民政府安全生产监督管理部门应当会同工业和信息化、环境保护、公安、卫生、交通运输、铁路、质量监督检验检疫等部门，根据本地区实际情况，制定危险化学品事故应急预案，报本级人民政府批准。

第七十条　危险化学品单位应当制定本单位危险化学品事故应急预案，配备应急救援人员和必要的应急救援器材、设备，并定期组织应急救援演练。

危险化学品单位应当将其危险化学品事故应急预案报所在地设区的市级人民政府安全生产监督管理部门备案。

第七十一条　发生危险化学品事故，事故单位主要负责人应当立即按照本单位危险化学品应急预案组织救援，并向当地安全生产监督管理部门和环境保护、公安、卫生主管部门报告；道路运输、水路运输过程中发生危险化学品事故的，驾驶人员、船员或者押运人员还应当向事故发生地交通运输主管部门报告。

第七十二条　发生危险化学品事故，有关地方人民政府应当立即组织安全生产监督管理、环境保护、公安、卫生、交通运输等有关部门，按照本地区危险化学品事故应急预案组织实施救援，不得拖延、推诿。

有关地方人民政府及其有关部门应当按照下列规定，采取必要的应急处置措施，减少事故损失，防止事故蔓延、扩大：

（一）立即组织营救和救治受害人员，疏散、撤离或者采取其他措施保护危害区域内的其他人员；

（二）迅速控制危害源，测定危险化学品的性质、事故的危害区域及危害程度；

（三）针对事故对人体、动植物、土壤、水源、大气造成的现实危害和可能产生的危害，迅速采取封闭、隔离、洗消等措施；

（四）对危险化学品事故造成的环境污染和生态破坏状况进行监测、评估，并采取相应的环境污染治理和生态修复措施。

第七十三条　有关危险化学品单位应当为危险化学品事故应急救援提供技术指导和必要的协助。

第七十四条　危险化学品事故造成环境污染的，由设区的市级以上人民政府环境保护主管部门统一发布有关信息。

第七章　法律责任

第七十五条　生产、经营、使用国家禁止生产、经营、使用的危险化学品的，由安全生产监督管理部门责令停止生产、经营、使用活动，处20万元以上50万元以下的罚款，有违法所得的，没收违法所得；构成犯罪的，依法追究刑事责任。

有前款规定行为的，安全生产监督管理部门还应当责令其对所生产、经营、使用的危险化学品进行无害化处理。

违反国家关于危险化学品使用的限制性规定使用危险化学品的，依照本条第一款的规定处理。

第七十六条 未经安全条件审查，新建、改建、扩建生产、储存危险化学品的建设项目的，由安全生产监督管理部门责令停止建设，限期改正；逾期不改正的，处50万元以上100万元以下的罚款；构成犯罪的，依法追究刑事责任。

未经安全条件审查，新建、改建、扩建储存、装卸危险化学品的港口建设项目的，由港口行政管理部门依照前款规定予以处罚。

第七十七条 未依法取得危险化学品安全生产许可证从事危险化学品生产，或者未依法取得工业产品生产许可证从事危险化学品及其包装物、容器生产的，分别依照《安全生产许可证条例》、《中华人民共和国工业产品生产许可证管理条例》的规定处罚。

违反本条例规定，化工企业未取得危险化学品安全使用许可证，使用危险化学品从事生产的，由安全生产监督管理部门责令限期改正，处10万元以上20万元以下的罚款；逾期不改正的，责令停产整顿。

违反本条例规定，未取得危险化学品经营许可证从事危险化学品经营的，由安全生产监督管理部门责令停止经营活动，没收违法经营的危险化学品以及违法所得，并处10万元以上20万元以下的罚款；构成犯罪的，依法追究刑事责任。

第七十八条 有下列情形之一的，由安全生产监督管理部门责令改正，可以处5万元以下的罚款；拒不改正的，处5万元以上10万元以下的罚款；情节严重的，责令停产停业整顿：

（一）生产、储存危险化学品的单位未对其铺设的危险化学品管道设置明显的标志，或者未对危险化学品管道定期检查、检测的；

（二）进行可能危及危险化学品管道安全的施工作业，施工单位未按照规定书面通知管道所属单位，或者未与管道所属单位共同制定应急预案、采取相应的安全防护措施，或者管道所属单位未指派专门人员到现场进行管道安全保护指导的；

（三）危险化学品生产企业未提供化学品安全技术说明书，或者未在包装（包括外包装件）上粘贴、拴挂化学品安全标签的；

（四）危险化学品生产企业提供的化学品安全技术说明书与其生产的危险化学品不相符，或者在包装（包括外包装件）粘贴、拴挂的化学品安全标签与包装内危险化学品不相符，或者化学品安全技术说明书、化学品安全标签所载明的内容不符合国家标准要求的；

（五）危险化学品生产企业发现其生产的危险化学品有新的危险特性不立即公告，或者不及时修订其化学品安全技术说明书和化学品安全标签的；

（六）危险化学品经营企业经营没有化学品安全技术说明书和化学品安全标签的危险化学品的；

（七）危险化学品包装物、容器的材质以及包装的型式、规格、方法和单件质量（重量）与所包装的危险化学品的性质和用途不相适应的；

（八）生产、储存危险化学品的单位未在作业场所和安全设施、设备上设置明显的安全警示标志，或者未在作业场所设置通信、报警装置的；

（九）危险化学品专用仓库未设专人负责管理，或者对储存的剧毒化学品以及储存数量构成重大危险源的其他危险化学品未实行双人收发、双人保管制度的；

（十）储存危险化学品的单位未建立危险化学品出入库核查、登记制度的；

（十一）危险化学品专用仓库未设置明显标志的；

（十二）危险化学品生产企业、进口企业不办理危险化学品登记，或者发现其生产、进口的危险化学品有新的危险特性不办理危险化学品登记内容变更手续的。

从事危险化学品仓储经营的港口经营人有前款规定情形的，由港口行政管理部门依照前款规定予以处罚。储存剧毒化学品、易制爆危险化学品的专用仓库未按照国家有关规定设置相应的技术防范设施的，由公安机关依照前款规定予以处罚。

生产、储存剧毒化学品、易制爆危险化学品的单位未设置治安保卫机构、配备专职治安保卫人员的，依照《企业事业单位内部治安保卫条例》的规定处罚。

第七十九条　危险化学品包装物、容器生产企业销售未经检验或者经检验不合格的危险化学品包装物、容器的，由质量监督检验检疫部门责令改正，处10万元以上20万元以下的罚款，有违法所得的，没收违法所得；拒不改正的，责令停产停业整顿；构成犯罪的，依法追究刑事责任。

将未经检验合格的运输危险化学品的船舶及其配载的容器投入使用的，由海事管理机构依照前款规定予以处罚。

第八十条　生产、储存、使用危险化学品的单位有下列情形之一的，由安全生产监督管理部门责令改正，处5万元以上10万元以下的罚款；拒不改正的，责令停产停业整顿直至由原发证机关吊销其相关许可证件，并由工商行政管理部门责令其办理经营范围变更登记或者吊销其营业执照；有关责任人员构成犯罪的，依法追究刑事责任：

（一）对重复使用的危险化学品包装物、容器，在重复使用前不进行检查的；

（二）未根据其生产、储存的危险化学品的种类和危险特性，在作业场所设置相关安全设施、设备，或者未按照国家标准、行业标准或者国家有关规定对安全设施、设备进行经常性维护、保养的；

（三）未依照本条例规定对其安全生产条件定期进行安全评价的；

（四）未将危险化学品储存在专用仓库内，或者未将剧毒化学品以及储存数量构成重大危险源的其他危险化学品在专用仓库内单独存放的；

（五）危险化学品的储存方式、方法或者储存数量不符合国家标准或者国家有关规定的；

（六）危险化学品专用仓库不符合国家标准、行业标准的要求的；

（七）未对危险化学品专用仓库的安全设施、设备定期进行检测、检验的。

从事危险化学品仓储经营的港口经营人有前款规定情形的，由港口行政管理部门依照前款规定予以处罚。

第八十一条　有下列情形之一的，由公安机关责令改正，可以处1万元以下的罚款；拒不改正的，处1万元以上5万元以下的罚款：

（一）生产、储存、使用剧毒化学品、易制爆危险化学品的单位不如实记录生产、储存、使用的剧毒化学品、易制爆危险化学品的数量、流向的；

（二）生产、储存、使用剧毒化学品、易制爆危险化学品的单位发现剧毒化学品、易制爆危险化学品丢失或者被盗，不立即向公安机关报告的；

（三）储存剧毒化学品的单位未将剧毒化学品的储存数量、储存地点以及管理人员的情况报所在地县级人民政府公安机关备案的；

（四）危险化学品生产企业、经营企业不如实记录剧毒化学品、易制爆危险化学品购买单位的名称、地址、经办人的姓名、身份证号码以及所购买的剧毒化学品、易制爆危险化学品的品种、数量、用途，或者保存销售记录和相关材料的时间少于1年的；

（五）剧毒化学品、易制爆危险化学品的销售企业、购买单位未在规定的时限内将所销售、购买的剧毒化学品、易制爆危险化学品的品种、数量以及流向信息报所在地县级人民政府公安机关备案的；

（六）使用剧毒化学品、易制爆危险化学品的单位依照本条例规定转让其购买的剧毒化学品、易制爆危险化学品，未将有关情况向所在地县级人民政府公安机关报告的。

生产、储存危险化学品的企业或者使用危险化学品从事生产的企业未按照本条例规定将安全评价报告以及整改方案的落实情况报安全生产监督管理部门或者港口行政管理部门备案，或者储存危险化学品的单位未将其剧毒化学品以及储存数量构成重大危险源的其他危险化学品的储存数量、储存地点以及管理人员的情况报安全生产监督管理部门或者港口行政管理部门备案的，分别由安全生产监督管理部门或者港口行政管理部门依照前款规定予以处罚。

生产实施重点环境管理的危险化学品的企业或者使用实施重点环境管理的危险化学品从事生产的企业未按照规定将相关信息向环境保护主管部门报告的，由环境保护主管部门依照本条第一款的规定予以处罚。

第八十二条 生产、储存、使用危险化学品的单位转产、停产、停业或者解散，未采取有效措施及时、妥善处置其危险化学品生产装置、储存设施以及库存的危险化学品，或者丢弃危险化学品的，由安全生产监督管理部门责令改正，处5万元以上10万元以下的罚款；构成犯罪的，依法追究刑事责任。

生产、储存、使用危险化学品的单位转产、停产、停业或者解散，未依照本条例规定将其危险化学品生产装置、储存设施以及库存危险化学品的处置方案报有关部门备案的，分别由有关部门责令改正，可以处1万元以下的罚款；拒不改正的，处1万元以上5万元以下的罚款。

第八十三条 危险化学品经营企业向未经许可违法从事危险化学品生产、经营活动的企业采购危险化学品的，由工商行政管理部门责令改正，处10万元以上20万元以下的罚款；拒不改正的，责令停业整顿直至由原发证机关吊销其危险化学品经营许可证，并由工商行政管理部门责令其办理经营范围变更登记或者吊销其营业执照。

第八十四条 危险化学品生产企业、经营企业有下列情形之一的，由安全生产监督管理部门责令改正，没收违法所得，并处10万元以上20万元以下的罚款；拒不改正的，责令停产停业整顿直至吊销其危险化学品安全生产许可证、危险化学品经营许可证，并由工商行政管理部门责令其办理经营范围变更登记或者吊销其营业执照：

（一）向不具有本条例第三十八条第一款、第二款规定的相关许可证件或者证明文件的单位销售剧毒化学品、易制爆危险化学品的；

（二）不按照剧毒化学品购买许可证载明的品种、数量销售剧毒化学品的；

（三）向个人销售剧毒化学品(属于剧毒化学品的农药除外)、易制爆危险化学品的。

不具有本条例第三十八条第一款、第二款规定的相关许可证件或者证明文件的单位购买剧毒化学品、易制爆危险化学品，或者个人购买剧毒化学品(属于剧毒化学品的农药除外)、易制爆危险化学品的，由公安机关没收所购买的剧毒化学品、易制爆危险化学品，可以并处5000元以下的罚款。

使用剧毒化学品、易制爆危险化学品的单位出借或者向不具有本条例第三十八条第一款、第二款规定的相关许可证件的单位转让其购买的剧毒化学品、易制爆危险化学品，或者向个人转让其购买的剧毒化学品(属于剧毒化学品的农药除外)、易制爆危险化学品的，由公安机关责令改正，处10万元以上20万元以下的罚款；拒不改正的，责令停产停业整顿。

第八十五条 未依法取得危险货物道路运输许可、危险货物水路运输许可，从事危险化学品道路运输、水路运输的，分别依照有关道路运输、水路运输的法律、行政法规的规定处罚。

第八十六条 有下列情形之一的，由交通运输主管部门责令改正，处5万元以上10万元以下的罚款；拒不改正的，责令停产停业整顿；构成犯罪的，依法追究刑事责任：

（一）危险化学品道路运输企业、水路运输企业的驾驶人员、船员、装卸管理人员、押运人员、申报人员、集装箱装箱现场检查员未取得从业资格上岗作业的；

（二）运输危险化学品，未根据危险化学品的危险特性采取相应的安全防护措施，或者未配备必要的防护用品和应急救援器材的；

（三）使用未依法取得危险货物适装证书的船舶，通过内河运输危险化学品的；

（四）通过内河运输危险化学品的承运人违反国务院交通运输主管部门对单船运输的危险化学品数量

的限制性规定运输危险化学品的；

（五）用于危险化学品运输作业的内河码头、泊位不符合国家有关安全规范，或者未与饮用水取水口保持国家规定的安全距离，或者未经交通运输主管部门验收合格投入使用的；

（六）托运人不向承运人说明所托运的危险化学品的种类、数量、危险特性以及发生危险情况的应急处置措施，或者未按照国家有关规定对所托运的危险化学品妥善包装并在外包装上设置相应标志的；

（七）运输危险化学品需要添加抑制剂或者稳定剂，托运人未添加或者未将有关情况告知承运人的。

第八十七条　有下列情形之一的，由交通运输主管部门责令改正，处10万元以上20万元以下的罚款，有违法所得的，没收违法所得；拒不改正的，责令停产停业整顿；构成犯罪的，依法追究刑事责任：

（一）委托未依法取得危险货物道路运输许可、危险货物水路运输许可的企业承运危险化学品的；

（二）通过内河封闭水域运输剧毒化学品以及国家规定禁止通过内河运输的其他危险化学品的；

（三）通过内河运输国家规定禁止通过内河运输的剧毒化学品以及其他危险化学品的；

（四）在托运的普通货物中夹带危险化学品，或者将危险化学品谎报或者匿报为普通货物托运的。

在邮件、快件内夹带危险化学品，或者将危险化学品谎报为普通物品交寄的，依法给予治安管理处罚；构成犯罪的，依法追究刑事责任。

邮政企业、快递企业收寄危险化学品的，依照《中华人民共和国邮政法》的规定处罚。

第八十八条　有下列情形之一的，由公安机关责令改正，处5万元以上10万元以下的罚款；构成违反治安管理行为的，依法给予治安管理处罚；构成犯罪的，依法追究刑事责任：

（一）超过运输车辆的核定载质量装载危险化学品的；

（二）使用安全技术条件不符合国家标准要求的车辆运输危险化学品的；

（三）运输危险化学品的车辆未经公安机关批准进入危险化学品运输车辆限制通行的区域的；

（四）未取得剧毒化学品道路运输通行证，通过道路运输剧毒化学品的。

第八十九条　有下列情形之一的，由公安机关责令改正，处1万元以上5万元以下的罚款；构成违反治安管理行为的，依法给予治安管理处罚：

（一）危险化学品运输车辆未悬挂或者喷涂警示标志，或者悬挂或者喷涂的警示标志不符合国家标准要求的；

（二）通过道路运输危险化学品，不配备押运人员的；

（三）运输剧毒化学品或者易制爆危险化学品途中需要较长时间停车，驾驶人员、押运人员不向当地公安机关报告的；

（四）剧毒化学品、易制爆危险化学品在道路运输途中丢失、被盗、被抢或者发生流散、泄露等情况，驾驶人员、押运人员不采取必要的警示措施和安全措施，或者不向当地公安机关报告的。

第九十条　对发生交通事故负有全部责任或者主要责任的危险化学品道路运输企业，由公安机关责令消除安全隐患，未消除安全隐患的危险化学品运输车辆，禁止上道路行驶。

第九十一条　有下列情形之一的，由交通运输主管部门责令改正，可以处1万元以下的罚款；拒不改正的，处1万元以上5万元以下的罚款：

（一）危险化学品道路运输企业、水路运输企业未配备专职安全管理人员的；

（二）用于危险化学品运输作业的内河码头、泊位的管理单位未制定码头、泊位危险化学品事故应急救援预案，或者未为码头、泊位配备充足、有效的应急救援器材和设备的。

第九十二条　有下列情形之一的，依照《中华人民共和国内河交通安全管理条例》的规定处罚：

（一）通过内河运输危险化学品的水路运输企业未制定运输船舶危险化学品事故应急救援预案，或者未为运输船舶配备充足、有效的应急救援器材和设备的；

（二）通过内河运输危险化学品的船舶的所有人或者经营人未取得船舶污染损害责任保险证书或者财务担保证明的；

（三）船舶载运危险化学品进出内河港口，未将有关事项事先报告海事管理机构并经其同意的；

（四）载运危险化学品的船舶在内河航行、装卸或者停泊，未悬挂专用的警示标志，或者未按照规定显示专用信号，或者未按照规定申请引航的。

未向港口行政管理部门报告并经其同意，在港口内进行危险化学品的装卸、过驳作业的，依照《中华人民共和国港口法》的规定处罚。

第九十三条 伪造、变造或者出租、出借、转让危险化学品安全生产许可证、工业产品生产许可证，或者使用伪造、变造的危险化学品安全生产许可证、工业产品生产许可证的，分别依照《安全生产许可证条例》、《中华人民共和国工业产品生产许可证管理条例》的规定处罚。

伪造、变造或者出租、出借、转让本条例规定的其他许可证，或者使用伪造、变造的本条例规定的其他许可证的，分别由相关许可证的颁发管理机关处10万元以上20万元以下的罚款，有违法所得的，没收违法所得；构成违反治安管理行为的，依法给予治安管理处罚；构成犯罪的，依法追究刑事责任。

第九十四条 危险化学品单位发生危险化学品事故，其主要负责人不立即组织救援或者不立即向有关部门报告的，依照《生产安全事故报告和调查处理条例》的规定处罚。

危险化学品单位发生危险化学品事故，造成他人人身伤害或者财产损失的，依法承担赔偿责任。

第九十五条 发生危险化学品事故，有关地方人民政府及其有关部门不立即组织实施救援，或者不采取必要的应急处置措施减少事故损失，防止事故蔓延、扩大的，对直接负责的主管人员和其他直接责任人员依法给予处分；构成犯罪的，依法追究刑事责任。

第九十六条 负有危险化学品安全监督管理职责的部门的工作人员，在危险化学品安全监督管理工作中滥用职权、玩忽职守、徇私舞弊，构成犯罪的，依法追究刑事责任；尚不构成犯罪的，依法给予处分。

第八章 附 则

第九十七条 监控化学品、属于危险化学品的药品和农药的安全管理，依照本条例的规定执行；法律、行政法规另有规定的，依照其规定。

民用爆炸物品、烟花爆竹、放射性物品、核能物质以及用于国防科研生产的危险化学品的安全管理，不适用本条例。

法律、行政法规对燃气的安全管理另有规定的，依照其规定。

危险化学品容器属于特种设备的，其安全管理依照有关特种设备安全的法律、行政法规的规定执行。

第九十八条 危险化学品的进出口管理，依照有关对外贸易的法律、行政法规、规章的规定执行；进口的危险化学品的储存、使用、经营、运输的安全管理，依照本条例的规定执行。

危险化学品环境管理登记和新化学物质环境管理登记，依照有关环境保护的法律、行政法规、规章的规定执行。危险化学品环境管理登记，按照国家有关规定收取费用。

第九十九条 公众发现、捡拾的无主危险化学品，由公安机关接收。公安机关接收或者有关部门依法没收的危险化学品，需要进行无害化处理的，交由环境保护主管部门组织其认定的专业单位进行处理，或者交由有关危险化学品生产企业进行处理。处理所需费用由国家财政负担。

第一百条 化学品的危险特性尚未确定的，由国务院安全生产监督管理部门、国务院环境保护主管部门、国务院卫生主管部门分别负责组织对该化学品的物理危险性、环境危害性、毒理特性进行鉴定。根据鉴定结果，需要调整危险化学品目录的，依照本条例第三条第二款的规定办理。

第一百零一条 本条例施行前已经使用危险化学品从事生产的化工企业，依照本条例规定需要取得危险化学品安全使用许可证的，应当在国务院安全生产监督管理部门规定的期限内，申请取得危险化学品安全使用许可证。

第一百零二条 本条例自2011年12月1日起施行。

2. 安全生产许可证条例

2004年1月7日国务院第34次常务会议通过
中华人民共和国国务院令第397号

第一条 为了严格规范安全生产条件，进一步加强安全生产监督管理，防止和减少生产安全事故，根据《中华人民共和国安全生产法》的有关规定，制定本条例。

第二条 国家对矿山企业、建筑施工企业和危险化学品、烟花爆竹、民用爆破器材生产企业（以下统称企业）实行安全生产许可制度。

企业未取得安全生产许可证的，不得从事生产活动。

第三条 国务院安全生产监督管理部门负责中央管理的非煤矿矿山企业和危险化学品、烟花爆竹生产企业安全生产许可证的颁发和管理。

省、自治区、直辖市人民政府安全生产监督管理部门负责前款规定以外的非煤矿矿山企业和危险化学品、烟花爆竹生产企业安全生产许可证的颁发和管理，并接受国务院安全生产监督管理部门的指导和监督。

国家煤矿安全监察机构负责中央管理的煤矿企业安全生产许可证的颁发和管理。

在省、自治区、直辖市设立的煤矿安全监察机构负责前款规定以外的其他煤矿企业安全生产许可证的颁发和管理，并接受国家煤矿安全监察机构的指导和监督。

第四条 国务院建设主管部门负责中央管理的建筑施工企业安全生产许可证的颁发和管理。

省、自治区、直辖市人民政府建设主管部门负责前款规定以外的建筑施工企业安全生产许可证的颁发和管理，并接受国务院建设主管部门的指导和监督。

第五条 国务院国防科技工业主管部门负责民用爆破器材生产企业安全生产许可证的颁发和管理。

第六条 企业取得安全生产许可证，应当具备下列安全生产条件：

（一）建立、健全安全生产责任制，制定完备的安全生产规章制度和操作规程；

（二）安全投入符合安全生产要求；

（三）设置安全生产管理机构，配备专职安全生产管理人员；

（四）主要负责人和安全生产管理人员经考核合格；

（五）特种作业人员经有关业务主管部门考核合格，取得特种作业操作资格证书；

（六）从业人员经安全生产教育和培训合格；

（七）依法参加工伤保险，为从业人员缴纳保险费；

（八）厂房、作业场所和安全设施、设备、工艺符合有关安全生产法律、法规、标准和规程的要求；

（九）有职业危害防治措施，并为从业人员配备符合国家标准或者行业标准的劳动防护用品；

（十）依法进行安全评价；

（十一）有重大危险源检测、评估、监控措施和应急预案；

（十二）有生产安全事故应急救援预案、应急救援组织或者应急救援人员，配备必要的应急救援器材、设备；

（十三）法律、法规规定的其他条件。

第七条 企业进行生产前，应当依照本条例的规定向安全生产许可证颁发管理机关申请领取安全生产许可证，并提供本条例第六条规定的相关文件、资料。安全生产许可证颁发管理机关应当自收到申请之日起45日内审查完毕，经审查符合本条例规定的安全生产条件的，颁发安全生产许可证；不符合本条例规定的安全生产条件的，不予颁发安全生产许可证，书面通知企业并说明理由。

煤矿企业应当以矿(井)为单位，在申请领取煤炭生产许可证前，依照本条例的规定取得安全生产许可证。

第八条 安全生产许可证由国务院安全生产监督管理部门规定统一的式样。

第九条 安全生产许可证的有效期为3年。安全生产许可证有效期满需要延期的，企业应当于期满前3个月向原安全生产许可证颁发管理机关办理延期手续。

企业在安全生产许可证有效期内，严格遵守有关安全生产的法律法规，未发生死亡事故的，安全生产许可证有效期届满时，经原安全生产许可证颁发管理机关同意，不再审查，安全生产许可证有效期延期3年。

第十条 安全生产许可证颁发管理机关应当建立、健全安全生产许可证档案管理制度，并定期向社会公布企业取得安全生产许可证的情况。

第十一条 煤矿企业安全生产许可证颁发管理机关、建筑施工企业安全生产许可证颁发管理机关、民用爆破器材生产企业安全生产许可证颁发管理机关，应当每年向同级安全生产监督管理部门通报其安全生产许可证颁发和管理情况。

第十二条 国务院安全生产监督管理部门和省、自治区、直辖市人民政府安全生产监督管理部门对建筑施工企业、民用爆破器材生产企业、煤矿企业取得安全生产许可证的情况进行监督。

第十三条 企业不得转让、冒用安全生产许可证或者使用伪造的安全生产许可证。

第十四条 企业取得安全生产许可证后，不得降低安全生产条件，并应当加强日常安全生产管理，接受安全生产许可证颁发管理机关的监督检查。

安全生产许可证颁发管理机关应当加强对取得安全生产许可证的企业的监督检查，发现其不再具备本条例规定的安全生产条件的，应当暂扣或者吊销安全生产许可证。

第十五条 安全生产许可证颁发管理机关工作人员在安全生产许可证颁发、管理和监督检查工作中，不得索取或者接受企业的财物，不得谋取其他利益。

第十六条 监察机关依照《中华人民共和国行政监察法》的规定，对安全生产许可证颁发管理机关及其工作人员履行本条例规定的职责实施监察。

第十七条 任何单位或者个人对违反本条例规定的行为，有权向安全生产许可证颁发管理机关或者监察机关等有关部门举报。

第十八条 安全生产许可证颁发管理机关工作人员有下列行为之一的，给予降级或者撤职的行政处分；构成犯罪的，依法追究刑事责任：

（一）向不符合本条例规定的安全生产条件的企业颁发安全生产许可证的；

（二）发现企业未依法取得安全生产许可证擅自从事生产活动，不依法处理的；

（三）发现取得安全生产许可证的企业不再具备本条例规定的安全生产条件，不依法处理的；

（四）接到对违反本条例规定行为的举报后，不及时处理的；

（五）在安全生产许可证颁发、管理和监督检查工作中，索取或者接受企业的财物，或者谋取其他利益的。

第十九条 违反本条例规定，未取得安全生产许可证擅自进行生产的，责令停止生产，没收违法所得，并处10万元以上50万元以下的罚款；造成重大事故或者其他严重后果，构成犯罪的，依法追究刑事责任。

第二十条 违反本条例规定，安全生产许可证有效期满未办理延期手续，继续进行生产的，责令停止生产，限期补办延期手续，没收违法所得，并处5万元以上10万元以下的罚款；逾期仍不办理延期手续，继续进行生产的，依照本条例第十九条的规定处罚。

第二十一条　违反本条例规定，转让安全生产许可证的，没收违法所得，处 10 万元以上 50 万元以下的罚款，并吊销其安全生产许可证；构成犯罪的，依法追究刑事责任；接受转让的，依照本条例第十九条的规定处罚。

冒用安全生产许可证或者使用伪造的安全生产许可证的，依照本条例第十九条的规定处罚。

第二十二条　本条例施行前已经进行生产的企业，应当自本条例施行之日起 1 年内，依照本条例的规定向安全生产许可证颁发管理机关申请办理安全生产许可证；逾期不办理安全生产许可证，或者经审查不符合本条例规定的安全生产条件，未取得安全生产许可证，继续进行生产的，依照本条例第十九条的规定处罚。

第二十三条　本条例规定的行政处罚，由安全生产许可证颁发管理机关决定。

第二十四条　本条例自公布之日起施行。

3. 国务院关于进一步加强安全生产工作的决定

国发〔2004〕2号

安全生产关系人民群众的生命财产安全，关系改革发展和社会稳定大局。党中央、国务院高度重视安全生产工作，建国以来特别是改革开放以来，采取了一系列重大措施加强安全生产工作。颁布实施了《中华人民共和国安全生产法》(以下简称《安全生产法》)等法律法规，明确了安全生产责任；初步建立了安全生产监管体系，安全生产监督管理得到加强；对重点行业和领域集中开展了安全生产专项整治，生产经营秩序和安全生产条件有所改善，安全生产状况总体上趋于稳定好转。但是，目前全国的安全生产形势依然严峻，煤矿、道路交通运输、建筑等领域伤亡事故多发的状况尚未扭转；安全生产基础比较薄弱，保障体系和机制不健全；部分地方和生产经营单位安全意识不强，责任不落实，投入不足；安全生产监督管理机构、队伍建设以及监管工作亟待加强。为了进一步加强安全生产工作，尽快实现我国安全生产局面的根本好转，特作如下决定。

一、提高认识，明确指导思想和奋斗目标

1. 充分认识安全生产工作的重要性。搞好安全生产工作，切实保障人民群众的生命财产安全，体现了最广大人民群众的根本利益，反映了先进生产力的发展要求和先进文化的前进方向。做好安全生产工作是全面建设小康社会、统筹经济社会全面发展的重要内容，是实施可持续发展战略的组成部分，是政府履行社会管理和市场监督管理职能的基本任务，是企业生存发展的基本要求。我国目前尚处于社会主义初级阶段，要实现安全生产状况的根本好转，必须付出持续不懈的努力。各地区、各部门要把安全生产作为一项长期艰巨的任务，警钟常鸣，常抓不懈，从全面贯彻落实"三个代表"重要思想，维护人民群众生命财产安全的高度，充分认识加强安全生产工作的重要意义和现实紧迫性，动员全社会力量，齐抓共管，全力推进。

2. 指导思想。认真贯彻"三个代表"重要思想，适应全面建设小康社会的要求和完善社会主义市场经济体制的新形势，坚持"安全第一、预防为主"的基本方针，进一步强化政府对安全生产工作的领导，大力推进安全生产各项工作，落实生产经营单位安全生产主体责任，加强安全生产监督管理；大力推进安全生产监管体制、安全生产法制和执法队伍"三项建设"，建立安全生产长效机制，实施科技兴安战略，积极采用先进的安全管理方法和安全生产技术，努力实现全国安全生产状况得根本好转。

3. 奋斗目标。到2007年，建立起较为完善的安全生产监管体系，全国安全生产状况稳定好转，矿山、危险化学品、建筑等重点行业和领域事故多发状况得到扭转，工矿企业事故死亡人数、煤矿百万顿死亡率、道路交通运输万车死亡率等指标均有一定幅度的下降。到2010年，初步形成规范完善的安全生产法治秩序，全国安全生产状况明显好转，重特大事故得到有效遏制，各类安全生产事故和死亡人数有效大幅度的下降。力争到2020年，我国安全生产状况实现根本性好转，亿元国内生产总值死亡率、十万人死亡率等指标达到或接近世界中等发达国家水平。

二、完善政策，大力推进安全生产各项工作

4. 加强产业政策的引导。制定和完善产业政策，调整和优化产业结构。逐步淘汰技术落后、浪费资源和环境污染严重的工艺技术、装备及不具备安全生产条件的企业。通过兼并、联合、重组等措施，积极发展跨区域、跨行业经营的大公司、大集团和大型生产供应基地，提高有安全生产保障企业的生产能力。

5. 加大政府对安全生产的投入。加强安全生产基础设施和支撑体系建设，加大对企业安全生产技术改造的支持力度。运用长期建设国债和预算内基本建设投资，支持大中型国有煤炭企业的安全生产技术改造。各级地方人民政府要重视安全生产基础设施建设资金的投入，并积极支持企业安全技术改造，对国家安排的安全生产专项资金，地方政府要加强监督管理，确保专款专用，并安排配套资金予以保障。

6. 深化安全生产专项整治。坚持把矿山、道路和水上交通运输、危险化学品。民用爆破器材和烟花爆竹、人员密集场所消防安全等方面的安全生产专项整治，作为整顿和规范社会主义市场经济秩序的一项重要任务，持续不懈地抓下去。继续关闭取缔非法和不具备安全条件的小矿小厂、经营网点，遏制低水平重复建设。把安全生产专项整治与依法落实生产经营单位安全生产保障制度、加强日常监督管理以及建立安全生产长效机制结合起来，确保整治工作取得实效。

7. 健全完善安全生产法制。对《安全生产法》确立的各项法律制度，要抓紧制定配套法规规章。认真做好各项安全生产技术规范、标准的制定修订工作。各地区要结合本地实际，制定和完善《安全生产法》配套实施办法和措施。加大安全生产法律法规的学习宣传和贯彻力度，普及安全生产法律知识，增强全民安全生产法制观念。

8. 建立生产安全应急救援体系。加快全国生产安全应急救援体系建设，尽快建立国家生产安全应急救援指挥中心，充分利用现有的应急救援资源，建设具有快速反应能力的专业化救援队伍，提高救援装备水平，增强生产安全事故的抢险救援能力。加强国家、省(区、市)、市(地)、县(市)四级重大危险源监控工作，建立应急救援预案和生产安全预警机制。

9. 加强安全生产科研和技术开发。加强安全生产科学学科建设，积极发展安全生产普通高等教育，培养和造就更多的安全生产科技和管理人才。加大科技投入力度，充分利用高等院校、科研机构、社会团体等安全生产科研资源，加强安全生产基础研究和应用研究。建立国家安全生产信息管理系统，提高安全生产信息系统的准确性、科学性和权威性。积极开展安全生产领域的国际交流与合作，加快先进的生产技术引进、消化、吸收和自主创新步伐。

三、强化管理，落实生产经营单位安全生产主体责任

10. 依法加强和改进生产经营单位安全管理。强化生产经营单位安全生产主体地位，进一步明确安全生产责任，全面落实安全保障的各项法律法规。生产经营单位要根据《安全生产法》等有关法律规定，设置安全生产管理机构或者配备专职(或兼职)安全生产管理人员。保证安全生产的必要投入，积极采用安全性能可靠的新技术、新工艺、新设备和新材料，不断改善安全生产条件。改进生产经营单位安全管理，积极采用职业安全健康管理体系认证、风险评估、安全评价等方法，落实各项安全防范措施，提高安全生产管理水平。

11. 开展安全质量标准化活动。制定和颁布重点行业、领域安全生产技术规范和安全生产质量工作标准，在全国所有工矿、商贸、交通运输、建筑施工等企业普遍开展安全质量标准化活动。企业生产流程的各环节、各岗位要建立严格的安全生产质量责任制。生产经营活动和行为，必须符合安全生产有关法律法规和安全生产技术规范的要求，做到规范化和标准化。

12. 搞好安全生产技术培训。加强安全生产培训工作，整合培训资源，完善培训网络，加大培训力度，提高培训质量。生产经营单位必须对所有从业人员进行必要的安全生产技术培训，其主要负责人及有关经营管理人员、重要工种人员必须按照有关法律、法规的规定，接受规范的安全生产培训，经考试合格，持证上岗。完善注册安全工程师考试、任职、考核制度。

13. 建立企业提取安全费用制度。为保证安全生产所需资金投入，形成企业安全生产投入的长效机制，借鉴煤矿提取安全费用的经验，在条件成熟后，逐步建立对高危行业生产企业提取安全费用制度。企业安全费用的提取，要根据地区和行业的特点，分别确定提取标准，由企业自行提取，专户储存，专项用于安全生产。

14. 依法加大生产经营单位对伤亡事故的经济赔偿。生产经营单位必须认真执行工伤保险制度，依法参加工伤保险，及时为从业人员缴纳保险费。同时，向受到生产安全事故伤害的员工或家属支付赔偿金。进一步提高企业生产安全事故伤亡赔偿标准，建立企业负责人自觉保障安全投入，努力减少事故的机制。

四、完善制度，加强安全生产监督管理

15. 加强地方各级安全生产监管机构和执法队伍建设。县级以上各级地方人民政府要依照《安全生产法》的规定，建立健全安全生产监管机构，充实必要人员，加强安全生产监管队伍建设，提高安全生产监管工作的权威，切实履行安全生产监管职能。完善煤矿安全生产监察体制，进一步加强煤矿安全生产监察队伍建设和监察执法工作。

16. 建立安全生产控制指标体系。要制定全国安全生产中长期发展计划，明确年度安全生产控制指标，建立全国和分省(区、市)的控制指标体系，对安全生产情况实行定量控制和考核。从2004年起，国家向各省(区、市)人民政府下达年度安全生产各项控制指标，并进行跟踪检查和监督考核。对各省(区、市)安全生产控制指标完成情况，国家安全生产监督管理部门将通过新闻发布会、政府公告、简报等形式，每季度公布一次。

17. 建立安全生产行政许可制度。把安全生产纳入国家行政许可的范围，在各行业的行政许可制度中，把安全生产作为一项重要内容，从源头上制止不具备安全生产条件的企业进入市场。开办企业必须具备法律规定的安全生产条件，依法向政府有关部门申请、办理安全生产许可证，持证生产经营。新建、改建、扩建项目的安全设施必须同时设计、同时施工、同时投产和使用(简称“三同时”)，对未通过“三同时”审查的建设项目，有关部门不予办理行政许可手续，企业不准开工投产。

18. 建立企业安全生产风险抵押金制度。为强化生产经营单位的安全生产责任，各地区可结合实际，依法对矿山、道路交通运输、建筑施工、危险化学品、烟花爆竹等领域从事生产经营活动的企业，收取一定数额的安全生产风险抵押金，企业生产经营期间发生生产安全事故的，转作事故抢险救灾和善后处理所需资金。具体办法由国家安全生产监督管理部门会同财政部门研究制定。

19. 强化安全生产监管监察行政执法。各级安全生产监管监察机构要增强执法意识，做到严格、公正、文明执法。依法对生产经营单位安全生产情况进行监督检查，指导督促生产经营单位建立健全安全生产责任制，落实各项防范措施。组织开展好企业安全评估，搞好分类指导和重点监管。对严重忽视安全生产的企业及其负责人或业主，要依法加大行政执法和经济处罚的力度。认真查处各类事故，坚持事故原因未查清不放过，责任人员未处理不放过，整改措施未落实不放过，有关人员未受到教育不放过的“四不放过”原则，不仅要追究事故直接责任人的责任，同时要追究有关负责人的领导责任。

20. 加强对小企业的安全生产监管。小企业是安全生产管理的薄弱环节，各地要高度重视小企业的安全生产工作，切实加强监督管理。从组织领导、工作机制和安全投入等方面入手，逐步探索出一套行之有效的监管办法。坚持寓监督管理于服务之中，积极为中小企业提供安全技术、人才、政策咨询等方面的服务，加强检查指导，督促帮助小企业搞好安全生产。要重视解决小煤矿安全生产投入问题，对乡镇及个体煤矿，要严格监督其按照规定提取安全费用。

五、加强领导，形成齐抓共管的合力

21. 认真落实各级领导安全生产责任。地方各级人民政府要建立健全领导干部安全生产责任制，把安全生产作为干部政绩考核的重要内容，逐级抓好落实。特别要加强县乡两级领导干部安全生产责任制的落实。加强对地方领导干部的安全知识培训和安全生产监管人员的执法业务培训。国家组织对市(地)、县(市)两级政府分管安全生产工作的领导干部进行培训；各省(区、市)要对县级以上安全生产监管部门负责人，分期分批进行执法能力培训。依法严肃查处事故责任，对存在失职、渎职行为，或对事故发生负有领导责任的地方政府、企业领导人，要依照有关法律法规严格追究责任。严厉惩治安全生产领域的腐败现象和黑恶势力。

22. 构建全社会齐抓共管的安全生产工作格局。地方各级人民政府每季度至少召开一次安全生产例会，分析、部署、督促和检查本地区的安全生产工作；大力支持并帮助解决安全生产监管部门在行政执法中遇到的困难和问题。各级安全生产委员会及其办公室要积极发挥综合协调作用。安全生产综合监管及其他负有安全生产监督管理职责的部门要在政府的统一领导下，依照有关法律法规的规定，各负其责，密切配合，切实履行安全监管职能。各级工会、共青团组织要围绕安全生产，发挥各自优势，开展群众性安全生产活动。充分发挥各类协会、学会、中心等中介机构和社团组织的作用，构建信息、法律、技术装备、宣传教育、培训和应急救援等安全生产支撑体系。强化社会监督、群众监督和新闻媒体监督，丰富全国"安全生产月"、"安全生产万里行"等活动内容，努力构建"政府统一领导、部门依法监管、企业全面负责、群众参与监督、全社会广泛支持"的安全生产工作格局。

23. 做好宣传教育和舆论引导工作。把安全生产宣传教育纳入宣传思想工作的总体布局，坚持正确的舆论导向，大力宣传党和国家安全生产方针政策、法律法规和加强安全生产工作的重大举措，宣传安全生产工作的先进典型和经验；对严重忽视安全生产、导致重大事故发生的典型事例要予以曝光。在大中专院校和中小学开设安全知识课程，提高青少年在道路交通、消防、城市燃气等方面的识灾和防灾能力。通过广泛深入的宣传教育，不断增强群众依法自我安全保护的意识。

各地区、各部门和各单位要加强调查研究，注意发现安全生产工作中出现的新情况，研究新问题，推进安全生产理论、监管方式和手段、安全科技、安全文化等方面的创新，不断增强安全生产工作的针对性和实效性，努力开创我国安全生产工作的新局面，为完善社会主义市场经济体制，实现党的十六大提出的全面建设小康社会的宏伟目标创造安全稳定的环境。

4. 国务院关于进一步加强企业安全生产工作的通知

国发〔2010〕23号

各省、自治区、直辖市人民政府，国务院各部委、各直属机构：

近年来，全国生产安全事故逐年下降，安全生产状况总体稳定、趋于好转，但形势依然十分严峻，事故总量仍然很大，非法违法生产现象严重，重特大事故多发频发，给人民群众生命财产安全造成重大损失，暴露出一些企业重生产轻安全、安全管理薄弱、主体责任不落实，一些地方和部门安全监管不到位等突出问题。为进一步加强安全生产工作，全面提高企业安全生产水平，现就有关事项通知如下：

一、总体要求

1. 工作要求。深入贯彻落实科学发展观，坚持以人为本，牢固树立安全发展的理念，切实转变经济发展方式，调整产业结构，提高经济发展的质量和效益，把经济发展建立在安全生产有可靠保障的基础上；坚持"安全第一、预防为主、综合治理"的方针，全面加强企业安全管理，健全规章制度，完善安全标准，提高企业技术水平，夯实安全生产基础；坚持依法依规生产经营，切实加强安全监管，强化企业安全生产主体责任落实和责任追究，促进我国安全生产形势实现根本好转。

2. 主要任务。以煤矿、非煤矿山、交通运输、建筑施工、危险化学品、烟花爆竹、民用爆炸物品、冶金等行业(领域)为重点，全面加强企业安全生产工作。要通过更加严格的目标考核和责任追究，采取更加有效的管理手段和政策措施，集中整治非法违法生产行为，坚决遏制重特大事故发生；要尽快建成完善的国家安全生产应急救援体系，在高危行业强制推行一批安全适用的技术装备和防护设施，最大程度减少事故造成的损失；要建立更加完善的技术标准体系，促进企业安全生产技术装备全面达到国家和行业标准，实现我国安全生产技术水平的提高；要进一步调整产业结构，积极推进重点行业的企业重组和矿产资源开发整合，彻底淘汰安全性能低下、危及安全生产的落后产能；以更加有力的政策引导，形成安全生产长效机制。

二、严格企业安全管理

3. 进一步规范企业生产经营行为。企业要健全完善严格的安全生产规章制度，坚持不安全不生产。加强对生产现场监督检查，严格查处违章指挥、违规作业、违反劳动纪律的"三违"行为。凡超能力、超强度、超定员组织生产的，要责令停产停工整顿，并对企业和企业主要负责人依法给予规定上限的经济处罚。对以整合、技改名义违规组织生产，以及规定期限内未实施改造或故意拖延工期的矿井，由地方政府依法予以关闭。要加强对境外中资企业安全生产工作的指导和管理，严格落实境内投资主体和派出企业的安全生产监督责任。

4. 及时排查治理安全隐患。企业要经常性开展安全隐患排查，并切实做到整改措施、责任、资金、时限和预案"五到位"。建立以安全生产专业人员为主导的隐患整改效果评价制度，确保整改到位。对隐患整改不力造成事故的，要依法追究企业和企业相关负责人的责任。对停产整改逾期未完成的不得复产。

5. 强化生产过程管理的领导责任。企业主要负责人和领导班子成员要轮流现场带班。煤矿、非煤矿山要有矿领导带班并与工人同时下井、同时升井，对无企业负责人带班下井或该带班而未带班的，对有关责任人按擅离职守处理，同时给予规定上限的经济处罚。发生事故而没有领导现场带班的，对企业给予规定上限的经济处罚，并依法从重追究企业主要负责人的责任。

6. 强化职工安全培训。企业主要负责人和安全生产管理人员、特殊工种人员一律严格考核，按国家有关规定持职业资格证书上岗；职工必须全部经过培训合格后上岗。企业用工要严格依照劳动合同法与职工签订劳动合同。凡存在不经培训上岗、无证上岗的企业，依法停产整顿。没有对井下作业人员进行安全培训教育，或存在特种作业人员无证上岗的企业，情节严重的要依法予以关闭。

7. 全面开展安全达标。深入开展以岗位达标、专业达标和企业达标为内容的安全生产标准化建设，凡在规定时间内未实现达标的企业要依法暂扣其生产许可证、安全生产许可证，责令停产整顿；对整改逾期未达标的，地方政府要依法予以关闭。

三、建设坚实的技术保障体系

8. 加强企业生产技术管理。强化企业技术管理机构的安全职能，按规定配备安全技术人员，切实落实企业负责人安全生产技术管理负责制，强化企业主要技术负责人技术决策和指挥权。因安全生产技术问题不解决产生重大隐患的，要对企业主要负责人、主要技术负责人和有关人员给予处罚；发生事故的，依法追究责任。

9. 强制推行先进适用的技术装备。煤矿、非煤矿山要制定和实施生产技术装备标准，安装监测监控系统、井下人员定位系统、紧急避险系统、压风自救系统、供水施救系统和通信联络系统等技术装备，并于3年之内完成。逾期未安装的，依法暂扣安全生产许可证、生产许可证。运输危险化学品、烟花爆竹、民用爆炸物品的道路专用车辆，旅游包车和三类以上的班线客车要安装使用具有行驶记录功能的卫星定位装置，于2年之内全部完成；鼓励有条件的渔船安装防撞自动识别系统，在大型尾矿库安装全过程在线监控系统，大型起重机械要安装安全监控管理系统；积极推进信息化建设，努力提高企业安全防护水平。

10. 加快安全生产技术研发。企业在年度财务预算中必须确定必要的安全投入。国家鼓励企业开展安全科技研发，加快安全生产关键技术装备的换代升级。进一步落实《国家中长期科学和技术发展规划纲要(2006－2020年)》等，加大对高危行业安全技术、装备、工艺和产品研发的支持力度，引导高危行业提高机械化、自动化生产水平，合理确定生产一线用工。“十二五”期间要继续组织研发一批提升我国重点行业领域安全生产保障能力的关键技术和装备项目。

四、实施更加有力的监督管理

11. 进一步加大安全监管力度。强化安全生产监管部门对安全生产的综合监管，全面落实公安、交通、国土资源、建设、工商、质检等部门的安全生产监督管理及工业主管部门的安全生产指导职责，形成安全生产综合监管与行业监管指导相结合的工作机制，加强协作，形成合力。在各级政府统一领导下，严厉打击非法违法生产、经营、建设等影响安全生产的行为，安全生产综合监管和行业管理部门要会同司法机关联合执法，以强有力措施查处、取缔非法企业。对重大安全隐患治理实行逐级挂牌督办、公告制度，重大隐患治理由省级安全生产监管部门或行业主管部门挂牌督办，国家相关部门加强督促检查。对拒不执行监管监察指令的企业，要依法依规从重处罚。进一步加强监管力量建设，提高监管人员专业素质和技术装备水平，强化基层站点监管能力，加强对企业安全生产的现场监管和技术指导。

12. 强化企业安全生产属地管理。安全生产监管监察部门、负有安全生产监管职责的有关部门和行业管理部门要按职责分工，对当地企业包括中央、省属企业实行严格的安全生产监督检查和管理，组织对企业安全生产状况进行安全标准化分级考核评价，评价结果向社会公开，并向银行业、证券业、保险业、担保业等主管部门通报，作为企业信用评级的重要参考依据。

13. 加强建设项目安全管理。强化项目安全设施核准审批，加强建设项目的日常安全监管，严格落实审批、监管的责任。企业新建、改建、扩建工程项目的安全设施，要包括安全监控设施和防瓦斯等有害气体、防尘、排水、防火、防爆等设施，并与主体工程同时设计、同时施工、同时投入生产和使用。安全设施与建设项目主体工程未做到同时设计的一律不予审批，未做到同时施工的责令立即停止施工，未同时投入使用的不得颁发安全生产许可证，并视情节追究有关单位负责人的责任。严格落实建设、设计、施工、监理、监管等各方安全责任。对项目建设生产经营单位存在违法分包、转包等行为的，立即依法停工停产整顿，并追究项目业主、承包方等各方责任。

14. 加强社会监督和舆论监督。要充分发挥工会、共青团、妇联组织的作用，依法维护和落实企业职工对安全生产的参与权与监督权，鼓励职工监督举报各类安全隐患，对举报者予以奖励。有关部门和地方要进一步畅通安全生产的社会监督渠道，设立举报箱，公布举报电话，接受人民群众的公开监督。要发挥新闻媒体的舆论监督，对舆论反映的客观问题要深查原因，切实整改。

五、建设更加高效的应急救援体系

15. 加快国家安全生产应急救援基地建设。按行业类型和区域分布，依托大型企业，在中央预算内基建投资支持下，先期抓紧建设7个国家矿山应急救援队，配备性能可靠、机动性强的装备和设备，保障必要的运行维护费用。推进公路交通、铁路运输、水上搜救、船舶溢油、油气田、危险化学品等行业(领域)国家救援基地和队伍建设。鼓励和支持各地区、各部门、各行业依托大型企业和专业救援力量，加强服务周边的区域性应急救援能力建设。

16. 建立完善企业安全生产预警机制。企业要建立完善安全生产动态监控及预警预报体系，每月进行一次安全生产风险分析。发现事故征兆要立即发布预警信息，落实防范和应急处置措施。对重大危险源和重大隐患要报当地安全生产监管监察部门、负有安全生产监管职责的有关部门和行业管理部门备案。涉及国家秘密的，按有关规定执行。

17. 完善企业应急预案。企业应急预案要与当地政府应急预案保持衔接，并定期进行演练。赋予企业生产现场带班人员、班组长和调度人员在遇到险情时第一时间下达停产撤人命令的直接决策权和指挥权。因撤离不及时导致人身伤亡事故的，要从重追究相关人员的法律责任。

六、严格行业安全准入

18. 加快完善安全生产技术标准。各行业管理部门和负有安全生产监管职责的有关部门要根据行业技术进步和产业升级的要求，加快制定修订生产、安全技术标准，制定和实施高危行业从业人员资格标准。对实施许可证管理制度的危险性作业要制定落实专项安全技术作业规程和岗位安全操作规程。

19. 严格安全生产准入前置条件。把符合安全生产标准作为高危行业企业准入的前置条件，实行严格的安全标准核准制度。矿山建设项目和用于生产、储存危险物品的建设项目，应当分别按照国家有关规定进行安全条件论证和安全评价，严把安全生产准入关。凡不符合安全生产条件违规建设的，要立即停止建设，情节严重的由本级人民政府或主管部门实施关闭取缔。降低标准造成隐患的，要追究相关人员和负责人的责任。

20. 发挥安全生产专业服务机构的作用。依托科研院所，结合事业单位改制，推动安全生产评价、技术支持、安全培训、技术改造等服务性机构的规范发展。制定完善安全生产专业服务机构管理办法，保证专业服务机构从业行为的专业性、独立性和客观性。专业服务机构对相关评价、鉴定结论承担法律责任，对违法违规、弄虚作假的，要依法依规从严追究相关人员和机构的法律责任，并降低或取消相关资质。

七、加强政策引导

21. 制定促进安全技术装备发展的产业政策。要鼓励和引导企业研发、采用先进适用的安全技术和产品，鼓励安全生产适用技术和新装备、新工艺、新标准的推广应用。把安全检测监控、安全避险、安全保护、个人防护、灾害监控、特种安全设施及应急救援等安全生产专用设备的研发制造，作为安全产业加以培育，纳入国家振兴装备制造业的政策支持范畴。大力发展安全装备融资租赁业务，促进高危行业企业加快提升安全装备水平。

22. 加大安全专项投入。切实做好尾矿库治理、扶持煤矿安全技改建设、瓦斯防治和小煤矿整顿关闭等各类中央资金的安排使用，落实地方和企业配套资金。加强对高危行业企业安全生产费用提取和使用管理的监督检查，进一步完善高危行业企业安全生产费用财务管理制度，研究提高安全生产费用提取下限标准，适当扩大适用范围。依法加强道路交通事故社会救助基金制度建设，加快建立完善水上搜救奖励与补偿机制。高危行业企业探索实行全员安全风险抵押金制度。完善落实工伤保险制度，积极稳妥推行安全生产责任保险制度。

23. 提高工伤事故死亡职工一次性赔偿标准。从 2011 年 1 月 1 日起，依照《工伤保险条例》的规定，对因生产安全事故造成的职工死亡，其一次性工亡补助金标准调整为按全国上一年度城镇居民人均可支配收入的 20 倍计算，发放给工亡职工近亲属。同时，依法确保工亡职工一次性丧葬补助金、供养亲属抚恤金的发放。

24. 鼓励扩大专业技术和技能人才培养。进一步落实完善校企合作办学、对口单招、订单式培养等政策，鼓励高等院校、职业学校逐年扩大采矿、机电、地质、通风、安全等相关专业人才的招生培养规模，加快培养高危行业专业人才和生产一线急需技能型人才。

八、更加注重经济发展方式转变

25. 制定落实安全生产规划。各地区、各有关部门要把安全生产纳入经济社会发展的总体布局，在制定国家、地区发展规划时，要同步明确安全生产目标和专项规划。企业要把安全生产工作的各项要求落实在企业发展和日常工作之中，在制定企业发展规划和年度生产经营计划中要突出安全生产，确保安全投入和各项安全措施到位。

26. 强制淘汰落后技术产品。不符合有关安全标准、安全性能低下、职业危害严重、危及安全生产的落后技术、工艺和装备要列入国家产业结构调整指导目录，予以强制性淘汰。各省级人民政府也要制订本地区相应的目录和措施，支持有效消除重大安全隐患的技术改造和搬迁项目，遏制安全水平低、保障能力差的项目建设和延续。对存在落后技术装备、构成重大安全隐患的企业，要予以公布，责令限期整改，逾期未整改的依法予以关闭。

27. 加快产业重组步伐。要充分发挥产业政策导向和市场机制的作用，加大对相关高危行业企业重组力度，进一步整合或淘汰浪费资源、安全保障低的落后产能，提高安全基础保障能力。

九、实行更加严格的考核和责任追究

28. 严格落实安全目标考核。对各地区、各有关部门和企业完成年度生产安全事故控制指标情况进行严格考核，并建立激励约束机制。加大重特大事故的考核权重，发生特别重大生产安全事故的，要根据情节轻重，追究地市级分管领导或主要领导的责任；后果特别严重、影响特别恶劣的，要按规定追究省部级相关领导的责任。加强安全生产基础工作考核，加快推进安全生产长效机制建设，坚决遏制重特大事故的发生。

29. 加大对事故企业负责人的责任追究力度。企业发生重大生产安全责任事故，追究事故企业主要负责人责任；触犯法律的，依法追究事故企业主要负责人或企业实际控制人的法律责任。发生特别重大事故，除追究企业主要负责人和实际控制人责任外，还要追究上级企业主要负责人的责任；触犯法律的，依法追究企业主要负责人、企业实际控制人和上级企业负责人的法律责任。对重大、特别重大生产安全责任事故负有主要责任的企业，其主要负责人终身不得担任本行业企业的矿长(厂长、经理)。对非法违法生产造成人员伤亡的，以及瞒报事故、事故后逃逸等情节特别恶劣的，要依法从重处罚。

30. 加大对事故企业的处罚力度。对于发生重大、特别重大生产安全责任事故或一年内发生 2 次以上较大生产安全责任事故并负主要责任的企业，以及存在重大隐患整改不力的企业，由省级及以上安全监管监察部门会同有关行业主管部门向社会公告，并向投资、国土资源、建设、银行、证券等主管部门通报，一年内严格限制新增的项目核准、用地审批、证券融资等，并作为银行贷款等的重要参考依据。

31. 对打击非法生产不力的地方实行严格的责任追究。在所辖区域对群众举报、上级督办、日常检查发现的非法生产企业(单位)没有采取有效措施予以查处，致使非法生产企业(单位)存在的，对县(市、区)、乡(镇)人民政府主要领导以及相关责任人，根据情节轻重，给予降级、撤职或者开除的行政处分，涉嫌犯罪的，依法追究刑事责任。国家另有规定的，从其规定。

32. 建立事故查处督办制度。依法严格事故查处，对事故查处实行地方各级安全生产委员会层层挂牌督办，重大事故查处实行国务院安全生产委员会挂牌督办。事故查处结案后，要及时予以公告，接受社会监督。

各地区、各部门和各有关单位要做好对加强企业安全生产工作的组织实施，制订部署本地区本行业贯彻落实本通知要求的具体措施，加强监督检查和指导，及时研究、协调解决贯彻实施中出现的突出问题。国务院安全生产委员会办公室和国务院有关部门要加强工作督查，及时掌握各地区、各部门和本行业(领域)工作进展情况，确保各项规定、措施执行落实到位。省级人民政府和国务院有关部门要将加强企业安全生产工作情况及时报送国务院安全生产委员会办公室。

国务院

二〇一〇年七月十九日

5. 国务院安委会办公室关于进一步加强危险化学品安全生产工作的指导意见

安委办〔2008〕26号

各省、自治区、直辖市及新疆生产建设兵团安全生产委员会，有关中央企业：

近年来，各地区、各部门、各单位高度重视危险化学品安全生产工作，采取了一系列强化安全监管的措施，全国危险化学品安全生产形势呈现稳定好转的发展态势。但是，我国部分危险化学品从业单位工艺落后，设备简陋陈旧，自动控制水平低，本质安全水平低，从业人员素质低，安全管理不到位；有关危险化学品安全管理的法规和标准不健全，监管力量薄弱，危险化学品事故总量大，较大、重大事故时有发生，安全生产形势依然严峻。为深入贯彻党的十七大精神，全面落实科学发展观，坚持安全发展的理念和“安全第一、预防为主、综合治理”的方针，按照“合理规划、严格准入，改造提升、固本强基，完善法规、加大投入，落实责任、强化监管”的要求，构建危险化学品安全生产长效机制，实现危险化学品安全生产形势明显好转，现就加强危险化学品安全生产工作提出以下指导意见：

一、科学制定发展规划，严格安全许可条件

1. 合理规划产业安全发展布局。县级以上地方人民政府要制定化工行业安全发展规划，按照“产业集聚”与“集约用地”的原则，确定化工集中区域或化工园区，明确产业定位，完善水电气风、污水处理等公用工程配套和安全保障设施。2009年底前，完成化工行业安全发展规划编制工作，确定危险化学品生产、储存的专门区域。从2010年起，危险化学品生产、储存建设项目必须在依法规划的专门区域内建设，负责固定资产投资管理部门和安全监管部门不再受理没有划定危险化学品生产、储存专门区域的地区提出的立项申请和安全审查申请。要通过财政、税收、差别水电价等经济手段，引导和推动企业结构调整、产业升级和技术进步。新的化工建设项目必须进入产业集中区或化工园区，逐步推动现有化工企业进区入园。

2. 严格危险化学品安全生产、经营许可。危险化学品安全生产、经营许可证发证机关要严格按照有关规定，认真审核危险化学品企业安全生产、经营条件。对首次申请安全生产许可证或申请经营许可证且带有储存设施的企业，许可证发证机关要组织专家进行现场审核，符合条件的，方可颁发许可证。申请延期换发安全生产许可证的一级或二级安全生产标准化的企业，许可证发证机关可直接为其办理延期换证手续，并提出该企业下次换证时的安全生产条件。要把涉及硝化、氧化、磺化、氯化、氟化或重氮化反应等危险工艺（以下统称危险工艺）的生产装置实现自动控制，纳入换（发）安全生产许可证的条件。地方各级安全监管部门要结合本地区实际，制定工作计划，指导和督促企业开展涉及危险工艺的生产装置自动化改造工作，在2010年底前必须完成，否则一律不予换（发）安全生产许可证。

要规范危险化学品生产企业人员从业条件。各省（自治区、直辖市）安全监管部门要会同行业主管部门研究制定本地区危险化学品生产企业人员从业条件，提高从业人员的准入门槛。从2009年起，安全监管部门要把从业人员是否达到从业条件纳入危险化学品生产企业行政许可条件。

3. 严格建设项目安全许可。地方各级人民政府投资管理部门要把危险化学品建设项目设立安全审查纳入建设项目立项审批程序，建立由投资管理部门牵头、安全监管等部门参加的危险化学品建设项目会审制度。危险化学品建设项目未经安全监管部门安全审查通过的，投资管理部门不予批准。

要从严审批剧毒化学品、易燃易爆化学品、合成氨和涉及危险工艺的建设项目，严格限制涉及光气的建设项目。安全监管部门组织建设项目安全设施设计审查时，要严格审查高温、高压、易燃、易爆和使用危险工艺的新建化工装置是否设计装备集散控制系统，大型和高度危险的化工装置是否设计装备紧急停车系统；进行建设项目试生产(使用)方案备案时，要认真了解试生产装置生产准备和应急措施等情况，必要时组织有关专家对试生产方案进行审查；组织建设项目安全设施验收时，要同时验收安全设施投入使用情况与装置自动控制系统安装投入使用情况。

4. 继续关闭工艺落后、设备设施简陋、不符合安全生产条件的危险化学品生产企业。安全监管部门检查发现不符合安全生产条件的危险化学品企业，要责令其限期整改；整改不合格或在规定期限内未进行整改的，应依法吊销许可证并提请企业所在地人民政府依法予以关闭。对使用淘汰工艺和设备、不符合安全生产条件的危险化学品生产企业，企业所在地设区的市级安全监管部门要提请同级或县级人民政府依法予以关闭，有关人民政府要组织限期予以关闭。

二、加强企业安全基础管理，提高安全管理水平

5. 完善并落实安全生产责任制。危险化学品从业单位主要负责人要认真履行安全生产第一责任人职责，完善全员安全生产责任制、安全生产管理制度和岗位操作规程，健全安全生产管理机构，保障安全投入，建立内部监督机制，确保企业安全生产主体责任落实到位。

6. 严格执行建设项目安全设施“三同时”制度。企业要加强建设项目特别是改扩建项目的安全管理，安全设施要与主体工程同时设计、同时施工、同时投入使用，确保采用安全、可靠的工艺技术和装备，确保建设项目工艺可靠、安全设施齐全有效、自动化控制水平满足安全生产需要。要严格遵守设计规范、标准和有关规定，委托具备相应资质的单位负责设计、施工、监理。建设项目试生产前，要组织设计、施工、监理和建设单位的工程技术人员进行“三查四定”(查设计漏项、查工程质量、查工程隐患，定任务、定人员、定时间、定整改措施)，制定试车方案，严格按试车方案和有关规范、标准组织试生产。操作人员经上岗考核合格，方可参加试生产操作。工程项目验收时，要同时验收安全设施。

7. 全面开展安全生产标准化工作。要按照《危险化学品从业单位安全标准化规范》，全面开展安全生产标准化工作，规范企业安全生产管理。要将安全生产标准化工作与贯彻落实安全生产法律法规、深化安全生产专项整治相结合，纳入企业安全管理工作计划和目标考核，通过实施安全生产标准化工作，强化企业安全生产“双基”工作，建立企业安全生产长效机制。剧毒化学品、易燃易爆化学品生产企业和涉及危险工艺的企业(以下称重点企业)要在2010年底前，实现安全生产标准化全面达标。

8. 建立规范化的隐患排查治理制度。危险化学品从业单位要建立健全定期隐患排查制度，把隐患排查治理纳入企业的日常安全管理，形成全面覆盖、全员参与的隐患排查治理工作机制，使隐患排查治理工作制度化和常态化。

危险化学品从业单位要根据生产特点和季节变化，组织开展综合性检查、季节性检查、专业性检查、节假日检查以及操作工和生产班组的日常检查。对检查出的问题和隐患，要及时整改；对不能及时整改的，要制定整改计划，采取防范措施，限期解决。

9. 认真落实危险化学品登记制度。危险化学品生产、储存、使用单位应做好危险化学品普查工作，向所在省(自治区、直辖市)危险化学品登记机构提交登记材料，办理登记手续，取得危险化学品登记证书，在2009年底前完成危险化学品登记工作。危险化学品生产单位必须向用户提供危险化学品“一书一签”(安全技术说明书和安全标签)。

10. 提高事故应急能力。危险化学品从业单位要按照有关标准和规范，编制危险化学品事故应急预案，配备必要的应急装备和器材，建立应急救援队伍。要定期开展事故应急演练，对演练效果进行评估，适时修订完善应急预案。中小危险化学品从业单位应与当地政府应急管理部门、应急救援机构、大型石油化工企业建立联系机制，通过签订应急服务协议，提高应急处置能力。

11. 建立安全生产情况报告制度。每年第一季度，重点企业要向当地县级安全监管部门、行业主管部门报告上年度安全生产情况，有关中央企业要向所在地设区的市级安全监管部门、行业主管部门报告上年度安全生产情况，并接受有关部门的现场核查。企业发生伤亡事故时，要按有关规定及时报告。受县级人民政府委托组织一般危险化学品事故调查的企业，调查工作结束后要向县级人民政府及其安全监管、行业主管部门报送事故调查报告。

12. 加强安全生产教育培训。要按照《安全生产培训管理办法》(原国家安全监管局令第 20 号)、《生产经营单位安全培训规定》(国家安全监管总局令第 3 号)的要求，健全并落实安全教育培训制度，建立安全教育培训档案，实行全员培训，严格持证上岗。要制定切实可行的安全教育培训计划，采取多种有效措施，分类别、分层次开展安全意识、法律法规、安全管理规章制度、操作规程、安全技能、事故案例、应急管理、职业危害与防护、遵章守纪、杜绝“三违”(违章指挥、违章操作、违反劳动纪律)等教育培训活动。企业每年至少进行一次全员安全培训考核，考核成绩记入员工教育培训档案。

三、加大安全投入，提升本质安全水平

13. 建立企业安全生产投入保障机制。要严格执行财政部、国家安全监管总局《高危行业企业安全生产费用财务管理暂行办法》(财企〔2006〕478 号)，完善安全投入保障制度，足额提取安全费用，保证用于安全生产的资金投入和有效实施，通过技术改造，不断提高企业本质安全水平。

14. 改造提升现有企业，逐步提高安全技术水平。重点企业要积极采用新技术改造提升现有装置以满足安全生产的需要。工艺技术自动控制水平低的重点企业要制定技术改造计划，加大安全生产投入，在 2010 年底前，完成自动化控制技术改造，通过装备集散控制和紧急停车系统，提高生产装置自动化控制水平。新开发的危险化学品生产工艺必须在小试、中试、工业化试验的基础上逐步放大到工业化生产。

新建的涉及危险工艺的化工装置必须装备自动化控制系统，选用安全可靠的仪表、联锁控制系统，配备必要的有毒有害、易燃易爆气体泄漏检测报警系统和火灾报警系统，提高装置安全可靠性。

15. 加强重大危险源安全监控。危险化学品生产、经营单位要定期开展危险源识别、检查、评估工作，建立重大危险源档案，加强对重大危险源的监控，按照有关规定或要求做好重大危险源备案工作。重大危险源涉及的压力、温度、液位、泄漏报警等要有远传和连续记录，液化气体、剧毒液体等重点储罐要设置紧急切断装置。要建立并严格执行重大危险源安全监控责任制，定期检查重大危险源压力容器及附件、应急预案修订及演练、应急器材准备等情况。

16. 积极推动安全生产科技进步工作。鼓励和支持科研机构、大专院校和有关企业开发化工安全生产技术和危险化学品储存、运输、使用安全技术。在危险化学品槽车充装环节，推广使用万向充装管道系统代替充装软管，禁止使用软管充装液氯、液氨、液化石油气、液化天然气等液化危险化学品。指导有关中央企业开展风险评估，提高事故风险控制管理水平；组织有条件的中央企业应用危险与可操作性分析技术(HAZOP)，提高化工生产装置潜在风险辨识能力。

四、深化专项整治，完善法规标准

17. 深化危险化学品安全生产专项整治。各地区要继续开展化工企业安全生产整治工作，通过相关部门联合执法，运用法律、行政、经济等手段，采取鼓励转产、关闭、搬迁、部门托管或企业兼并等多种措施，进一步淘汰不符合产业规划、周边安全防护距离不符合要求、能耗高、污染重和安全生产没有保障的化工企业。化工企业搬迁任务重的地区要研究制定化工企业搬迁政策，对周边安全防护距离不符合要求和在城区的化工企业搬迁给予政策扶持。

18. 加强危险化学品道路运输安全监控和协查。各省(自治区、直辖市)交通管理部门要统筹规划并在 2009 年 6 月底前完成本地区危险化学品道路运输安全监控平台建设工作，保证监控覆盖范围，减少监管盲点，共享监控资源，实时动态监控危险化学品运输车辆运行安全状况。在 2009 年底前，危险化学品道路运输车辆都要安装符合标准规范要求的车载监控终端。

推进危险化学品道路运输联合执法和协查机制。县级以上地方人民政府要建立和完善本地区公安、交通、环保、质监、安全监管等部门联合执法工作制度，形成合力，提高监督检查效果。要针对危险化学品道路运输活动跨行政区的特点，建立地区间有关部门的协查机制，认真查处危险化学品违法违规运输活动和道路运输事故。要在危险化学品主要运输道路沿线建立重点危险化学品超载车辆卸载基地。

19. 推进危险化学品经营市场专业化。贸易管理、安全监管部门要积极推广建立危险化学品集中交易市场的成功经验，推进集仓储、配送、物流、销售和商品展示为一体的危险化学品交易市场建设，指导企业完善危险化学品集中交易、统一管理、指定储存、专业配送、信息服务。

20. 加强危险化学品安全生产法制建设。加强调查研究，进一步完善危险化学品安全管理部门规章和规范性文件，健全危险化学品安全生产法规体系。各省(自治区、直辖市)安全监管部门要认真总结近年来危险化学品安全管理工作的经验和教训，以《危险化学品安全管理条例(修订)》即将发布施行为契机，积极通过地方立法，结合本地区实际，制定和完善危险化学品安全生产地方性法规和规章，提高危险化学品领域安全生产准入条件，完善安全管理体制、机制，保障危险化学品安全生产有法可依。

21. 加快制修订安全技术标准。全国安全生产标准化技术委员会要组织研究、规划我国危险化学品安全技术标准体系，优先制定和修订当前亟需的危险化学品安全技术标准。有关部门和单位要制定工作计划，组织修订现行的化工行业与石油、石化行业建设标准，提高新建化工装置安全设防水平。

五、落实监管责任，提高执法能力

22. 加强安全生产执法检查，规范执法工作。各省(自治区、直辖市)安全监管部门、行业主管部门要结合本地区危险化学品从业单位实际，制定年度执法检查工作计划，明确检查频次、程序、内容、标准、要求。要重点检查企业主要负责人组织制定安全生产责任制、安全生产管理规章制度和应急预案并监督执行的情况，企业员工安全教育培训、重大危险源监控、安全生产隐患排查治理、安全费用提取与有效使用、安全生产标准化实施等情况。

安全生产执法机构要严格按照安全生产法律法规和有关标准规范，开展执法检查工作。要提高执法检查的能力，保证执法检查的客观性，严格规范执法检查工作，提高执法的权威性。要充分发挥专业应急救援队伍和专家的作用，提高事故应急救援能力和应急管理水平，参与安全监管、行业主管部门组织的执法检查工作。要加大对违法违规企业处罚的力度，推动企业进一步落实安全生产主体责任。

23. 严格执行事故调查处理“四不放过”原则，加强对事故调查工作的监督检查。发生生产安全事故的企业所在地县级以上地方人民政府要严格按照《生产安全事故报告和调查处理条例》的规定，认真履行职责，做好事故调查处理工作，查清事故原因，制定防范措施，严格责任追究，开展警示教育。安全监管部门、行业主管部门要加强对企业受县级人民政府委托组织的一般危险化学品事故调查处理工作的监督，检查防范措施和责任人处理意见落实情况。

县级以上安全监管部门要在每年3月底以前，向上一级安全监管部门报送本地区上年度危险化学品死亡事故的调查报告、负责事故调查的人民政府批复文件(复印件)；省级安全监管部门要将一次死亡6人以上的危险化学品事故调查报告、负责事故调查的人民政府批复文件(复印件)报送国家安全监管总局。

24. 加强事故统计分析，及时通报典型事故。各级安全监管部门要认真做好危险化学品事故统计工作，按时逐级上报统计数据；同时收集没有造成人员伤亡的危险化学品事故及其他行业、领域发生的危险化学品事故信息；定期分析本地区危险化学品事故的特点和规律，更好地指导安全监管工作。安全监管、行业主管等部门对典型危险化学品事故，要及时向相关企业和部门发出事故通报，吸取事故教训，举一反三，防止发生同类事故。

25. 加强安全监管队伍建设，提高执法水平。地方各级人民政府要加强安全监管机构和监管队伍建设，重点地区要在安全监管部门设立危险化学品安全监管机构，专门负责本行政区危险化学品安全监督管理工作；要结合本地区危险化学品从业单位的数量和分布情况，为危险化学品安全监管机构配备相应的专业人员和技术装备；要加强业务培训，提高危险化学品安全监管人员依法行政能力和执法水平。

26. 进一步发挥中介组织和专家作用。各级安全监管部门要指导专业协会、中介组织积极开展危险化学品安全管理咨询服务，帮助指导危险化学品从业单位健全安全生产责任制、安全生产管理制度，加强基础管理，提高安全管理水平。有条件的地方可依法成立注册安全工程师事务所，为中小化工企业安全生产提供咨询服务。

各级安全监管部门要建立危险化学品安全生产专家数据库，为专家参与危险化学品安全生产工作创造条件；建立重大问题研究和重要制度、措施实施前的专家咨询制度；鼓励和督促中小化工企业聘请专家(注册安全工程师)指导，加强企业安全生产工作。

六、加强组织领导，着力建立危险化学品安全生产长效机制

27. 加强对危险化学品安全生产工作的领导。地方各级人民政府及其有关部门要从建设社会主义和谐社会、维护社会稳定、保障人民群众安全健康的高度，在地方党委的领导下，发挥政府监督管理作用，加强对危险化学品安全生产工作的领导，把危险化学品安全生产纳入本地区经济社会发展规划，定期研究危险化学品安全生产工作，协调解决危险化学品安全生产工作中的重大问题，构建党委领导、政府监管、企业负责的危险化学品安全生产长效机制。

28. 建立和完善危险化学品安全监管部门联席会议制度。危险化学品安全监管涉及部门多、环节多。县级以上地方人民政府要建立并逐步完善由负有危险化学品安全监管责任的单位参加的部门联席会议制度，进一步加强对本地区危险化学品安全生产工作的协调，研究解决危险化学品安全管理的深层次问题；督促各相关部门相互配合，密切协作，提高执法检查效果。

29. 加强危险化学品安全监督管理综合工作。各级安全监管部门要加强综合监管职能，协调负有危险化学品安全监管职责的各个部门，各负其责、通力协作，强化危险化学品生产、储存、经营、运输、使用、处置废弃各个环节的安全监管。上级安全监管部门要指导、协调下级安全监管部门充分发挥危险化学品综合监管职能的作用，构建管理有力、监督有效的危险化学品综合监管网络。

各省、自治区、直辖市及新疆生产建设兵团安全生产委员会要迅速把本指导意见转发给本辖区各相关部门和单位，结合本地区情况制定实施意见，认真组织贯彻落实；加强综合协调，开展现状调研，注意树立典型，推广先进经验，把指导意见提出的各项措施落到实处，取得实效，推动危险化学品安全生产形势稳定好转。

6. 关于进一步加强危险化学品企业安全生产标准化工作的指导意见

安监总管三〔2009〕124号

各省、自治区、直辖市及新疆生产建设兵团安全生产监督管理局，有关中央企业，有关单位：

为深入贯彻落实《国务院关于进一步加强安全生产工作的决定》（国发〔2004〕2号）和《国务院安委会办公室关于进一步加强危险化学品安全生产工作的指导意见》（安委办〔2008〕26号），推动和引导危险化学品生产和储存企业、经营和使用剧毒化学品企业、有固定储存设施的危险化学品经营企业、使用危险化学品从事化工或医药生产的企业（以下统称危险化学品企业）全面开展安全生产标准化工作，改善安全生产条件，规范和改进安全管理工作，提高安全生产水平，提出以下指导意见：

一、指导思想和工作目标

1. 指导思想。以科学发展观为统领，坚持安全发展理念，全面贯彻"安全第一、预防为主、综合治理"的方针，深入持久地开展危险化学品企业安全生产标准化工作，进一步落实企业安全生产主体责任，强化生产工艺过程控制和全员、全过程的安全管理，不断提升安全生产条件，夯实安全管理基础，逐步建立自我约束、自我完善、持续改进的企业安全生产工作机制。

2. 工作目标。2009年底前，危险化学品企业全面开展安全生产标准化工作。2010年底前，使用危险工艺的危险化学品生产企业，化学制药企业，涉及易燃易爆、剧毒化学品、吸入性有毒有害气体等企业（以下统称重点危险化学品企业）要达到安全生产标准化三级以上水平。2012年底前，重点危险化学品企业要达到安全生产标准化二级以上水平，其他危险化学品企业要达到安全生产标准化三级以上水平。

二、把握重点，积极推进安全生产标准化工作

3. 完善和改进安全生产条件。危险化学品企业要根据采用生产工艺的特点和涉及危险化学品的危险特性，按照国家标准和行业标准分类、分级对工艺技术、主要设备设施、安全设施（特别是安全泄放设施、可燃气体和有毒气体泄漏报警设施等），重大危险源和关键部位的监控设施，电气系统、仪表自动化控制和紧急停车系统，公用工程安全保障等安全生产条件进行改造。危险化学品企业安全生产条件达到标准化标准后，本质安全水平要有明显提高，预防事故能力有明显增强。

4. 完善和严格履行全员安全生产责任制。危险化学品企业要建立、完善并严格履行"一岗一责"的全员安全生产责任制，尤其是要完善并严格履行企业领导层和管理人员的安全生产责任制。岗位安全生产责任制的内容要与本人的职务和岗位职责相匹配。

5. 完善和严格执行安全管理规章制度。危险化学品企业要对照有关安全生产法律法规和标准规范，对企业安全管理制度和操作规程符合有关法律法规标准情况进行全面检查和评估。把适用于本企业的法律法规和标准规范的有关规定转化为本企业的安全生产规章制度和安全操作规程，使有关法律法规和标准规范的要求在企业具体化。要建立健全和定期修订各项安全生产管理规章制度，狠抓安全生产管理规章制度的执行和落实。要经常检查工艺和操作规程；设备、仪表自动化、电气安全管理制度；巡回检查制度；定期（专业）检查等制度；安全作业规程，特别是动火、进入受限空间、拆卸设备管道、登高、临时用电等特殊作业安全规程的执行和落实情况。

6. 建立规范的隐患排查治理工作体制机制。危险化学品企业要建立定期开展隐患排查治理工作制度和工作机制，确定排查周期，明确有关部门和人员的责任，定期排查并及时消除安全生产隐患。

7. 加强全员的安全教育和技能培训。危险化学品企业要定期开展全员安全教育，增强从业人员的安全意识，提高从业人员自觉遵守安全生产规章制度的自觉性。要明确规定从业人员上岗资格条件，持续开展从业人员技能培训，使从业人员操作技能能够满足安全生产的实际需要。

8. 加强重大危险源、关键装置、重点部位的安全监控。危险化学品企业要在完善重要工艺参数监控技术措施的基础上，建立并严格执行重大危险源、关键装置、重点部位安全监控责任制，明确责任人和监控内容。尤其要高度重视危险化学品储罐区的安全监控工作，完善应急预案，防范重特大事故。

9. 加强危险化学品企业应急管理工作。危险化学品企业要编制科学实用、针对性强的安全生产应急预案，并通过定期演练，不断予以完善。危险化学品企业的应急预案要与当地政府的相关应急预案相衔接，涉及周边单位和居民的应急预案，还要与周边单位的相关预案相衔接。要做好应急设备设施、应急器材和物资的储备并及时维护和更新。

10. 认真吸取生产安全事故和安全事件教训。危险化学品企业要认真分析生产安全事故和安全事件发生的真实原因，在此基础上完善有关安全生产管理制度，制定和落实有针对性的整改措施，强化安全管理，确保不再发生类似事故。要认真吸取同类企业发生的事故教训，举一反三，改进管理，提高安全生产水平。

11. 中央企业要在推进安全生产标准化工作中发挥表率作用。有关中央企业总部要组织所属危险化学品企业开展安全生产标准化工作。经中央企业总部自行考核达到安全生产标准化一级标准的所属单位，经所在地省级安全监管局和中央企业总部推荐，可以直接申请安全生产标准化一级企业的达标考评。有关中央企业总部要组织所属企业积极开展重点化工生产装置危险与可操作性分析（HAZOP），全面查找和及时消除安全隐患，提高装置本质安全化水平。

三、建立和完善安全生产标准化工作的标准体系

12. 分级组织开展安全生产标准化工作。危险化学品企业安全生产标准化企业设一级、二级、三级三个等级。国家安全监管总局负责监督和指导全国危险化学品企业安全生产标准化工作，制定危险化学品企业安全生产标准化标准，公告安全生产标准化一级企业名单。省级安全监管局负责监督和指导本辖区危险化学品企业安全生产标准化工作，制定二级、三级危险化学品企业安全生产标准化实施指南，公告本辖区安全生产标准化二级企业名单。设区的市级安全监管局负责组织实施本辖区危险化学品企业安全生产标准化工作，公告安全生产标准化三级企业名单。安全生产标准化一级企业考评办法另行制定。

13. 要加强危险化学品企业安全生产标准化标准制定工作。安全生产标准化标准既要明确规定企业满足安全生产的基本条件，以此促进企业加大安全投入，改进和完善安全生产条件，提高本质安全水平，又要明确规定企业安全生产管理方面的具体要求，以此规范企业安全生产管理工作，不断提高安全管理水平。要统筹安排安全生产标准化标准制定工作，优先制定危险性大和重点行业的企业安全生产标准化标准，加快危险化学品企业安全生产标准化标准制定工作进程，尽快建立科学完备的危险化学品企业安全生产标准化标准体系。

14. 加快修订完善化工装置工程建设标准。要加大化工装置工程建设标准制定工作的力度，尽快改变我国现行化工装置工程建设标准总体落后的状况，规范和提高新建化工装置的安全生产条件。全面清理现行化工装置工程建设标准，制定修订工作计划，完善我国化工装置工程建设标准体系。

15. 各地要加快制定危险化学品企业安全生产标准化地方标准。各省级安全监管局要根据本地区危险化学品企业的行业特点和产业布局，制定安全生产标准化实施指南，尽快制定本地区危险化学品重点行业的安全生产标准化标准，积极推进本地区危险化学品企业安全生产标准化工作。

四、切实加强和改进对安全生产标准化工作的组织和领导

16. 充分认识进一步加强安全生产标准化工作的重要性。危险化学品领域是安全生产监督管理的重点领域，安全生产基础工作比较薄弱，较大以上事故时有发生，安全生产形势依然严峻。全面开展危险化学品企业安全生产标准化工作，是强化危险化学品安全生产基层基础工作、建立安全生产长效机制的重要措施，是加强危险化学品安全生产管理、预防事故的有效途径。各地区要统一思想，提高认识，因地制宜，积极引导危险化学品企业开展安全生产标准化工作，提高安全管理水平。

17. 积极推进危险化学品企业安全生产标准化工作。各地区、各单位要进一步加强组织领导，制定本地区、本单位开展安全生产标准化工作规划，及时协调解决工作中遇到的问题，制定和完善相关配套政策措施，积极推进，务求实效。各省级安全监管局要在2009 年9月底前，制定本地区危险化学品安全生产标准化考评工作的程序和办法。

18. 加大危险化学品企业安全生产标准化宣传和培训工作的力度。各级安全监管部门要把危险化学品安全生产标准纳入本地区安全生产培训工作内容，使危险化学品安全监管人员、危险化学品企业负责人和安全管理人员及时了解安全标准变化和更新情况；采取多种形式，广泛宣传国家安全监管总局制定的危险化学品安全生产标准，搞好培训教育，帮助企业正确理解和把握相关标准的内涵和要求。在此基础上，指导危险化学品企业把适合本企业的危险化学品安全生产标准转化为安全管理制度或安全操作规程。

19. 要因地制宜，制定政策措施，激励危险化学品企业积极开展安全生产标准化工作。危险化学品企业在安全生产许可证有效期内，如果严格遵守了有关安全生产的法律法规，未发生死亡事故，并接受了当地安全监管部门监督检查，经安全生产标准化考评确认加强了日常安全生产管理，未降低安全生产条件的，安全生产许可证有效期满需要延期的可直接办理延期手续；企业风险抵押金缴纳可以按照当地规定的最低标准交纳。各地区可以把安全生产标准化考评结果作为危险化学品企业分级监管的重要依据，达到安全生产标准化二级以上可以作为危险化学品企业安全生产评优的重要条件之一，安全生产标准化等级可以作为缴纳安全生产责任险费率的重要参考依据。

20. 切实加强对安全生产标准化工作的督促检查力度。各级安全监管部门要制定本地区开展安全生产标准化的工作方案，将安全生产标准化纳入本地危险化学品安全监管工作计划。

二〇〇九年六月二十四日

7. 关于做好安全生产许可证延期换证工作的通知

安监总政法〔2008〕127号

各省、自治区、直辖市及新疆生产建设兵团安全生产监督管理局，各省级煤矿安全监察机构，有关中央企业：

自2004年1月13日国务院公布施行《安全生产许可证条例》以来，全国已颁发煤矿企业、非煤矿矿山企业、危险化学品生产企业、烟花爆竹生产企业安全生产许可证近14万个。通过安全生产许可制度的建立和实施，加强了对煤矿企业、非煤矿矿山企业、危险化学品生产企业、烟花爆竹生产企业安全准入的监管力度，促进了安全生产形势的稳定好转。目前大多数安全生产许可证陆续到期，需要依法申请延期换证。为进一步加强和规范安全生产许可证颁发管理工作，做好安全生产许可证的延期换证工作，完善安全准入制度，现就有关要求通知如下：

一、高度重视，加强领导，依法行政。安全生产许可证是安全监管部门、煤矿安全监察机构依法加强事前监管监察，从源头治理事故隐患，把好安全准入关的重要手段。各省级安全监管局、煤矿安全监察机构要高度重视安全生产许可证颁发管理工作，主要负责人要亲自主持部署和检查安全生产许可证的延期换证工作。对安全生产许可证延期换证工作中出现的问题，要及时研究解决。要抓住这次安全生产许可证延期换证的契机，加强领导，严格把关，督促生产经营单位加大安全投入，改善安全生产条件，规范安全管理，排查治理事故隐患，提高生产经营单位抵御事故灾害的能力和安全管理水平。同时，淘汰无安全保障、落后的生产能力，依法关闭违法和不具备安全生产条件的生产经营单位。通过这次安全生产许可证的延期换证，要将非煤矿矿山、危险化学品、烟花爆竹等生产企业的数量减少10%以上。

二、坚持“严格准入、简化程序、规并内容、下放权限、符合规定”的原则，切实做好安全生产许可证的延期换证工作。要严格按照有关规定，对申请延期换证的企业安全生产条件进行审查，依法办理延期换证手续。各发证机关不得降低或者变相放宽安全生产许可条件，不得违反安全生产许可证延期换证程序。要将事故隐患排查治理工作与安全生产许可证的延期换证工作结合起来，企业存在重大事故隐患尚未整改的，其安全生产许可证一律不予延期。

三、对涉及多项相关行政许可的非煤矿矿山、危险化学品、烟花爆竹企业，原则上实行“一企一证”，同一个企业颁发一个安全生产许可证。对原有企业“一企多证”的，延期换证时只发一个安全生产许可证，在许可范围中注明相关的许可事项。延期换证工作涉及多项许可时，按照申请企业的类别，由发证机关主管业务机构受理审查，并征求许可事项涉及的其他业务主管机构的意见。如从事矿产资源开采、选冶、加工的冶金联合企业，依照规定申请取得非煤矿矿山企业安全生产许可证，但企业又从事危险化学品生产活动的，由发证机关主管冶金行业的业务主管机构负责受理和审查非煤矿矿山企业安全生产许可事项，同时征求主管危险化学品的业务主管机构的书面审查意见，然后统一颁发安全生产许可证（注明包括非煤矿矿山生产、危险化学品生产）。

煤矿企业及其所属煤矿，投资经营煤矿的中央企业应按照原国家安全监管局令第8号和《国家煤矿安全监察局关于中央企业申请领取煤矿企业安全生产许可证的通知》（煤安监监察〔2008〕12号）相关规定办理安全生产许可证及安全生产许可证的延期工作。

海洋石油企业中的油建、海建工程等企业，已由建设部门颁发安全生产许可证的，安全监管部门不再颁发安全生产许可证。

四、加强烟花爆竹产业安全发展规划和企业安全标准化工作。针对一些地区烟花爆竹生产企业规模小和家庭作坊式生产的特点，各地区要结合安全生产许可证的延期换证工作和本地区实际，研究制订烟花爆竹产业安全发展规划，提高准入门槛，淘汰一批工艺落后和安全生产水平低、规模小、管理差的企业。规划要明确本地区烟花爆竹生产企业规模下限和企业总量个数限制。鼓励烟花爆竹生产投资、技术人才向主产区和优势企业集中，扶持一批安全生产条件好、具有一定规模效益的企业，促进烟花爆竹生产企业向规模化、集约化发展。严格控制新建生产企业和生产黑火药、引火线和礼花弹类等A级产品以及摩擦类、烟雾类产品的生产企业数量，生产黑火药和礼花弹类等A级产品以及摩擦类、烟雾类产品企业的数量，控制在现有烟花爆竹生产企业总数的8%以内。烟花爆竹安全生产许可证证书上，要按照国家有关标准的规定，详细注明许可生产产品类别和级别。严格规范安全生产许可证证号的编制。

要结合换证工作，积极推动生产企业安全标准化活动。对已经取得《安全标准化企业证书》的企业，当其提出安全生产许可证延期申请时，可直接办理延期换证手续。鉴于首轮安全生产许可证颁发过程中存在降低准入门槛、安全评价质量差，导致许多企业带病生产作业等问题，对尚未开展安全标准化工作的生产企业，要严格按照规定条件进行审查，做好安全生产许可证的换证手续。

五、加大换证工作的监督检查和行政执法的力度。各发证机关要对企业持证届满和申请延期的情况组织排查，对安全生产许可证有效期满未办理延期手续继续进行生产，或者经安全监管部门、煤矿安全监察机构责令限期补办，逾期仍不办理相关手续继续进行生产的，依法从重查处。对不符合产业政策、生产能力落后、不具备基本安全生产条件的企业，一律不予延期换证，并报请县级以上人民政府按照国务院规定的权限予以关闭。

六、换证工作应当公开透明、联办高效、清正廉洁、接受监督。各单位要在符合规定的前提下，简化相应程序，依规合并同类内容，创造一切条件方便企业延期换证，在规定时限内完成安全生产许可证的延期换发工作。各省级安全监管部门和煤矿安全监察机构应当建立行政许可大厅，统一办理有关行政许可事项。对行政许可事项较少或者统一办理确有困难的，应设立统一的行政许可办公室，统一办理行政许可事项。要逐步建立和完善安全生产许可证信息管理系统。要建章立制，规范有序，公布行政许可事项的条件、程序、承办人员和承办时限，依法办事，提高效率。

8. 关于规范安全生产标准化证书和牌匾式样等有关问题的通知

安监总厅管三〔2008〕148 号

各省、自治区、直辖市及新疆生产建设兵团安全生产监督管理局：

近年来，全国冶金、金属非金属矿山、机械制造企业和危险化学品从业单位等行业分别开展了安全生产标准化工作，取得了一定成效，但仍存在不同行业安全生产标准化证书、牌匾式样不统一等问题。为规范冶金、金属非金属矿山、机械制造企业和危险化学品从业单位安全生产标准化证书、牌匾的颁发工作，统一安全生产标准化证书、牌匾式样，现就有关事项通知如下：

一、安全生产标准化证书、牌匾式样

证书式样见附件 1，牌匾式样见附件 2。

二、安全生产标准化证书编号

（一）冶金企业：一级企业证书编号为（国）AQBYⅠXXXX（注：XXXX 为阿拉伯数字，均从 0001 号起编，下同）；二、三级企业证书编号分别为（省、自治区、直辖市简称）AQBYⅡXXXX、（省、自治区、直辖市简称）AQBYⅢXXXX。

（二）金属非金属矿山：一、二级企业证书编号分别为（国）AQBKⅠXXXX、（国）AQBKⅡXXXX；三、四、五级企业证书编号分别为（省、自治区、直辖市简称）AQBKⅢXXXX、（省、自治区、直辖市简称）AQBKⅣXXXX、（省、自治区、直辖市简称）AQBKⅤXXXX。

（三）机械制造企业：一级企业证书编号为（国）AQBHⅠXXXX；二、三级企业证书编号分别为（省、自治区、直辖市简称）AQBHⅡXXXX、（省、自治区、直辖市简称）AQBHⅢXXXX。

（四）危险化学品从业单位：一级企业证书编号为（国）AQBWⅠXXXX；二级企业证书编号分别为（省、自治区、直辖市简称）AQBWⅡXXXX。

三、安全生产标准化企业公告及证书、牌匾颁发单位

（一）冶金、机械制造企业、危险化学品从业单位安全生产标准化一级企业和金属非金属矿山安全生产标准化一、二级企业，由国家安全生产监督管理总局公告，证书和牌匾由中国安全生产协会向获级企业颁发。

（二）冶金、机械制造企业、危险化学品从业单位安全生产标准化二级企业和金属非金属矿山安全生产标准化三、四级企业，由各省级安全生产监督管理部门公告，证书和牌匾由各省级安全生产监督管理部门确定的负责省级安全生产标准化工作的相关单位向获级企业颁发。

（三）冶金、机械制造企业安全生产标准化三级企业和金属非金属矿山安全生产标准化五级企业，由各市（地）级安全生产监督管理部门公告，证书和牌匾由各市（地）级安全生产监督管理部门确定的负责市（地）级安全生产标准化工作的相关单位向获级企业颁发。

四、其他事项

（一）原金属非金属矿山、机械制造企业和危险化学品从业单位安全标准化（包括安全质量标准化）证书、牌匾式样从 2008 年 12 月 1 日起停止使用。已获级企业，原证书、牌匾在有效期内仍有效。

（二）安全生产标准化证书由中国安全生产协会统一印制，需要的省（区、市）请与中国安全生产协会联系；安全生产标准化牌匾由发证单位按照牌匾式样自行制作。

联系电话：010－64463934

附件：

1. 安全生产标准化证书式样
2. 安全生产标准化牌匾式样

附件 1

安全生产标准化证书式样

中国安全生产协会 CAWS CHINA ASSOCIATION OF WORK SAFETY

安全生产标准化

Work Safety Standardization

证书

CERTIFICATE

证书编号：

Certificate No.

企业名称

安全生产标准化×级企业

Name of the Enterprise

is authorized as the ×-grade enterprise of work safety standardization

有效期至：

Expiration date

(发证单位盖章处)

年 月 日

中国安全生产协会监制

Supervised By China Association of Work Safety

附件2

安全生产标准化牌匾式样

安全生产标准化
×级企业（危化）
发证单位名称
二×××年（有效期三年）

说明：

1. 标志牌材料为弧面不锈钢镀钛板，四周加亮边(亮边宽度15mm)，文字腐蚀，20mm立墙；
2. 标志牌长60cm，高40cm；
3. 字体从上至下依次为华文新魏、小初；宋体、二号；宋体、三号。字间距设为标准，文字居中。从上边缘至第一行字上边的间距为86mm，第一行与第二行的间距为45mm，第二行与第三行的间距为80mm，第四行与下边缘的间距为55mm。

9. 国家安全监管总局关于印发危险化学品从业单位安全生产标准化评审标准的通知

安监总管三〔2011〕93 号

各省、自治区、直辖市及新疆生产建设兵团安全生产监督管理局，有关中央企业：

为深入贯彻落实《国务院关于进一步加强企业安全生产工作的通知》（国发〔2010〕23 号）和《国务院安委会关于深入开展企业安全生产标准化建设的指导意见》（安委〔2011〕4 号）精神，进一步促进危险化学品从业单位安全生产标准化工作的规范化、科学化，根据《企业安全生产标准化基本规范（AQ/T 9006—2010）》和《危险化学品从业单位安全生产标准化通用规范（AQ 3013—2008）》的要求，国家安全监管总局制定了《危险化学品从业单位安全生产标准化评审标准》（以下简称《评审标准》，现印发你们，请遵照执行，并就有关事项通知如下：

一、申请安全生产标准化达标评审的条件

（一）申请安全生产标准化三级企业达标评审的条件。

1. 已依法取得有关法律、行政法规规定的相应安全生产行政许可；

2. 已开展安全生产标准化工作 1 年（含）以上，并按规定进行自评，自评得分在 80 分（含）以上，且每个 A 级要素自评得分均在 60 分（含）以上；

3. 至申请之日前 1 年内未发生人员死亡的生产安全事故或者造成 1000 万以上直接经济损失的爆炸、火灾、泄漏、中毒事故。

（二）申请安全生产标准化二级企业达标评审的条件。

1. 已通过安全生产标准化三级企业评审并持续运行 2 年（含）以上，或者安全生产标准化三级企业评审得分在 90 分（含）以上，并经市级安全监管部门同意，均可申请安全生产标准化二级企业评审；

2. 从事危险化学品生产、储存、使用（使用危险化学品从事生产并且使用量达到一定数量的化工企业）、经营活动 5 年（含）以上且至申请之日前 3 年内未发生人员死亡的生产安全事故，或者 10 人以上重伤事故，或者 1000 万元以上直接经济损失的爆炸、火灾、泄漏、中毒事故。

（三）申请安全生产标准化一级企业达标评审的条件。

1. 已通过安全生产标准化二级企业评审并持续运行 2 年（含）以上，或者装备设施和安全管理达到国内先进水平，经集团公司推荐、省级安全监管部门同意，均可申请一级企业评审；

2. 至申请之日前 5 年内未发生人员死亡的生产安全事故（含承包商事故），或者 10 人以上重伤事故（含承包商事故），或者 1000 万元以上直接经济损失的爆炸、火灾、泄漏、中毒事故（含承包商事故）。

二、工作要求

（一）深入宣传和学习《评审标准》。各地区、各单位要加大《评审标准》宣传贯彻力度，使各级安全监管人员、评审人员、咨询人员和从业人员准确把握《评审标准》的基本内容和应用方法；要把宣传贯彻《评审标准》作为危险化学品企业提高安全生产标准化工作水平的有力工具，以及安全监管部门推动企业落实安全生产主体责任的有效手段。

（二）及时充实完善《评审标准》。考虑到各地区危险化学品安全监管工作的差异性和特殊性，《评审标准》把最后一个要素设置为开放要素，由各地区结合本地实际进行充实。各省级安全监管局要根据本地区危险化学品行业特点，将本地区关于安全生产条件尤其是安全设备设施、工艺条件等方面的有关具体要求纳入其中，形成地方特殊要求。

（三）严格落实《评审标准》。《评审标准》是考核危险化学品企业安全生产标准化工作水平的统一标准。企业要按照《评审标准》的要求，全面开展安全生产标准化工作。评审单位和咨询单位要严格按照《评审标准》开展安全生产标准化评审和咨询指导工作，提高服务质量。各级安全监管人员要依据《评审标准》，对企业进行监管和指导，规范监管行为。

国家安全生产监督管理总局
二〇一一年六月二十日

10. 国家安全监管总局关于印发危险化学品从业单位安全生产标准化评审工作管理办法的通知

安监总管三〔2011〕145 号

各省、自治区、直辖市及新疆生产建设兵团安全生产监督管理局：

为认真贯彻落实《国务院关于进一步加强企业安全生产工作的通知》（国发〔2010〕23 号）、《国务院安委会关于深入开展企业安全生产标准化建设的指导意见》（安委〔2011〕4 号）精神和《国家安全监管总局关于进一步加强危险化学品企业安全生产标准化工作的通知》（安监总管三〔2011〕24 号）要求，国家安全监管总局制定了《危险化学品从业单位安全生产标准化评审工作管理办法》。现印发给你们，请结合实际情况，认真抓好落实。

国家安全生产监督管理总局
二〇一一年九月十六日

危险化学品从业单位安全生产标准化评审工作管理办法

一、总则

（一）为认真贯彻落实《国务院关于进一步加强企业安全生产工作的通知》（国发〔2010〕23 号）、《国务院安委会关于深入开展企业安全生产标准化建设的指导意见》（安委〔2011〕4 号）精神和《国家安全监管总局关于进一步加强危险化学品企业安全生产标准化工作的通知》（安监总管三〔2011〕24 号）要求，推动和指导危险化学品从业单位（以下简称危化品企业）进一步落实安全生产主体责任，规范和加强危化品企业安全生产标准化（以下简称安全标准化）评审工作，制定本办法。

（二）本办法适用于危化品企业安全标准化评审工作的管理。

（三）国家安全监管总局负责监督指导全国危化品企业安全标准化评审工作。省级、设区的市级（以下简称市级）安全监管部门负责监督指导本辖区危化品企业安全标准化评审工作。

（四）危化品企业安全标准化达标等级由高到低分为一级、二级和三级。

（五）一级企业由安全监管总局公告，证书、牌匾由其确定的评审组织单位发放。二级、三级企业的公告和证书、牌匾的发放，由省级安全监管部门确定。

（六）危化品企业安全标准化达标评审工作按照自评、申请、受理、评审、审核、公告、发证的程序进行。

（七）市级以上安全监管部门应建立安全生产标准化专家库，为危化品企业开展安全生产标准化提供专家支持。

二、机构与人员

（八）国家安全监管总局确定一级企业评审组织单位和评审单位。

省级安全监管部门确定并公告二级、三级企业评审组织单位和评审单位。评审组织单位可以是安全监管部门，也可以是安全监管部门确定的单位。

（九）评审组织单位承担以下工作：

1. 受理危化品企业提交的达标评审申请，审查危化品企业提交的申请材料。

2. 选定评审单位，将危化品企业提交的申请材料转交评审单位。

3. 对评审单位的评审结论进行审核，并向相应安全监管部门提交审核结果。

4. 对安全监管部门公告的危化品企业发放达标证书和牌匾。

5. 对评审单位评审工作质量进行检查考核。

（十）评审单位应具备以下条件：

1. 具有法人资格。

2. 有与其开展工作相适应的固定办公场所和设施、设备，具有必要的技术支撑条件。

3. 注册资金不低于100万元。

4. 本单位承担评审工作的人员中取得评审人员培训合格证书的不少于10名，且有不少于5名具有危险化学品相关安全知识或化工生产实际经验的人员。

5. 有健全的管理制度和安全生产标准化评审工作质量保证体系。

（十一）评审单位承担以下工作：

1. 对本地区申请安全生产标准化达标的企业实施评审。

2. 向评审组织单位提交评审报告。

3. 每年至少一次对质量保证体系进行内部审核，每年1月15日前和7月15日前分别对上年度和本年度上半年本单位评审工作进行总结，并向相应安全监管部门报送内部审核报告和工作总结。

（十二）国家安全监管总局化学品登记中心为全国危化品企业安全标准化工作提供技术支撑，承担以下工作：

1. 为各地做好危化品企业安全标准化工作提供技术支撑。

2. 起草危化品企业安全标准化相关标准。

3. 拟定危化品企业安全标准化评审人员培训大纲、培训教材及考核标准，承担评审人员培训工作。

4. 承担危化品企业安全标准化宣贯培训，为各地开展危化品企业安全标准化自评员培训提供技术服务。

（十三）承担评审工作的评审人员应具备以下条件：

1. 具有化学、化工或安全专业大专(含)以上学历或中级(含)以上技术职称。

2. 从事危险化学品或化工行业安全相关的技术或管理等工作经历3年以上。

3. 经中国化学品安全协会考核取得评审人员培训合格证书。

（十四）评审人员培训合格证书有效期为3年。有效期届满3个月前，提交再培训换证申请表(见附件1)，经再培训合格，换发新证。

（十五）评审人员培训合格证书有效期内，评审人员每年至少参与完成对2个企业的安全生产标准化评审工作，且应客观公正，依法保守企业的商业秘密和有关评审工作信息。

（十六）安全生产标准化专家应具备以下条件：

1. 经危化品企业安全标准化专门培训。

2. 具有至少10年从事化工工艺、设备、仪表、电气等专业或安全管理的工作经历，或5年以上从事化工设计工作经历。

（十七）自评员应具备以下条件：

1. 具有化学、化工或安全专业中专以上学历。

2. 具有至少3年从事与危险化学品或化工行业安全相关的技术或管理等工作经历。

3. 经省级安全监管部门确定的单位组织的自评员培训，取得自评员培训合格证书。

三、自评与申请

（十八）危化品企业可组织专家或自主选择评审单位为企业开展安全生产标准化提供咨询服务，对照《危险化学品从业单位安全生产标准化评审标准》(安监总管三〔2011〕93号，以下简称《评审标准》)对安全生产条件及安全管理现状进行诊断，确定适合本企业安全生产标准化的具体要素，编制诊断报告(见附件2)，提出诊断问题、隐患和建议。

危化品企业应对专家组诊断的问题和隐患进行整改，落实相关建议。

（十九）危化品企业安全生产标准化运行一段时间后，主要负责人应组建自评工作组，对安全生产标准化工作与《评审标准》的符合情况和实施效果开展自评，形成自评报告。

自评工作组应至少有1名自评员。

(二十) 危化品企业自评结果符合《评审标准》等有关文件规定的申请条件的，方可提出安全生产标准化达标评审申请。

(二十一) 申请安全生产标准化一级、二级、三级达标评审的危化品企业，应分别向一级、二级、三级评审组织单位申请。

(二十二) 危化品企业申请安全生产标准化达标评审时，应提交下列材料：

1. 危险化学品从业单位安全生产标准化评审申请书(见附件3)。

2. 危险化学品从业单位安全生产标准化自评报告(见附件4)。

四、受理与评审

(二十三) 评审组织单位收到危化品企业的达标评审申请后，应在10个工作日内完成申请材料审查工作。经审查符合申请条件的，予以受理并告知企业；经审查不符合申请条件的，不予受理，及时告知申请企业并说明理由。

评审组织单位受理危化品企业的申请后，应在2个工作日内选定评审单位并向其转交危化品企业提交的申请材料，由选定的评审单位进行评审。

(二十四) 评审单位应在接到评审组织单位的通知之日起40个工作日内完成对危化品企业的评审。评审完成后，评审单位应在10个工作日内向相应的评审组织单位提交评审报告(见附件5)。

(二十五) 评审单位应根据危化品企业规模及化工工艺成立评审工作组，指定评审组组长。评审工作组至少由2名评审人员组成，也可聘请技术专家提供技术支撑。评审工作组成员应按照评审计划和任务分工实施评审。

评审单位应当如实记录评审工作并形成记录文件；评审内容应覆盖专家组确定的要素及企业所有生产经营活动、场所，评审记录应详实、证据充分。

(二十六) 评审工作组完成评审后，应编写评审报告。参加评审的评审组成员应在评审报告上签字，并注明评审人员培训合格证书编号。评审报告经评审单位负责人审批后存档，并提交相应的评审组织单位。评审工作组应将否决项与扣分项清单和整改要求提交给企业，并报企业所在地市、县两级安全监管部门。

(二十七) 评审计分方法：

1. 每个A级要素满分为100分，各个A级要素的评审得分乘以相应的权重系数(见附件6)，然后相加得到评审得分。评审满分为100分，计算方法如下：

$$M = \sum_{1}^{n} K_i \cdot M_i$$

式中 M——总分值；

K_i——权重系数；

M_i——各A级要素得分值；

n——A级要素的数量($1 \leqslant n \leqslant 12$)。

2. 当企业不涉及相关B级要素时为缺项，按零分计。A级要素得分值折算方法如下：

$$M_i = \frac{M_{i实} \times 100}{M_{i满}}$$

式中 M——总分值；

K_i——权重系数；

$M_{i实}$——各A级要素实得分值。

$M_{i满}$——扣除缺项后的要素满分值。

3. 每个B级要素分值扣完为止。

4.《评审标准》第12个要素(本地区要求)满分为100分，每项不符合要求扣10分。

5. 按照《评审标准》评审，一级、二级、三级企业评审得分均在80分(含)以上，且每个A级要素评审得分均在60分(含)以上。

(二十八) 评审单位应将评审资料存档，包括技术服务合同、评审通知、诊断报告、评审计划、评审记录、否决项与扣分项清单、评审报告、企业申请资料等。

(二十九) 初次评审未达到危化品企业申请等级(申请三级除外)的，评审单位应提出申请企业实际达到等级的建议，将建议和评审报告一并提交给评审组织单位。初次评审未达到三级企业标准的，经整改合格后，重新提出评审申请。

五、审核与发证

(三十) 评审组织单位应在接到评审单位提交的评审报告之日起10个工作日内完成审核，形成审核报告，报相应的安全监管部门。

对初次评审未达到申请等级的企业，评审单位可提出达标等级建议，经评审组织单位审核同意后，可将审核结果和评审报告转交提出申请的危化品企业。

(三十一) 公告单位应定期公告安全标准化企业名单。在公告安全标准化一级、二级、三级达标企业名单前，公告单位应分别征求企业所在地省级、市级、县级安全监管部门意见。

(三十二) 评审组织单位颁发相应级别的安全生产标准化证书和牌匾。

安全生产标准化证书、牌匾的有效期为3年，自评审组织单位审核通过之日起算。

六、监督管理

(三十三) 安全生产标准化达标企业在取得安全生产标准化证书后3年内满足以下条件的，可直接换发安全生产标准化证书：

1. 未发生人员死亡事故，或者10人以上重伤事故(一级达标企业含承包商事故)，或者造成1000万元以上直接经济损失的爆炸、火灾、泄漏、中毒等事故。

2. 安全生产标准化持续有效运行，并有有效记录。

3. 安全监管部门、评审组织单位或者评审单位监督检查未发现企业安全管理存在突出问题或者重大隐患。

4. 未改建、扩建或者迁移生产经营、储存场所，未扩大生产经营许可范围。

5. 每年至少进行1次自评。

(三十四) 评审组织单位每年应按照不低于20%的比例对达标危化品企业进行抽查，3年内对每个达标危化品企业至少抽查一次。

抽查内容应覆盖企业适用的安全生产标准化所有要素，且覆盖企业半数以上的管理部门和生产现场。

(三十五) 取得安全生产标准化证书后，危化品企业应每年至少进行一次自评，形成自评报告。危化品企业应将自评报告报评审组织单位审查，对发现问题的危化品企业，评审组织单位应到现场核查。

(三十六) 危化品企业抽查或核查不达标，在证书有效期内发生死亡事故或其他较大以上生产安全事故，或被撤销安全许可证的，由原公告部门撤销其安全生产标准化企业等级并进行公告。危化品企业安全生产标准化证书被撤销后，应在1年内完成整改，整改后可提出三级达标评审申请。

(三十七) 危化品企业安全生产标准化达标等级被撤销的，由原发证单位收回证书、牌匾。

(三十八) 评审人员有下列行为之一的，其培训合格证书由原发证单位注销并公告：

1. 隐瞒真实情况，故意出具虚假证明、报告。

2. 未按规定办理换证。

3. 允许他人以本人名义开展评审工作或参与标准化工作诊断等咨询服务。

4. 因工作失误，造成事故或重大经济损失。

5. 利用工作之便，索贿、受贿或牟取不正当利益。

6. 法律、法规规定的其他行为。

(三十九) 评审单位有下列行为之一的，其评审资格由授权单位撤销并公告：

1. 故意出具虚假证明、报告。

2. 因对评审人员疏于管理，造成事故或重大经济损失。

3. 未建立有效的质量保证体系，无法保证评审工作质量。

4. 安全监管部门检查发现存在重大问题。

5. 安全监管部门发现其评审的达标企业安全生产标准化达不到《评审标准》及有关文件规定的要求。

七、附则

(四十) 本办法印发前已经通过安全生产标准化达标考评并取得相应等级证书的危化品企业，应按照本办法第十八条规定进行诊断，并按照《评审标准》完善和提高安全生产标准化水平，待原有达标等级证书有效期届满3个月前重新提出达标评审申请。原已取得一级或二级安全生产标准化达标等级证书的危化品企业，可直接申请新二级安全生产标准化企业达标评审。

(四十一) 本办法印发前已取得安全生产标准化考评员证书或考评员培训合格证书的人员，应当于证书有效期届满3个月前填写再培训换证申请表，经再培训考试合格，换发评审人员培训合格证书。

(四十二) 各省级安全监管部门可以根据本办法制定本地区评审实施细则。

(四十三) 本办法自发布之日起施行，《国家安全监管总局关于印发〈危险化学品从业单位安全标准化规范(试行)〉和〈危险化学品从业单位安全标准化考核机构管理办法(试行)〉的通知》(安监总危化字〔2005〕198号)同时废止。

附件 1

危险化学品从业单位安全生产标准化评审人员再培训换证申请表

<table>
<tr><td>姓名</td><td></td><td>性别</td><td></td><td>出生年月</td><td></td><td rowspan="3">照
片
（1 寸彩照）</td></tr>
<tr><td>学历</td><td></td><td>职称/职务</td><td></td><td>工龄</td><td></td></tr>
<tr><td>工作单位</td><td colspan="5"></td></tr>
<tr><td>联系电话</td><td colspan="2"></td><td>手机号码</td><td colspan="3"></td></tr>
<tr><td>通讯地址</td><td colspan="4"></td><td>传真</td><td></td></tr>
<tr><td>电子信箱</td><td colspan="4"></td><td>邮政编码</td><td></td></tr>
<tr><td>3 年
评审/诊断
经历</td><td colspan="6"></td></tr>
<tr><td colspan="7">以上内容由申请人填写</td></tr>
<tr><td>化学品登记
中心意见</td><td colspan="6">盖章　　　年　月　日</td></tr>
<tr><td>发证日期、
有效期及
证书编号</td><td colspan="6">年　　月　　日发证，有效期至　　　年　　月　　日。
证书编号：____________________。</td></tr>
<tr><td>注</td><td colspan="6">提供 3 年内的评审经历记录或诊断经历记录。</td></tr>
</table>

附件 2

危险化学品从业单位安全生产标准化诊断报告

诊断单位：____________________

专家组

专家组	姓名	评审人员培训合格证书编号	专业及经历	签字
组长				
成员				

企业名称： 企业地址： 电话：　　　　传真：　　　邮编：
诊断日期：___年___月___日至___年___月___日
诊断目的：
诊断范围：
诊断准则：
保密承诺：
企业主要参加人员：
企业的基本情况：

<table>
<tr><td colspan="3">文件诊断综述：</td></tr>
<tr><td colspan="3">现场诊断综述(安全生产条件、安全管理等)：</td></tr>
<tr><td rowspan="2">适合本企业的要素项</td><td>A 级要素</td><td>B 级要素</td></tr>
<tr><td></td><td></td></tr>
<tr><td colspan="3">《评审标准》B 级要素是否存在缺项：</td></tr>
<tr><td colspan="3">诊断发现的主要问题、隐患和建议概述及纠正要求：</td></tr>
<tr><td colspan="3">组长：　　　　审批人/日期：
年　月　日　　　　诊断单位盖章</td></tr>
</table>

附件3

危险化学品从业单位安全生产标准化
评审申请书

企业名称：______________________________

一、企业信息

单位名称					
地　址					
性　质	□国有　□集体　□民营　□私营　□合资　□独资　□其他				
法人代表		电　话		邮　编	
联系人		电　话		传　真	
		手　机		电子信箱	
是否倒班	□是　□否		倒班人数及方式		
员工总数		厂休　日		可否占用	

1. 本次申请的评审为：　□一级企业　□二级企业　□三级企业

2. 如果是某集团公司的成员，请注明该集团公司的名称全称：

3. 安全生产标准化牵头部门：

4. 计划在什么时间评审？

5. 企业的相关负责人(经理/厂长、主管厂级领导、总工程师、安全生产标准化负责人)

姓名	职务	姓名	职务	姓名	职务

6. 申请企业主要化学品名称、用途、数量：(可另附页)

名　称	用　途	数量(kg)	属　性

7. 如有分支机构或多个现场(包括临时现场)，请填写以下内容

名　称	地　址	联系人	员工数	电话/传真	主要业务活动描述

二、有关情况说明

1. 近五年（一级企业）或近三年（二级企业）或近一年（三级企业）发生生产安全事故的情况：
2. 可能造成较大安全、职业健康影响的活动、产品和服务：
3. 安全、职业健康主要业绩：
4. 有无特殊危险区域或限制的情况：

三、其他信息、文件资料

1. 是否同意遵守评审要求，并能提供评审所必需的信息？□是　□否
2. 在提交申请时，请同时提交以下文件： 1）企业简介（企业性质、地理位置和交通、生产能力和规模、从业人员、企业下属单位情况等）； 2）厂区平面示意图； 3）安全生产规章制度（电子文档）； 4）组织机构图； 5）重大风险清单； 6）重大危险源清单； 7）关键装置和重点部位清单； 8）自评报告。
企业自评得分：
法定代表人签名：　　　　　　　　（申请企业盖章） 日期：　　年　　月　　日

附件4

危险化学品从业单位安全生产标准化自评报告

企业名称：________________________________

自评人员

自评组	姓　名	自评员证书编号	签　字
组长			
成员			
外聘专家	姓　名	评审人员培训合格证书编号	签　字

企业名称： 企业地址： 电话：　　　　传真：　　　　邮编：
自评日期：____年____月____日至____年____月____日
自评目的：
自评范围：
自评准则：
企业主要参加人员：
企业的基本情况：
文件自评综述：
法律法规符合性综述：
现场自评综述(与《评审标准》的符合情况、有效性、安全责任制体系、安全文化、风险管理、安全生产条件、直接作业环节管理等)：
自评发现的主要问题概述及纠正情况验证结论：
自评结论：
其他：
自评组长：　　　　审批人/日期： 年　月　日　　　　自评单位盖章

附件5

危险化学品从业单位安全生产标准化
评审报告

评审单位：________________________________

评审人员

<table>
<tr><th>评审组</th><th>姓　名</th><th>评审人员培训合格证书编号</th><th>签　字</th></tr>
<tr><td>组长</td><td></td><td></td><td></td></tr>
<tr><td rowspan="7">专职评审人员</td><td></td><td></td><td></td></tr>
<tr><td></td><td></td><td></td></tr>
<tr><td></td><td></td><td></td></tr>
<tr><td></td><td></td><td></td></tr>
<tr><td></td><td></td><td></td></tr>
<tr><td></td><td></td><td></td></tr>
<tr><td></td><td></td><td></td></tr>
<tr><td rowspan="6">兼职评审人员</td><td></td><td></td><td></td></tr>
<tr><td></td><td></td><td></td></tr>
<tr><td></td><td></td><td></td></tr>
<tr><td></td><td></td><td></td></tr>
<tr><td></td><td></td><td></td></tr>
<tr><td></td><td></td><td></td></tr>
<tr><td rowspan="5">技术专家</td><td>姓　名</td><td>技术专业</td><td>签　字</td></tr>
<tr><td></td><td></td><td></td></tr>
<tr><td></td><td></td><td></td></tr>
<tr><td></td><td></td><td></td></tr>
<tr><td></td><td></td><td></td></tr>
</table>

企业名称： 企业地址： 电话：　　　　　传真：　　　　　邮编：
评审日期：____年____月____日至____年____月____日
评审目的：
评审范围：
评审准则：
保密承诺：
企业主要参加人员：
企业的基本情况：
文件评审综述：
法律法规符合性综述：
现场评审综述(与《评审标准》的符合情况、有效性、安全责任制体系、安全文化、风险管理、安全生产条件、直接作业环节管理等)：
评审发现的主要问题概述及纠正要求：
评审结论及等级推荐意见：
建议：
评审组长：　　　　　　　　　审批人/日期： 年　　月　　日　　　　　　　　　评审单位盖章

附件6

A级要素权重系数

序　号	A级要素	权重系数
1	法律法规和标准	0.05
2	机构和职责	0.06
3	风险管理	0.12
4	管理制度	0.05
5	培训教育	0.10
6	生产设施及工艺安全	0.20
7	作业安全	0.15
8	职业健康	0.05
9	危险化学品管理	0.05
10	事故与应急	0.06
11	检查与自评	0.06
12	本地区的要求	0.05

11. 国家安全监管总局关于公布首批重点监管的危险化学品名录的通知

安监总管三〔2011〕95 号

各省、自治区、直辖市及新疆生产建设兵团安全生产监督管理局，有关中央企业：

为深入贯彻落实《国务院关于进一步加强企业安全生产工作的通知》（国发〔2010〕23 号）和《国务院安委会办公室关于进一步加强危险化学品安全生产工作的指导意见》（安委办〔2008〕26 号）精神，进一步突出重点、强化监管，指导安全监管部门和危险化学品单位切实加强危险化学品安全管理工作，在综合考虑 2002 年以来国内发生的化学品事故情况、国内化学品生产情况、国内外重点监管化学品品种、化学品固有危险特性和近四十年来国内外重特大化学品事故等因素的基础上，国家安全监管总局组织对现行《危险化学品名录》中的 3800 余种危险化学品进行了筛选，编制了《首批重点监管的危险化学品名录》（见附件，以下简称《名录》），现予公布，并就有关事项通知如下：

一、重点监管的危险化学品是指列入《名录》的危险化学品以及在温度 20℃和标准大气压 101. 3kPa 条件下属于以下类别的危险化学品：

1. 易燃气体类别 1（爆炸下限≤13% 或爆炸极限范围≥12% 的气体）；

2. 易燃液体类别 1（闭杯闪点 <23℃并初沸点≤35℃的液体）；

3. 自燃液体类别 1（与空气接触不到 5 分钟便燃烧的液体）；

4. 自燃固体类别 1（与空气接触不到 5 分钟便燃烧的固体）；

5. 遇水放出易燃气体的物质类别 1（在环境温度下与水剧烈反应所产生的气体通常显示自燃的倾向，或释放易燃气体的速度等于或大于每公斤物质在任何 1 分钟内释放 10 升的任何物质或混合物）；

6. 三光气等光气类化学品。

二、涉及重点监管的危险化学品的生产、储存装置，原则上须由具有甲级资质的化工行业设计单位进行设计。

三、地方各级安全监管部门应当将生产、储存、使用、经营重点监管的危险化学品的企业，优先纳入年度执法检查计划，实施重点监管。

四、生产、储存重点监管的危险化学品的企业，应根据本企业工艺特点，装备功能完善的自动化控制系统，严格工艺、设备管理。对使用重点监管的危险化学品数量构成重大危险源的企业的生产储存装置，应装备自动化控制系统，实现对温度、压力、液位等重要参数的实时监测。

五、生产重点监管的危险化学品的企业，应针对产品特性，按照有关规定编制完善的、可操作性强的危险化学品事故应急预案，配备必要的应急救援器材、设备，加强应急演练，提高应急处置能力。

六、各省级安全监管部门可根据本辖区危险化学品安全生产状况，补充和确定本辖区内实施重点监管的危险化学品类项及具体品种。在安全监管工作中如发现重点监管的危险化学品存在问题，请认真研究提出处理意见，并及时报告国家安全监管总局。

地方各级安全监管部门在做好危险化学品重点监管工作的同时，要全面推进本地区危险化学品安全生产工作，督促企业落实安全生产主体责任，切实提高企业本质安全水平，有效防范和坚决遏制危险化学品重特大事故发生，促进全国危险化学品安全生产形势持续稳定好转。

请各省级安全监管部门及时将本通知精神传达至本辖区内有关企业。

附件：首批重点监管的危险化学品名录(略)

国家安全生产监督管理总局

二〇一一年六月二十一日

12. 国家安全监管总局关于公布首批重点监管的危险化工工艺目录的通知

安监总管三〔2009〕116号

各省、自治区、直辖市及新疆生产建设兵团安全生产监督管理局，有关中央企业：

为贯彻落实《国务院安委会办公室关于进一步加强危险化学品安全生产工作的指导意见》（安委办〔2008〕26号，以下简称《指导意见》）有关要求，提高化工生产装置和危险化学品储存设施本质安全水平，指导各地对涉及危险化工工艺的生产装置进行自动化改造，国家安全监管总局组织编制了《首批重点监管的危险化工工艺目录》和《首批重点监管的危险化工工艺安全控制要求、重点监控参数及推荐的控制方案》，现予公布，并就有关事项通知如下：

一、化工企业要按照《首批重点监管的危险化工工艺目录》、《首批重点监管的危险化工工艺安全控制要求、重点监控参数及推荐的控制方案》要求，对照本企业采用的危险化工工艺及其特点，确定重点监控的工艺参数，装备和完善自动控制系统，大型和高度危险化工装置要按照推荐的控制方案装备紧急停车系统。今后，采用危险化工工艺的新建生产装置原则上要由甲级资质化工设计单位进行设计。

二、各地安全监管部门要根据《指导意见》的要求，对本辖区化工企业采用危险化工工艺的生产装置自动化改造工作，要制定计划、落实措施、加快推进，力争在2010年底前完成所有采用危险化工工艺的生产装置自动化改造工作，促进化工企业安全生产条件的进一步改善。

三、在涉及危险化工工艺的生产装置自动化改造过程中，各有关单位如果发现《首批重点监管的危险化工工艺目录》和《首批重点监管的危险化工工艺安全控制要求、重点监控参数及推荐的控制方案》存在问题，请认真研究提出处理意见，并及时反馈国家安全监管总局（安全监督管理三司）。各地安全监管部门也可根据当地化工产业和安全生产的特点，补充和确定本辖区重点监管的危险化工工艺目录。

四、请各省级安全监管局将本通知转发给辖区内（或者所属）的化工企业，并抄送从事化工建设项目设计的单位，以及有关具有乙级资质的安全评价机构。

附件：

1. 首批重点监管的危险化工工艺目录
2. 首批重点监管的危险化工工艺安全控制要求、重点控制参数及推荐的控制方案

国家安全生产监督管理总局
二〇〇九年六月十二日

附件 1

首批重点监管的危险化工工艺目录

1. 光气及光气化工艺；2. 电解工艺(氯碱)；3. 氯化工艺；4. 硝化工艺；5. 合成氨工艺；6. 裂解(裂化)工艺；7. 氟化工艺；8. 加氢工艺；9. 重氮化工艺；10. 氧化工艺；11. 过氧化工艺；12. 胺基化工艺；13. 磺化工艺；14. 聚合工艺；15. 烷基化工艺。

附件2

首批重点监管的危险化工工艺安全控制要求、重点监控参数及推荐的控制方案

1. 光气及光气化工艺

反应类型	放热反应	重点监控单元	光气化反应釜、光气储运单元

工艺简介

光气及光气化工艺包含光气的制备工艺，以及以光气为原料制备光气化产品的工艺路线，光气化工艺主要分为气相和液相两种。

工艺危险特点

（1）光气为剧毒气体，在储运、使用过程中发生泄漏后，易造成大面积污染、中毒事故；
（2）反应介质具有燃爆危险性；
（3）副产物氯化氢具有腐蚀性，易造成设备和管线泄漏使人员发生中毒事故。

典型工艺

一氧化碳与氯气的反应得到光气；
光气合成双光气、三光气；
采用光气作单体合成聚碳酸酯；
甲苯二异氰酸酯（TDI）的制备；
4,4′-二苯基甲烷二异氰酸酯（MDI）的制备等。

重点监控工艺参数

一氧化碳、氯气含水量；反应釜温度、压力；反应物质的配料比；光气进料速度；冷却系统中冷却介质的温度、压力、流量等。

安全控制的基本要求

事故紧急切断阀；紧急冷却系统；反应釜温度、压力报警联锁；局部排风设施；有毒气体回收及处理系统；自动泄压装置；自动氨或碱液喷淋装置；光气、氯气、一氧化碳监测及超限报警；双电源供电。

宜采用的控制方式

光气及光气化生产系统一旦出现异常现象或发生光气及其剧毒产品泄漏事故时，应通过自控联锁装置启动紧急停车并自动切断所有进出生产装置的物料，将反应装置迅速冷却降温，同时将发生事故设备内的剧毒物料导入事故槽内，开启氨水、稀碱液喷淋，启动通风排毒系统，将事故部位的有毒气体排至处理系统。

2. 电解工艺(氯碱)

反应类型	吸热反应	重点监控单元	电解槽、氯气储运单元

工艺简介

电流通过电解质溶液或熔融电解质时，在两个极上所引起的化学变化称为电解反应。涉及电解反应的工艺过程为电解工艺。许多基本化学工业产品(氢、氧、氯、烧碱、过氧化氢等)的制备，都是通过电解来实现的。

工艺危险特点

(1) 电解食盐水过程中产生的氢气是极易燃烧的气体，氯气是氧化性很强的剧毒气体，两种气体混合极易发生爆炸，当氯气中含氢量达到5%以上，则随时可能在光照或受热情况下发生爆炸；

(2) 如果盐水中存在的铵盐超标，在适宜的条件($pH<4.5$)下，铵盐和氯作用可生成氯化铵，浓氯化铵溶液与氯还可生成黄色油状的三氯化氮。三氯化氮是一种爆炸性物质，与许多有机物接触或加热至90℃以上以及被撞击、摩擦等，即发生剧烈的分解而爆炸；

(3) 电解溶液腐蚀性强；

(4) 液氯的生产、储存、包装、输送、运输可能发生液氯的泄漏。

典型工艺

氯化钠(食盐)水溶液电解生产氯气、氢氧化钠、氢气；

氯化钾水溶液电解生产氯气、氢氧化钾、氢气。

重点监控工艺参数

电解槽内液位；电解槽内电流和电压；电解槽进出物料流量；可燃和有毒气体浓度；电解槽的温度和压力；原料中铵含量；氯气杂质含量(水、氢气、氧气、三氯化氮等)等。

安全控制的基本要求

电解槽温度、压力、液位、流量报警和联锁；电解供电整流装置与电解槽供电的报警和联锁；紧急联锁切断装置；事故状态下氯气吸收中和系统；可燃和有毒气体检测报警装置等。

宜采用的控制方式

将电解槽内压力、槽电压等形成联锁关系，系统设立联锁停车系统。

安全设施，包括安全阀、高压阀、紧急排放阀、液位计、单向阀及紧急切断装置等。

3. 氯化工艺

反应类型	放热反应	重点监控单元	氯化反应釜、氯气储运单元

工艺简介

氯化是化合物的分子中引入氯原子的反应，包含氯化反应的工艺过程为氯化工艺，主要包括取代氯化、加成氯化、氧氯化等。

工艺危险特点

(1) 氯化反应是一个放热过程，尤其在较高温度下进行氯化，反应更为剧烈，速度快，放热量较大；

(2) 所用的原料大多具有燃爆危险性；

(3) 常用的氯化剂氯气本身为剧毒化学品，氧化性强，储存压力较高，多数氯化工艺采用液氯生产是先汽化再氯化，一旦泄漏危险性较大；

(4) 氯气中的杂质，如水、氢气、氧气、三氯化氮等，在使用中易发生危险，特别是三氯化氮积累后，容易引发爆炸危险；

(5) 生成的氯化氢气体遇水后腐蚀性强；

(6) 氯化反应尾气可能形成爆炸性混合物。

典型工艺

(1) 取代氯化

氯取代烷烃的氢原子制备氯代烷烃；

氯取代苯的氢原子生产六氯化苯；

氯取代萘的氢原子生产多氯化萘；

续表

反应类型	放热反应	重点监控单元	氯化反应釜、氯气储运单元
典型工艺			
甲醇与氯反应生产氯甲烷； 乙醇和氯反应生产氯乙烷(氯乙醛类)； 醋酸与氯反应生产氯乙酸； 氯取代甲苯的氢原子生产苄基氯等。 (2) 加成氯化 乙烯与氯加成氯化生产1,2-二氯乙烷； 乙炔与氯加成氯化生产1,2-二氯乙烯； 乙炔和氯化氢加成生产氯乙烯等。 (3) 氧氯化 乙烯氧氯化生产二氯乙烷； 丙烯氧氯化生产1,2-二氯丙烷； 甲烷氧氯化生产甲烷氯化物； 丙烷氧氯化生产丙烷氯化物等。 (4) 其他工艺 硫与氯反应生成一氯化硫； 四氯化钛的制备； 黄磷与氯气反应生产三氯化磷、五氯化磷等。			
重点监控工艺参数			
氯化反应釜温度和压力；氯化反应釜搅拌速率；反应物料的配比；氯化剂进料流量；冷却系统中冷却介质的温度、压力、流量等；氯气杂质含量(水、氢气、氧气、三氯化氮等)；氯化反应尾气组成等。			
安全控制的基本要求			
反应釜温度和压力的报警和联锁；反应物料的比例控制和联锁；搅拌的稳定控制；进料缓冲器；紧急进料切断系统；紧急冷却系统；安全泄放系统；事故状态下氯气吸收中和系统；可燃和有毒气体检测报警装置等。			
宜采用的控制方式			
将氯化反应釜内温度、压力与釜内搅拌、氯化剂流量、氯化反应釜夹套冷却水进水阀形成联锁关系，设立紧急停车系统。 安全设施，包括安全阀、高压阀、紧急放空阀、液位计、单向阀及紧急切断装置等。			

4. 硝化工艺

反应类型	放热反应	重点监控单元	硝化反应釜、分离单元
工艺简介			
硝化是有机化合物分子中引入硝基($—NO_2$)的反应，最常见的是取代反应。硝化方法可分成直接硝化法、间接硝化法和亚硝化法，分别用于生产硝基化合物、硝胺、硝酸酯和亚硝基化合物等。涉及硝化反应的工艺过程为硝化工艺。			
工艺危险特点			
(1)反应速度快，放热量大。大多数硝化反应是在非均相中进行的，反应组分的不均匀分布容易引起局部过热导致危险。尤其在硝化反应开始阶段，停止搅拌或由于搅拌叶片脱落等造成搅拌失效是非常危险的，一旦搅拌再次开动，就会突然引发局部激烈反应，瞬间释放大量的热量，引起爆炸事故； (2)反应物料具有燃爆危险性； (3)硝化剂具有强腐蚀性、强氧化性，与油脂、有机化合物(尤其是不饱和有机化合物)接触能引起燃烧或爆炸； (4)硝化产物、副产物具有爆炸危险性。			

续表

反应类型	放热反应	重点监控单元	硝化反应釜、分离单元
典型工艺			
(1) 直接硝化法 丙三醇与混酸反应制备硝酸甘油; 氯苯硝化制备邻硝基氯苯、对硝基氯苯; 苯硝化制备硝基苯; 蒽醌硝化制备1-硝基蒽醌; 甲苯硝化生产三硝基甲苯(俗称梯恩梯,TNT); 丙烷等烷烃与硝酸通过气相反应制备硝基烷烃等。 (2) 间接硝化法 苯酚采用磺酰基的取代硝化制备苦味酸等。 (3) 亚硝化法 2-萘酚与亚硝酸盐反应制备1-亚硝基-2-萘酚; 二苯胺与亚硝酸钠和硫酸水溶液反应制备对亚硝基二苯胺等。			
重点监控工艺参数			
硝化反应釜内温度、搅拌速率;硝化剂流量;冷却水流量;pH值;硝化产物中杂质含量;精馏分离系统温度;塔釜杂质含量等。			
安全控制的基本要求			
反应釜温度的报警和联锁;自动进料控制和联锁;紧急冷却系统;搅拌的稳定控制和联锁系统;分离系统温度控制与联锁;塔釜杂质监控系统;安全泄放系统等。			
宜采用的控制方式			
将硝化反应釜内温度与釜内搅拌、硝化剂流量、硝化反应釜夹套冷却水进水阀形成联锁关系,在硝化反应釜处设立紧急停车系统,当硝化反应釜内温度超标或搅拌系统发生故障,能自动报警并自动停止加料。分离系统温度与加热、冷却形成联锁,温度超标时,能停止加热并紧急冷却。 硝化反应系统应设有泄爆管和紧急排放系统。			

5. 合成氨工艺

反应类型	吸热反应	重点监控单元	合成塔、压缩机、氨储存系统
工艺简介			
氮和氢两种组分按一定比例(1:3)组成的气体(合成气),在高温、高压下(一般为400~450℃,15~30MPa)经催化反应生成氨的工艺过程。			
工艺危险特点			
(1) 高温、高压使可燃气体爆炸极限扩宽,气体物料一旦过氧(亦称透氧),极易在设备和管道内发生爆炸; (2) 高温、高压气体物料从设备管线泄漏时会迅速膨胀与空气混合形成爆炸性混合物,遇到明火或因高流速物料与裂(喷)口处摩擦产生静电火花引起着火和空间爆炸; (3) 气体压缩机等转动设备在高温下运行会使润滑油挥发裂解,在附近管道内造成积炭,可导致积炭燃烧或爆炸; (4) 高温、高压可加速设备金属材料发生蠕变、改变金相组织,还会加剧氢气、氮气对钢材的氢蚀及渗氮,加剧设备的疲劳腐蚀,使其机械强度减弱,引发物理爆炸; (5) 液氨大规模事故性泄漏会形成低温云团引起大范围人群中毒,遇明火还会发生空间爆炸。			
典型工艺			
(1) 节能AMV法; (2) 德士古水煤浆加压气化法; (3) 凯洛格法; (4) 甲醇与合成氨联合生产的联醇法; (5) 纯碱与合成氨联合生产的联碱法; (6) 采用变换催化剂、氧化锌脱硫剂和甲烷催化剂的"三催化"气体净化法等。			

续表

反应类型	吸热反应	重点监控单元	合成塔、压缩机、氨储存系统
重点监控工艺参数			
合成塔、压缩机、氨储存系统的运行基本控制参数，包括温度、压力、液位、物料流量及比例等。			
安全控制的基本要求			
合成氨装置温度、压力报警和联锁；物料比例控制和联锁；压缩机的温度、入口分离器液位、压力报警联锁；紧急冷却系统；紧急切断系统；安全泄放系统；可燃、有毒气体检测报警装置。			
宜采用的控制方式			
将合成氨装置内温度、压力与物料流量、冷却系统形成联锁关系；将压缩机温度、压力、入口分离器液位与供电系统形成联锁关系；紧急停车系统。 合成单元自动控制还需要设置以下几个控制回路： (1)氨分、冷交液位；(2)废锅液位；(3)循环量控制；(4)废锅蒸汽流量；(5)废锅蒸汽压力。 安全设施，包括安全阀、爆破片、紧急放空阀、液位计、单向阀及紧急切断装置等。			

6. 裂解(裂化)工艺

反应类型	高温吸热反应	重点监控单元	裂解炉、制冷系统、压缩机、引风机、分离单元
工艺简介			
裂解是指石油系的烃类原料在高温条件下，发生碳链断裂或脱氢反应，生成烯烃及其他产物的过程。产品以乙烯、丙烯为主，同时副产丁烯、丁二烯等烯烃和裂解汽油、柴油、燃料油等产品。 烃类原料在裂解炉内进行高温裂解，产出组成为氢气、低/高碳烃类、芳烃类以及馏分为288℃以上的裂解燃料油的裂解气混合物。经过急冷、压缩、激冷、分馏以及干燥和加氢等方法，分离出目标产品和副产品。 在裂解过程中，同时伴随缩合、环化和脱氢等反应。由于所发生的反应很复杂，通常把反应分成两个阶段。第一阶段，原料变成的目的产物为乙烯、丙烯，这种反应称为一次反应。第二阶段，一次反应生成的乙烯、丙烯继续反应转化为炔烃、二烯烃、芳烃、环烷烃，甚至最终转化为氢气和焦炭，这种反应称为二次反应。裂解产物往往是多种组分混合物。影响裂解的基本因素主要为温度和反应的持续时间。化工生产中用热裂解的方法生产小分子烯烃、炔烃和芳香烃，如乙烯、丙烯、丁二烯、乙炔、苯和甲苯等。			
工艺危险特点			
(1) 在高温(高压)下进行反应，装置内的物料温度一般超过其自燃点，若漏出会立即引起火灾； (2) 炉管内壁结焦会使流体阻力增加，影响传热，当焦层达到一定厚度时，因炉管壁温度过高，而不能继续运行下去，必须进行清焦，否则会烧穿炉管，裂解气外泄，引起裂解炉爆炸； (3) 如果由于断电或引风机机械故障而使引风机突然停转，则炉膛内很快变成正压，会从窥视孔或烧嘴等处向外喷火，严重时会引起炉膛爆炸； (4) 如果燃料系统大幅度波动，燃料气压力过低，则可能造成裂解炉烧嘴回火，使烧嘴烧坏，甚至会引起爆炸； (5) 有些裂解工艺产生的单体会自聚或爆炸，需要向生产的单体中加阻聚剂或稀释剂等。			
典型工艺			
热裂解制烯烃工艺； 重油催化裂化制汽油、柴油、丙烯、丁烯； 乙苯裂解制苯乙烯； 二氟一氯甲烷(HCFC-22)热裂解制得四氟乙烯(TFE)； 二氟一氯乙烷(HCFC-142b)热裂解制得偏氟乙烯(VDF)； 四氟乙烯和八氟环丁烷热裂解制得六氟乙烯(HFP)等。			
重点监控工艺参数			
裂解炉进料流量；裂解炉温度；引风机电流；燃料油进料流量；稀释蒸汽比及压力；燃料油压力；滑阀差压超驰控制、主风流量控制、外取热器控制、机组控制、锅炉控制等。			

续表

反应类型	高温吸热反应	重点监控单元	裂解炉、制冷系统、压缩机、引风机、分离单元
安全控制的基本要求			
裂解炉进料压力、流量控制报警与联锁；紧急裂解炉温度报警和联锁；紧急冷却系统；紧急切断系统；反应压力与压缩机转速及入口放火炬控制；再生压力的分程控制；滑阀差压与料位；温度的超驰控制；再生温度与外取热器负荷控制；外取热器汽包和锅炉汽包液位的三冲量控制；锅炉的熄火保护；机组相关控制；可燃与有毒气体检测报警装置等。			
宜采用的控制方式			
将引风机电流与裂解炉进料阀、燃料油进料阀、稀释蒸汽阀之间形成联锁关系，一旦引风机故障停车，则裂解炉自动停止进料并切断燃料供应，但应继续供应稀释蒸汽，以带走炉膛内的余热。 将燃料油压力与燃料油进料阀、裂解炉进料阀之间形成联锁关系，燃料油压力降低，则切断燃料油进料阀，同时切断裂解炉进料阀。 分离塔应安装安全阀和放空管，低压系统与高压系统之间应有逆止阀并配备固定的氮气装置、蒸汽灭火装置。 将裂解炉电流与锅炉给水流量、稀释蒸汽流量之间形成联锁关系；一旦水、电、蒸汽等公用工程出现故障，裂解炉能自动紧急停车。 反应压力正常情况下由压缩机转速控制，开工及非正常工况下由压缩机入口放火炬控制。 再生压力由烟机入口蝶阀和旁路滑阀(或蝶阀)分程控制。 再生、待生滑阀正常情况下分别由反应温度信号和反应器料位信号控制，一旦滑阀差压出现低限，则转由滑阀差压控制。 再生温度由外取热器催化剂循环量或流化介质流量控制。 外取热汽包和锅炉汽包液位采用液位、补水量和蒸发量三冲量控制。 带明火的锅炉设置熄火保护控制。 大型机组设置相关的轴温、轴震动、轴位移、油压、油温、防喘振等系统控制。 在装置存在可燃气体、有毒气体泄漏的部位设置可燃气体报警仪和有毒气体报警仪。			

7. 氟化工艺

反应类型	放热反应	重点监控单元	氟化剂储运单元
工艺简介			
氟化是化合物的分子中引入氟原子的反应，涉及氟化反应的工艺过程为氟化工艺。氟与有机化合物作用是强放热反应，放出大量的热可使反应物分子结构遭到破坏，甚至着火爆炸。氟化剂通常为氟气、卤族氟化物、惰性元素氟化物、高价金属氟化物、氟化氢、氟化钾等。			
工艺危险特点			
(1) 反应物料具有燃爆危险性； (2) 氟化反应为强放热反应，不及时排除反应热量，易导致超温超压，引发设备爆炸事故； (3) 多数氟化剂具有强腐蚀性、剧毒，在生产、贮存、运输、使用等过程中，容易因泄漏、操作不当、误接触以及其他意外而造成危险。			
典型工艺			
(1) 直接氟化 黄磷氟化制备五氟化磷等。 (2) 金属氟化物或氟化氢气体氟化 SbF_3、AgF_2、CoF_3等金属氟化物与烃反应制备氟化烃； 氟化氢气体与氢氧化铝反应制备氟化铝等。 (3) 置换氟化 三氯甲烷氟化制备二氟一氯甲烷； 2,4,5,6-四氯嘧啶与氟化钠制备2,4,6-三氟-5-氟嘧啶等。 (4) 其他氟化物的制备 浓硫酸与氟化钙(萤石)制备无水氟化氢等。			

续表

反应类型	放热反应	重点监控单元	氟化剂储运单元
重点监控工艺参数			
氟化反应釜内温度、压力；氟化反应釜内搅拌速率；氟化物流量；助剂流量；反应物的配料比；氟化物浓度。			
安全控制的基本要求			
反应釜内温度和压力与反应进料、紧急冷却系统的报警和联锁；搅拌的稳定控制系统；安全泄放系统；可燃和有毒气体检测报警装置等。			
宜采用的控制方式			
氟化反应操作中，要严格控制氟化物浓度、投料配比、进料速度和反应温度等。必要时应设置自动比例调节装置和自动联锁控制装置。 将氟化反应釜内温度、压力与釜内搅拌、氟化物流量、氟化反应釜夹套冷却水进水阀形成联锁控制，在氟化反应釜处设立紧急停车系统，当氟化反应釜内温度或压力超标或搅拌系统发生故障时自动停止加料并紧急停车。安全泄放系统。			

8. 加氢工艺

反应类型	放热反应	重点监控单元	加氢反应釜、氢气压缩机
工艺简介			
加氢是在有机化合物分子中加入氢原子的反应，涉及加氢反应的工艺过程为加氢工艺，主要包括不饱和键加氢、芳环化合物加氢、含氮化合物加氢、含氧化合物加氢、氢解等。			
工艺危险特点			
（1）反应物料具有燃爆危险性，氢气的爆炸极限为4%～75%，具有高燃爆危险特性； （2）加氢为强烈的放热反应，氢气在高温高压下与钢材接触，钢材内的碳分子易与氢气发生反应生成碳氢化合物，使钢制设备强度降低，发生氢脆； （3）催化剂再生和活化过程中易引发爆炸； （4）加氢反应尾气中有未完全反应的氢气和其他杂质在排放时易引发着火或爆炸。			
典型工艺			
（1）不饱和炔烃、烯烃的三键和双键加氢 环戊二烯加氢生产环戊烯等。 （2）芳烃加氢 苯加氢生成环己烷； 苯酚加氢生产环己醇等。 （3）含氧化合物加氢 一氧化碳加氢生产甲醇； 丁醛加氢生产丁醇； 辛烯醛加氢生产辛醇等。 （4）含氮化合物加氢 己二腈加氢生产己二胺； 硝基苯催化加氢生产苯胺等。 （5）油品加氢 馏分油加氢裂化生产石脑油、柴油和尾油； 渣油加氢改质； 减压馏分油加氢改质； 催化（异构）脱蜡生产低凝柴油、润滑油基础油等。			
重点监控工艺参数			
加氢反应釜或催化剂床层温度、压力；加氢反应釜内搅拌速率；氢气流量；反应物质的配料比；系统氧含量；冷却水流量；氢气压缩机运行参数、加氢反应尾气组成等。			

续表

反应类型	放热反应	重点监控单元	加氢反应釜、氢气压缩机
安全控制的基本要求			
温度和压力的报警和联锁；反应物料的比例控制和联锁系统；紧急冷却系统；搅拌的稳定控制系统；氢气紧急切断系统；加装安全阀、爆破片等安全设施；循环氢压缩机停机报警和联锁；氢气检测报警装置等。			
宜采用的控制方式			
将加氢反应釜内温度、压力与釜内搅拌电流、氢气流量、加氢反应釜夹套冷却水进水阀形成联锁关系，设立紧急停车系统。加入急冷氮气或氢气的系统。当加氢反应釜内温度或压力超标或搅拌系统发生故障时自动停止加氢，泄压，并进入紧急状态。安全泄放系统。			

9. 重氮化工艺

反应类型	绝大多数是放热反应	重点监控单元	重氮化反应釜、后处理单元
工艺简介			
一级胺与亚硝酸在低温下作用，生成重氮盐的反应。脂肪族、芳香族和杂环的一级胺都可以进行重氮化反应。涉及重氮化反应的工艺过程为重氮化工艺。通常重氮化试剂是由亚硝酸钠和盐酸作用临时制备的。除盐酸外，也可以使用硫酸、高氯酸和氟硼酸等无机酸。脂肪族重氮盐很不稳定，即使在低温下也能迅速自发分解，芳香族重氮盐较为稳定。			
工艺危险特点			
（1）重氮盐在温度稍高或光照的作用下，特别是含有硝基的重氮盐极易分解，有的甚至在室温时亦能分解。在干燥状态下，有些重氮盐不稳定，活性强，受热或摩擦、撞击等作用能发生分解甚至爆炸； （2）重氮化生产过程所使用的亚硝酸钠是无机氧化剂，175℃时能发生分解、与有机物反应导致着火或爆炸； （3）反应原料具有燃爆危险性。			
典型工艺			
（1）顺法 对氨基苯磺酸钠与2－萘酚制备酸性橙－Ⅱ染料； 芳香族伯胺与亚硝酸钠反应制备芳香族重氮化合物等。 （2）反加法 间苯二胺生产二氟硼酸间苯二重氮盐； 苯胺与亚硝酸钠反应生产苯胺基重氮苯等。 （3）亚硝酰硫酸法 2－氰基－4－硝基苯胺、2－氰基－4－硝基－6－溴苯胺、2,4－二硝基－6－溴苯胺、2,6－二氰基－4－硝基苯胺和2,4－二硝基－6－氰基苯胺为重氮组份与端氨基含醚基的偶合组份经重氮化、偶合成单偶氮分散染料； 2－氰基－4－硝基苯胺为原料制备蓝色分散染料等。 （4）硫酸铜触媒法 邻、间氨基苯酚用弱酸（醋酸、草酸等）或易于水解的无机盐和亚硝酸钠反应制备邻、间氨基苯酚的重氮化合物等。 （5）盐析法 氨基偶氮化合物通过盐析法进行重氮化生产多偶氮染料等。			
重点监控工艺参数			
重氮化反应釜内温度、压力、液位、pH值；重氮化反应釜内搅拌速率；亚硝酸钠流量；反应物质的配料比；后处理单元温度等。			
安全控制的基本要求			
反应釜温度和压力的报警和联锁；反应物料的比例控制和联锁系统；紧急冷却系统；紧急停车系统；安全泄放系统；后处理单元配置温度监测、惰性气体保护的联锁装置等。			

续表

反应类型	绝大多数是放热反应	重点监控单元	重氮化反应釜、后处理单元
宜采用的控制方式			
将重氮化反应釜内温度、压力与釜内搅拌、亚硝酸钠流量、重氮化反应釜夹套冷却水进水阀形成联锁关系，在重氮化反应釜处设立紧急停车系统，当重氮化反应釜内温度超标或搅拌系统发生故障时自动停止加料并紧急停车。安全泄放系统。 重氮盐后处理设备应配置温度检测、搅拌、冷却联锁自动控制调节装置，干燥设备应配置温度测量、加热热源开关、惰性气体保护的联锁装置。 安全设施，包括安全阀、爆破片、紧急放空阀等。			

10. 氧化工艺

反应类型	放热反应	重点监控单元	氧化反应釜
工艺简介			
氧化为有电子转移的化学反应中失电子的过程，即氧化数升高的过程。多数有机化合物的氧化反应表现为反应原料得到氧或失去氢。涉及氧化反应的工艺过程为氧化工艺。常用的氧化剂有：空气、氧气、双氧水、氯酸钾、高锰酸钾、硝酸盐等。			
工艺危险特点			
（1）反应原料及产品具有燃爆危险性； （2）反应气相组成容易达到爆炸极限，具有闪爆危险； （3）部分氧化剂具有燃爆危险性，如氯酸钾，高锰酸钾、铬酸酐等都属于氧化剂，如遇高温或受撞击、摩擦以及与有机物、酸类接触，皆能引起火灾爆炸； （4）产物中易生成过氧化物，化学稳定性差，受高温、摩擦或撞击作用易分解、燃烧或爆炸。			
典型工艺			
乙烯氧化制环氧乙烷； 甲醇氧化制备甲醛； 对二甲苯氧化制备对苯二甲酸； 异丙苯经氧化－酸解联产苯酚和丙酮； 环己烷氧化制环己酮； 天然气氧化制乙炔； 丁烯、丁烷、C_4馏分或苯的氧化制顺丁烯二酸酐； 邻二甲苯或萘的氧化制备邻苯二甲酸酐； 均四甲苯的氧化制备均苯四甲酸二酐； 苊的氧化制1,8－萘二甲酸酐； 3－甲基吡啶氧化制3－吡啶甲酸（烟酸）； 4－甲基吡啶氧化制4－吡啶甲酸（异烟酸）； 2－乙基已醇（异辛醇）氧化制备2－乙基己酸（异辛酸）； 对氯甲苯氧化制备对氯苯甲醛和对氯苯甲酸； 甲苯氧化制备苯甲醛、苯甲酸； 对硝基甲苯氧化制备对硝基苯甲酸； 环十二醇/酮混合物的开环氧化制备十二碳二酸； 环己酮/醇混合物的氧化制己二酸； 乙二醛硝酸氧化法合成乙醛酸； 丁醛氧化制丁酸； 氨氧化制硝酸等。			
重点监控工艺参数			
氧化反应釜内温度和压力；氧化反应釜内搅拌速率；氧化剂流量；反应物料的配比；气相氧含量；过氧化物含量等。			

续表

反应类型	放热反应	重点监控单元	氧化反应釜
安全控制的基本要求			
反应釜温度和压力的报警和联锁；反应物料的比例控制和联锁及紧急切断动力系统；紧急断料系统；紧急冷却系统；紧急送入惰性气体的系统；气相氧含量监测、报警和联锁；安全泄放系统；可燃和有毒气体检测报警装置等。			
宜采用的控制方式			
将氧化反应釜内温度和压力与反应物的配比和流量、氧化反应釜夹套冷却水进水阀、紧急冷却系统形成联锁关系，在氧化反应釜处设立紧急停车系统，当氧化反应釜内温度超标或搅拌系统发生故障时自动停止加料并紧急停车。配备安全阀、爆破片等安全设施。			

11. 过氧化工艺

反应类型	吸热反应或放热反应	重点监控单元	过氧化反应釜
工艺简介			
向有机化合物分子中引入过氧基(—O—O—)的反应称为过氧化反应，得到的产物为过氧化物的工艺过程为过氧化工艺。			
工艺危险特点			
(1)过氧化物都含有过氧基(—O—O—)，属含能物质，由于过氧键结合力弱，断裂时所需的能量不大，对热、振动、冲击或摩擦等都极为敏感，极易分解甚至爆炸； (2)过氧化物与有机物、纤维接触时易发生氧化、产生火灾； (3)反应气相组成容易达到爆炸极限，具有燃爆危险。			
典型工艺			
双氧水的生产； 乙酸在硫酸存在下与双氧水作用，制备过氧乙酸水溶液； 酸酐与双氧水作用直接制备过氧二酸； 苯甲酰氯与双氧水的碱性溶液作用制备过氧化苯甲酰； 异丙苯经空气氧化生产过氧化氢异丙苯等。			
重点监控工艺参数			
过氧化反应釜内温度；pH 值；过氧化反应釜内搅拌速率；(过)氧化剂流量；参加反应物质的配料比；过氧化物浓度；气相氧含量等。			
安全控制的基本要求			
反应釜温度和压力的报警和联锁；反应物料的比例控制和联锁及紧急切断动力系统；紧急断料系统；紧急冷却系统；紧急送入惰性气体的系统；气相氧含量监测、报警和联锁；紧急停车系统；安全泄放系统；可燃和有毒气体检测报警装置等。			
宜采用的控制方式			
将过氧化反应釜内温度与釜内搅拌电流、过氧化物流量、过氧化反应釜夹套冷却水进水阀形成联锁关系，设置紧急停车系统。 过氧化反应系统应设置泄爆管和安全泄放系统。			

12. 胺基化工艺

反应类型	放热反应	重点监控单元	胺基化反应釜
工艺简介			
胺化是在分子中引入胺基(R_2N—)的反应，包括 R—CH_3烃类化合物(R：氢、烷基、芳基)在催化剂存在下，与氨和空气的混合物进行高温氧化反应，生成腈类等化合物的反应。涉及上述反应的工艺过程为胺基化工艺。			

续表

反应类型	放热反应	重点监控单元	胺基化反应釜
工艺危险特点			
（1）反应介质具有燃爆危险性； （2）在常压下20℃时，氨气的爆炸极限为15%～27%，随着温度、压力的升高，爆炸极限的范围增大。因此，在一定的温度、压力和催化剂的作用下，氨的氧化反应放出大量热，一旦氨气与空气比失调，就可能发生爆炸事故； （3）由于氨呈碱性，具有强腐蚀性，在混有少量水分或湿气的情况下无论是气态或液态氨都会与铜、银、锡、锌及其合金发生化学作用； （4）氨易与氧化银或氧化汞反应生成爆炸性化合物（雷酸盐）。			
典型工艺			
邻硝基氯苯与氨水反应制备邻硝基苯胺； 对硝基氯苯与氨水反应制备对硝基苯胺； 间甲酚与氯化铵的混合物在催化剂和氨水作用下生成间甲苯胺； 甲醇在催化剂和氨气作用下制备甲胺； 1－硝基蒽醌与过量的氨水在氯苯中制备1－氨基蒽醌； 2,6－蒽醌二磺酸氨解制备2,6－二氨基蒽醌； 苯乙烯与胺反应制备*N*－取代苯乙胺； 环氧乙烷或亚乙基亚胺与胺或氨发生开环加成反应，制备氨基乙醇或二胺； 甲苯经氨氧化制备苯甲腈； 丙烯氨氧化制备丙烯腈等。			
重点监控工艺参数			
胺基化反应釜内温度、压力；胺基化反应釜内搅拌速率；物料流量；反应物质的配料比；气相氧含量等。			
安全控制的基本要求			
反应釜温度和压力的报警和联锁；反应物料的比例控制和联锁系统；紧急冷却系统；气相氧含量监控联锁系统；紧急送入惰性气体的系统；紧急停车系统；安全泄放系统；可燃和有毒气体检测报警装置等。			
宜采用的控制方式			
将胺基化反应釜内温度、压力与釜内搅拌、胺基化物料流量、胺基化反应釜夹套冷却水进水阀形成联锁关系，设置紧急停车系统。 安全设施，包括安全阀、爆破片、单向阀及紧急切断装置等。			

13. 磺化工艺

反应类型	放热反应	重点监控单元	磺化反应釜
工艺简介			
磺化是向有机化合物分子中引入磺酰基（—SO_3H）的反应。磺化方法分为三氧化硫磺化法、共沸去水磺化法、氯磺酸磺化法、烘焙磺化法和亚硫酸盐磺化法等。涉及磺化反应的工艺过程为磺化工艺。磺化反应除了增加产物的水溶性和酸性外，还可以使产品具有表面活性。芳烃经磺化后，其中的磺酸基可进一步被其他基团[如羟基（—OH）、氨基（—NH_2）、氰基（—CN）等]取代，生产多种衍生物。			
工艺危险特点			
（1）因原料具有燃爆危险性；磺化剂具有氧化性、强腐蚀性；如果投料顺序颠倒、投料速度过快、搅拌不良、冷却效果不佳等，都有可能造成反应温度异常升高，使磺化反应变为燃烧反应，引起火灾或爆炸事故； （2）氧化硫易冷凝堵管，泄漏后易形成酸雾，危害较大。			

续表

反应类型	放热反应	重点监控单元	磺化反应釜
典型工艺			
(1) 三氧化硫磺化法 气体三氧化硫和十二烷基苯等制备十二烷基苯磺酸钠; 硝基苯与液态三氧化硫制备间硝基苯磺酸; 甲苯磺化生产对甲基苯磺酸和对位甲酚; 对硝基甲苯磺化生产对硝基甲苯邻磺酸等。 (2) 共沸去水磺化法 苯磺化制备苯磺酸; 甲苯磺化制备甲基苯磺酸等。 (3) 氯磺酸磺化法 芳香族化合物与氯磺酸反应制备芳磺酸和芳磺酰氯; 乙酰苯胺与氯磺酸生产对乙酰氨基苯磺酰氯等。 (4) 烘焙磺化法 苯胺磺化制备对氨基苯磺酸等。 (5) 亚硫酸盐磺化法 2,4-二硝基氯苯与亚硫酸氢钠制备2,4-二硝基苯磺酸钠; 1-硝基蒽醌与亚硫酸钠作用得到α-蒽醌硝酸等。			
重点监控工艺参数			
磺化反应釜内温度;磺化反应釜内搅拌速率;磺化剂流量;冷却水流量。			
安全控制的基本要求			
反应釜温度的报警和联锁;搅拌的稳定控制和联锁系统;紧急冷却系统;紧急停车系统;安全泄放系统;三氧化硫泄漏监控报警系统等。			
宜采用的控制方式			
将磺化反应釜内温度与磺化剂流量、磺化反应釜夹套冷却水进水阀、釜内搅拌电流形成联锁关系,紧急断料系统,当磺化反应釜内各参数偏离工艺指标时,能自动报警、停止加料,甚至紧急停车。 磺化反应系统应设有泄爆管和紧急排放系统。			

14. 聚合工艺

反应类型	放热反应	重点监控单元	聚合反应釜、粉体聚合物料仓
工艺简介			
聚合是一种或几种小分子化合物变成大分子化合物(也称高分子化合物或聚合物,通常相对分子质量为1×10^4 ~ 1×10^7)的反应,涉及聚合反应的工艺过程为聚合工艺。聚合工艺的种类很多,按聚合方法可分为本体聚合、悬浮聚合、乳液聚合、溶液聚合等。			
工艺危险特点			
(1) 聚合原料具有自聚和燃爆危险性; (2) 如果反应过程中热量不能及时移出,随物料温度上升,发生裂解和暴聚,所产生的热量使裂解和暴聚过程进一步加剧,进而引发反应器爆炸; (3) 部分聚合助剂危险性较大。			
典型工艺			
(1) 聚烯烃生产 聚乙烯生产; 聚丙烯生产; 聚苯乙烯生产等。			

续表

反应类型	放热反应	重点监控单元	聚合反应釜、粉体聚合物料仓
(2) 聚氯乙烯生产 (3) 合成纤维生产 涤纶生产； 锦纶生产； 维纶生产； 腈纶生产； 尼龙生产等。 (4) 橡胶生产 丁苯橡胶生产； 顺丁橡胶生产； 丁腈橡胶生产等。 (5) 乳液生产 醋酸乙烯乳液生产； 丙烯酸乳液生产等。 (6) 涂料黏合剂生产 醇酸油漆生产； 聚酯涂料生产； 环氧涂料粘合剂生产； 丙烯酸涂料粘合剂生产等。 (7) 氟化物聚合 四氟乙烯悬浮法、分散法生产聚四氟乙烯； 四氟乙烯(TFE)和偏氟乙烯(VDF)聚合生产氟橡胶和偏氟乙烯－全氟丙烯共聚弹性体(俗称26型氟橡胶或氟橡胶－26)等。			
重点监控工艺参数			
聚合反应釜内温度、压力，聚合反应釜内搅拌速率；引发剂流量；冷却水流量；料仓静电、可燃气体监控等。			
安全控制的基本要求			
反应釜温度和压力的报警和联锁；紧急冷却系统；紧急切断系统；紧急加入反应终止剂系统；搅拌的稳定控制和联锁系统；料仓静电消除、可燃气体置换系统，可燃和有毒气体检测报警装置；高压聚合反应釜设有防爆墙和泄爆面等。			
宜采用的控制方式			
将聚合反应釜内温度、压力与釜内搅拌电流、聚合单体流量、引发剂加入量、聚合反应釜夹套冷却水进水阀形成联锁关系，在聚合反应釜处设立紧急停车系统。当反应超温、搅拌失效或冷却失效时，能及时加入聚合反应终止剂。安全泄放系统。			

15. 烷基化工艺

反应类型	放热反应	重点监控单元	烷基化反应釜
工艺简介			
把烷基引入有机化合物分子中的碳、氮、氧等原子上的反应称为烷基化反应。涉及烷基化反应的工艺过程为烷基化工艺，可分为C－烷基化反应、N－烷基化反应、O－烷基化反应等。			
工艺危险特点			
(1) 反应介质具有燃爆危险性； (2) 烷基化催化剂具有自燃危险性，遇水剧烈反应，放出大量热量，容易引起火灾甚至爆炸； (3) 烷基化反应都是在加热条件下进行，原料、催化剂、烷基化剂等加料次序颠倒、加料速度过快或者搅拌中断停止等异常现象容易引起局部剧烈反应，造成跑料，引发火灾或爆炸事故。			

续表

反应类型	放热反应	重点监控单元	烷基化反应釜
典型工艺			
(1) C－烷基化反应 乙烯、丙烯以及长链α－烯烃，制备乙苯、异丙苯和高级烷基苯； 苯系物与氯代高级烷烃在催化剂作用下制备高级烷基苯； 用脂肪醛和芳烃衍生物制备对称的二芳基甲烷衍生物； 苯酚与丙酮在酸催化下制备2,2－对(对羟基苯基)丙烷(俗称双酚A)； 乙烯与苯发生烷基化反应生产乙苯等。 (2) N－烷基化反应 苯胺和甲醚烷基化生产苯甲胺； 苯胺与氯乙酸生产苯基氨基乙酸； 苯胺和甲醇制备N,N－二甲基苯胺； 苯胺和氯乙烷制备N,N－二烷基芳胺； 对甲苯胺与硫酸二甲酯制备N,N－二甲基对甲苯胺； 环氧乙烷与苯胺制备N－(β－羟乙基)苯胺； 氨或脂肪胺和环氧乙烷制备乙醇胺类化合物； 苯胺与丙烯腈反应制备N－(β－氰乙基)苯胺等。 (3) O－烷基化反应 对苯二酚、氢氧化钠水溶液和氯甲烷制备对苯二甲醚； 硫酸二甲酯与苯酚制备苯甲醚； 高级脂肪醇或烷基酚与环氧乙烷加成生成聚醚类产物等。			
重点监控工艺参数			
烷基化反应釜内温度和压力；烷基化反应釜内搅拌速率；反应物料的流量及配比等。			
安全控制的基本要求			
反应物料的紧急切断系统；紧急冷却系统；安全泄放系统；可燃和有毒气体检测报警装置等。			
宜采用的控制方式			
将烷基化反应釜内温度和压力与釜内搅拌、烷基化物料流量、烷基化反应釜夹套冷却水进水阀形成联锁关系，当烷基化反应釜内温度超标或搅拌系统发生故障时自动停止加料并紧急停车。 安全设施包括安全阀、爆破片、紧急放空阀、单向阀及紧急切断装置等。			

13. 危险化学品登记管理办法

国家安全生产监督管理总局令第53号

第一章 总 则

第一条 为了加强对危险化学品的安全管理，规范危险化学品登记工作，为危险化学品事故预防和应急救援提供技术、信息支持，根据《危险化学品安全管理条例》，制定本办法。

第二条 本办法适用于危险化学品生产企业、进口企业（以下统称登记企业）生产或者进口《危险化学品目录》所列危险化学品的登记和管理工作。

第三条 国家实行危险化学品登记制度。危险化学品登记实行企业申请、两级审核、统一发证、分级管理的原则。

第四条 国家安全生产监督管理总局负责全国危险化学品登记的监督管理工作。

县级以上地方各级人民政府安全生产监督管理部门负责本行政区域内危险化学品登记的监督管理工作。

第二章 登记机构

第五条 国家安全生产监督管理总局化学品登记中心（以下简称登记中心），承办全国危险化学品登记的具体工作和技术管理工作。

省、自治区、直辖市人民政府安全生产监督管理部门设立危险化学品登记办公室或者危险化学品登记中心（以下简称登记办公室），承办本行政区域内危险化学品登记的具体工作和技术管理工作。

第六条 登记中心履行下列职责：

（一）组织、协调和指导全国危险化学品登记工作；

（二）负责全国危险化学品登记内容审核、危险化学品登记证的颁发和管理工作；

（三）负责管理与维护全国危险化学品登记信息管理系统（以下简称登记系统）以及危险化学品登记信息的动态统计分析工作；

（四）负责管理与维护国家危险化学品事故应急咨询电话，并提供24小时应急咨询服务；

（五）组织化学品危险性评估，对未分类的化学品统一进行危险性分类；

（六）对登记办公室进行业务指导，负责全国登记办公室危险化学品登记人员的培训工作；

（七）定期将危险化学品的登记情况通报国务院有关部门，并向社会公告。

第七条 登记办公室履行下列职责：

（一）组织本行政区域内危险化学品登记工作；

（二）对登记企业申报材料的规范性、内容一致性进行审查；

（三）负责本行政区域内危险化学品登记信息的统计分析工作；

（四）提供危险化学品事故预防与应急救援信息支持；

（五）协助本行政区域内安全生产监督管理部门开展登记培训，指导登记企业实施危险化学品登记工作。

第八条 登记中心和登记办公室（以下统称登记机构）从事危险化学品登记的工作人员（以下简称登记人员）应当具有化工、化学、安全工程等相关专业大学专科以上学历，并经统一业务培训，取得培训合格证，方可上岗作业。

第九条 登记办公室应当具备下列条件：

（一）有3名以上登记人员；

（二）有严格的责任制度、保密制度、档案管理制度和数据库维护制度；

（三）配备必要的办公设备、设施。

第三章 登记的时间、内容和程序

第十条 新建的生产企业应当在竣工验收前办理危险化学品登记。

进口企业应当在首次进口前办理危险化学品登记。

第十一条 同一企业生产、进口同一品种危险化学品的，按照生产企业进行一次登记，但应当提交进口危险化学品的有关信息。

进口企业进口不同制造商的同一品种危险化学品的，按照首次进口制造商的危险化学品进行一次登记，但应当提交其他制造商的危险化学品的有关信息。

生产企业、进口企业多次进口同一制造商的同一品种危险化学品的，只进行一次登记。

第十二条 危险化学品登记应当包括下列内容：

（一）分类和标签信息，包括危险化学品的危险性类别、象形图、警示词、危险性说明、防范说明等；

（二）物理、化学性质，包括危险化学品的外观与性状、溶解性、熔点、沸点等物理性质，闪点、爆炸极限、自燃温度、分解温度等化学性质；

（三）主要用途，包括企业推荐的产品合法用途、禁止或者限制的用途等；

（四）危险特性，包括危险化学品的物理危险性、环境危害性和毒理特性；

（五）储存、使用、运输的安全要求，其中，储存的安全要求包括对建筑条件、库房条件、安全条件、环境卫生条件、温度和湿度条件的要求，使用的安全要求包括使用时的操作条件、作业人员防护措施、使用现场危害控制措施等，运输的安全要求包括对运输或者输送方式的要求、危害信息向有关运输人员的传递手段、装卸及运输过程中的安全措施等；

（六）出现危险情况的应急处置措施，包括危险化学品在生产、使用、储存、运输过程中发生火灾、爆炸、泄漏、中毒、窒息、灼伤等化学品事故时的应急处理方法，应急咨询服务电话等。

第十三条 危险化学品登记按照下列程序办理：

（一）登记企业通过登记系统提出申请；

（二）登记办公室在3个工作日内对登记企业提出的申请进行初步审查，符合条件的，通过登记系统通知登记企业办理登记手续；

（三）登记企业接到登记办公室通知后，按照有关要求在登记系统中如实填写登记内容，并向登记办公室提交有关纸质登记材料；

（四）登记办公室在收到登记企业的登记材料之日起20个工作日内，对登记材料和登记内容逐项进行审查，必要时可进行现场核查，符合要求的，将登记材料提交给登记中心；不符合要求的，通过登记系统告知登记企业并说明理由；

（五）登记中心在收到登记办公室提交的登记材料之日起15个工作日内，对登记材料和登记内容进行审核，符合要求的，通过登记办公室向登记企业发放危险化学品登记证；不符合要求的，通过登记系统告知登记办公室、登记企业并说明理由。

登记企业修改登记材料和整改问题所需时间，不计算在前款规定的期限内。

第十四条 登记企业办理危险化学品登记时，应当提交下列材料，并对其内容的真实性负责：

（一）危险化学品登记表一式2份；

（二）生产企业的工商营业执照，进口企业的对外贸易经营者备案登记表、中华人民共和国进出口企业资质证书、中华人民共和国外商投资企业批准证书或者台港澳侨投资企业批准证书复制件1份；

（三）与其生产、进口的危险化学品相符并符合国家标准的化学品安全技术说明书、化学品安全标签各1份；

（四）满足本办法第二十二条规定的应急咨询服务电话号码或者应急咨询服务委托书复制件1份；

（五）办理登记的危险化学品产品标准（采用国家标准或者行业标准的，提供所采用的标准编号）。

第十五条　登记企业在危险化学品登记证有效期内，企业名称、注册地址、登记品种、应急咨询服务电话发生变化，或者发现其生产、进口的危险化学品有新的危险特性的，应当在15个工作日内向登记办公室提出变更申请，并按照下列程序办理登记内容变更手续：

（一）通过登记系统填写危险化学品登记变更申请表，并向登记办公室提交涉及变更事项的证明材料1份；

（二）登记办公室初步审查登记企业的登记变更申请，符合条件的，通知登记企业提交变更后的登记材料，并对登记材料进行审查，符合要求的，提交给登记中心；不符合要求的，通过登记系统告知登记企业并说明理由；

（三）登记中心对登记办公室提交的登记材料进行审核，符合要求且属于危险化学品登记证载明事项的，通过登记办公室向登记企业发放登记变更后的危险化学品登记证并收回原证；符合要求但不属于危险化学品登记证载明事项的，通过登记办公室向登记企业提供书面证明文件。

第十六条　危险化学品登记证有效期为3年。登记证有效期满后，登记企业继续从事危险化学品生产或者进口的，应当在登记证有效期届满前3个月提出复核换证申请，并按下列程序办理复核换证：

（一）通过登记系统填写危险化学品复核换证申请表；

（二）登记办公室审查登记企业的复核换证申请，符合条件的，通过登记系统告知登记企业提交本规定第十四条规定的登记材料；不符合条件的，通过登记系统告知登记企业并说明理由；

（三）按照本办法第十三条第一款第三项、第四项、第五项规定的程序办理复核换证手续。

第十七条　危险化学品登记证分为正本、副本，正本为悬挂式，副本为折页式。正本、副本具有同等法律效力。

危险化学品登记证正本、副本应当载明证书编号、企业名称、注册地址、企业性质、登记品种、有效期、发证机关、发证日期等内容。其中，企业性质应当注明危险化学品生产企业、危险化学品进口企业或者危险化学品生产企业（兼进口）。

第四章　登记企业的职责

第十八条　登记企业应当对本企业的各类危险化学品进行普查，建立危险化学品管理档案。

危险化学品管理档案应当包括危险化学品名称、数量、标识信息、危险性分类和化学品安全技术说明书、化学品安全标签等内容。

第十九条　登记企业应当按照规定向登记机构办理危险化学品登记，如实填报登记内容和提交有关材料，并接受安全生产监督管理部门依法进行的监督检查。

第二十条　登记企业应当指定人员负责危险化学品登记的相关工作，配合登记人员在必要时对本企业危险化学品登记内容进行核查。

登记企业从事危险化学品登记的人员应当具备危险化学品登记相关知识和能力。

第二十一条　对危险特性尚未确定的化学品，登记企业应当按照国家关于化学品危险性鉴定的有关规定，委托具有国家规定资质的机构对其进行危险性鉴定；属于危险化学品的，应当依照本办法的规定进行登记。

第二十二条　危险化学品生产企业应当设立由专职人员24小时值守的国内固定服务电话，针对本办法第十二条规定的内容向用户提供危险化学品事故应急咨询服务，为危险化学品事故应急救援提供技术指导和必要的协助。专职值守人员应当熟悉本企业危险化学品的危险特性和应急处置技术，准确回答有关咨询问题。

危险化学品生产企业不能提供前款规定应急咨询服务的，应当委托登记机构代理应急咨询服务。

危险化学品进口企业应当自行或者委托进口代理商、登记机构提供符合本条第一款要求的应急咨询服务，并在其进口的危险化学品安全标签上标明应急咨询服务电话号码。

从事代理应急咨询服务的登记机构，应当设立由专职人员24小时值守的国内固定服务电话，建有完善的化学品应急救援数据库，配备在线数字录音设备和8名以上专业人员，能够同时受理3起以上应急咨询，准确提供化学品泄漏、火灾、爆炸、中毒等事故应急处置有关信息和建议。

第二十三条 登记企业不得转让、冒用或者使用伪造的危险化学品登记证。

第五章 监督管理

第二十四条 安全生产监督管理部门应当将危险化学品登记情况纳入危险化学品安全执法检查内容，对登记企业未按照规定予以登记的，依法予以处理。

第二十五条 登记办公室应当对本行政区域内危险化学品的登记数据及时进行汇总、统计、分析，并报告省、自治区、直辖市人民政府安全生产监督管理部门。

第二十六条 登记中心应当定期向国务院工业和信息化、环境保护、公安、卫生、交通运输、铁路、质量监督检验检疫等部门提供危险化学品登记的有关信息和资料，并向社会公告。

第二十七条 登记办公室应当在每年1月31日前向所属省、自治区、直辖市人民政府安全生产监督管理部门和登记中心书面报告上一年度本行政区域内危险化学品登记的情况。

登记中心应当在每年2月15日前向国家安全生产监督管理总局书面报告上一年度全国危险化学品登记的情况。

第六章 法律责任

第二十八条 登记机构的登记人员违规操作、弄虚作假、滥发证书，在规定限期内无故不予登记且无明确答复，或者泄露登记企业商业秘密的，责令改正，并追究有关责任人员的责任。

第二十九条 登记企业不办理危险化学品登记，登记品种发生变化或者发现其生产、进口的危险化学品有新的危险特性不办理危险化学品登记内容变更手续的，责令改正，可以处5万元以下的罚款；拒不改正的，处5万元以上10万元以下的罚款；情节严重的，责令停产停业整顿。

第三十条 登记企业有下列行为之一的，责令改正，可以处3万元以下的罚款：

（一）未向用户提供应急咨询服务或者应急咨询服务不符合本办法第二十二条规定的；

（二）在危险化学品登记证有效期内企业名称、注册地址、应急咨询服务电话发生变化，未按规定按时办理危险化学品登记变更手续的；

（三）危险化学品登记证有效期满后，未按规定申请复核换证，继续进行生产或者进口的；

（四）转让、冒用或者使用伪造的危险化学品登记证，或者不如实填报登记内容、提交有关材料的。

（五）拒绝、阻挠登记机构对本企业危险化学品登记情况进行现场核查的。

第七章 附 则

第三十一条 本办法所称危险化学品进口企业，是指依法设立且取得工商营业执照，并取得下列证明文件之一，从事危险化学品进口的企业：

（一）对外贸易经营者备案登记表；

（二）中华人民共和国进出口企业资质证书；

（三）中华人民共和国外商投资企业批准证书；

（四）台港澳侨投资企业批准证书。

第三十二条 登记企业在本办法施行前已经取得的危险化学品登记证，其有效期不变；有效期满后继续从事危险化学品生产、进口活动的，应当依照本办法的规定办理危险化学品登记证复核换证手续。

第三十三条 危险化学品登记证由国家安全生产监督管理总局统一印制。

第三十四条 本办法自2012年8月1日起施行。原国家经济贸易委员会2002年10月8日公布的《危险化学品登记管理办法》同时废止。

14. 危险化学品经营许可证管理办法

国家安全生产监督管理总局令第55号

第一章　总　　则

第一条　为了严格危险化学品经营安全条件，规范危险化学品经营活动，保障人民群众生命、财产安全，根据《中华人民共和国安全生产法》和《危险化学品安全管理条例》，制定本办法。

第二条　在中华人民共和国境内从事列入《危险化学品目录》的危险化学品的经营（包括仓储经营）活动，适用本办法。

民用爆炸物品、放射性物品、核能物质和城镇燃气的经营活动，不适用本办法。

第三条　国家对危险化学品经营实行许可制度。经营危险化学品的企业，应当依照本办法取得危险化学品经营许可证（以下简称经营许可证）。未取得经营许可证，任何单位和个人不得经营危险化学品。

从事下列危险化学品经营活动，不需要取得经营许可证：

（一）依法取得危险化学品安全生产许可证的危险化学品生产企业在其厂区范围内销售本企业生产的危险化学品的；

（二）依法取得港口经营许可证的港口经营人在港区内从事危险化学品仓储经营的。

第四条　经营许可证的颁发管理工作实行企业申请、两级发证、属地监管的原则。

第五条　国家安全生产监督管理总局指导、监督全国经营许可证的颁发和管理工作。

省、自治区、直辖市人民政府安全生产监督管理部门指导、监督本行政区域内经营许可证的颁发和管理工作。

设区的市级人民政府安全生产监督管理部门（以下简称市级发证机关）负责下列企业的经营许可证审批、颁发：

（一）经营剧毒化学品的企业；

（二）经营易制爆危险化学品的企业；

（三）经营汽油加油站的企业；

（四）专门从事危险化学品仓储经营的企业；

（五）从事危险化学品经营活动的中央企业所属省级、设区的市级公司（分公司）；

（六）带有储存设施经营除剧毒化学品、易制爆危险化学品以外的其他危险化学品的企业。

县级人民政府安全生产监督管理部门（以下简称县级发证机关）负责本行政区域内本条第三款规定以外企业的经营许可证审批、颁发；没有设立县级发证机关的，其经营许可证由市级发证机关审批、颁发。

第二章　申请经营许可证的条件

第六条　从事危险化学品经营的单位（以下统称申请人）应当依法登记注册为企业，并具备下列基本条件：

（一）经营和储存场所、设施、建筑物符合《建筑设计防火规范》（GB 50016）、《石油化工企业设计防火规范》（GB 50160）、《汽车加油加气站设计与施工规范》（GB 50156）、《石油库设计规范》（GB 50074）等相关国家标准、行业标准的规定；

（二）企业主要负责人和安全生产管理人员具备与本企业危险化学品经营活动相适应的安全生产知识和管理能力，经专门的安全生产培训和安全生产监督管理部门考核合格，取得相应安全资格证书；特种作业人员经专门的安全作业培训，取得特种作业操作证书；其他从业人员依照有关规定经安全生产教育和专业技术培训合格；

（三）有健全的安全生产规章制度和岗位操作规程；

（四）有符合国家规定的危险化学品事故应急预案，并配备必要的应急救援器材、设备；

（五）法律、法规和国家标准或者行业标准规定的其他安全生产条件。

前款规定的安全生产规章制度，是指全员安全生产责任制度、危险化学品购销管理制度、危险化学品安全管理制度(包括防火、防爆、防中毒、防泄漏管理等内容)、安全投入保障制度、安全生产奖惩制度、安全生产教育培训制度、隐患排查治理制度、安全风险管理制度、应急管理制度、事故管理制度、职业卫生管理制度等。

第七条 申请人经营剧毒化学品的，除符合本办法第六条规定的条件外，还应当建立剧毒化学品双人验收、双人保管、双人发货、双把锁、双本账等管理制度。

第八条 申请人带有储存设施经营危险化学品的，除符合本办法第六条规定的条件外，还应当具备下列条件：

（一）新设立的专门从事危险化学品仓储经营的，其储存设施建立在地方人民政府规划的用于危险化学品储存的专门区域内；

（二）储存设施与相关场所、设施、区域的距离符合有关法律、法规、规章和标准的规定；

（三）依照有关规定进行安全评价，安全评价报告符合《危险化学品经营企业安全评价细则》的要求；

（四）专职安全生产管理人员具备国民教育化工化学类或者安全工程类中等职业教育以上学历，或者化工化学类中级以上专业技术职称，或者危险物品安全类注册安全工程师资格；

（五）符合《危险化学品安全管理条例》、《危险化学品重大危险源监督管理暂行规定》、《常用危险化学品贮存通则》(GB 15603)的相关规定。

申请人储存易燃、易爆、有毒、易扩散危险化学品的，除符合本条第一款规定的条件外，还应当符合《石油化工可燃气体和有毒气体检测报警设计规范》(GB 50493)的规定。

第三章 经营许可证的申请与颁发

第九条 申请人申请经营许可证，应当依照本办法第五条规定向所在地市级或者县级发证机关(以下统称发证机关)提出申请，提交下列文件、资料，并对其真实性负责：

（一）申请经营许可证的文件及申请书；

（二）安全生产规章制度和岗位操作规程的目录清单；

（三）企业主要负责人、安全生产管理人员、特种作业人员的相关资格证书(复制件)和其他从业人员培训合格的证明材料；

（四）经营场所产权证明文件或者租赁证明文件(复制件)；

（五）工商行政管理部门颁发的企业性质营业执照或者企业名称预先核准文件(复制件)；

（六）危险化学品事故应急预案备案登记表(复制件)。

带有储存设施经营危险化学品的，申请人还应当提交下列文件、资料：

（一）储存设施相关证明文件(复制件)；租赁储存设施的，需要提交租赁证明文件(复制件)；储存设施新建、改建、扩建的，需要提交危险化学品建设项目安全设施竣工验收意见书(复制件)；

（二）重大危险源备案证明材料、专职安全生产管理人员的学历证书、技术职称证书或者危险物品安全类注册安全工程师资格证书(复制件)；

（三）安全评价报告。

第十条　发证机关收到申请人提交的文件、资料后，应当按照下列情况分别作出处理：

（一）申请事项不需要取得经营许可证的，当场告知申请人不予受理；

（二）申请事项不属于本发证机关职责范围的，当场作出不予受理的决定，告知申请人向相应的发证机关申请，并退回申请文件、资料；

（三）申请文件、资料存在可以当场更正的错误的，允许申请人当场更正，并受理其申请；

（四）申请文件、资料不齐全或者不符合要求的，当场告知或者在5个工作日内出具补正告知书，一次告知申请人需要补正的全部内容；逾期不告知的，自收到申请文件、资料之日起即为受理；

（五）申请文件、资料齐全，符合要求，或者申请人按照发证机关要求提交全部补正材料的，立即受理其申请。

发证机关受理或者不予受理经营许可证申请，应当出具加盖本机关印章和注明日期的书面凭证。

第十一条　发证机关受理经营许可证申请后，应当组织对申请人提交的文件、资料进行审查，指派2名以上工作人员对申请人的经营场所、储存设施进行现场核查，并自受理之日起30日内作出是否准予许可的决定。

发证机关现场核查以及申请人整改现场核查发现的有关问题和修改有关申请文件、资料所需时间，不计算在前款规定的期限内。

第十二条　发证机关作出准予许可决定的，应当自决定之日起10个工作日内颁发经营许可证；发证机关作出不予许可决定的，应当在10个工作日内书面告知申请人并说明理由，告知书应当加盖本机关印章。

第十三条　经营许可证分为正本、副本，正本为悬挂式，副本为折页式。正本、副本具有同等法律效力。

经营许可证正本、副本应当分别载明下列事项：

（一）企业名称；

（二）企业住所(注册地址、经营场所、储存场所)；

（三）企业法定代表人姓名；

（四）经营方式；

（五）许可范围；

（六）发证日期和有效期限；

（七）证书编号；

（八）发证机关；

（九）有效期延续情况。

第十四条　已经取得经营许可证的企业变更企业名称、主要负责人、注册地址或者危险化学品储存设施及其监控措施的，应当自变更之日起20个工作日内，向本办法第五条规定的发证机关提出书面变更申请，并提交下列文件、资料：

（一）经营许可证变更申请书；

（二）变更后的工商营业执照副本(复制件)；

（三）变更后的主要负责人安全资格证书(复制件)；

（四）变更注册地址的相关证明材料；

（五）变更后的危险化学品储存设施及其监控措施的专项安全评价报告。

第十五条　发证机关受理变更申请后，应当组织对企业提交的文件、资料进行审查，并自收到申请文件、资料之日起10个工作日内作出是否准予变更的决定。

发证机关作出准予变更决定的，应当重新颁发经营许可证，并收回原经营许可证；不予变更的，应当说明理由并书面通知企业。

经营许可证变更的，经营许可证有效期的起始日和截止日不变，但应当载明变更日期。

第十六条 已经取得经营许可证的企业有新建、改建、扩建危险化学品储存设施建设项目的，应当自建设项目安全设施竣工验收合格之日起20个工作日内，向本办法第五条规定的发证机关提出变更申请，并提交危险化学品建设项目安全设施竣工验收意见书(复制件)等相关文件、资料。发证机关应当按照本办法第十条、第十五条的规定进行审查，办理变更手续。

第十七条 已经取得经营许可证的企业，有下列情形之一的，应当按照本办法的规定重新申请办理经营许可证，并提交相关文件、资料：

(一) 不带有储存设施的经营企业变更其经营场所的；

(二) 带有储存设施的经营企业变更其储存场所的；

(三) 仓储经营的企业异地重建的；

(四) 经营方式发生变化的；

(五) 许可范围发生变化的。

第十八条 经营许可证的有效期为3年。有效期满后，企业需要继续从事危险化学品经营活动的，应当在经营许可证有效期满3个月前，向本办法第五条规定的发证机关提出经营许可证的延期申请，并提交延期申请书及本办法第九条规定的申请文件、资料。

企业提出经营许可证延期申请时，可以同时提出变更申请，并向发证机关提交相关文件、资料。

第十九条 符合下列条件的企业，申请经营许可证延期时，经发证机关同意，可以不提交本办法第九条规定的文件、资料：

(一) 严格遵守有关法律、法规和本办法；

(二) 取得经营许可证后，加强日常安全生产管理，未降低安全生产条件；

(三) 未发生死亡事故或者对社会造成较大影响的生产安全事故。

带有储存设施经营危险化学品的企业，除符合前款规定条件的外，还需要取得并提交危险化学品企业安全生产标准化二级达标证书(复制件)。

第二十条 发证机关受理延期申请后，应当依照本办法第十条、第十一条、第十二条的规定，对延期申请进行审查，并在经营许可证有效期满前作出是否准予延期的决定；发证机关逾期未作出决定的，视为准予延期。

发证机关作出准予延期决定的，经营许可证有效期顺延3年。

第二十一条 任何单位和个人不得伪造、变造经营许可证，或者出租、出借、转让其取得的经营许可证，或者使用伪造、变造的经营许可证。

第四章 经营许可证的监督管理

第二十二条 发证机关应当坚持公开、公平、公正的原则，严格依照法律、法规、规章、国家标准、行业标准和本办法规定的条件及程序，审批、颁发经营许可证。

发证机关及其工作人员在经营许可证的审批、颁发和监督管理工作中，不得索取或者接受当事人的财物，不得谋取其他利益。

第二十三条 发证机关应当加强对经营许可证的监督管理，建立、健全经营许可证审批、颁发档案管理制度，并定期向社会公布企业取得经营许可证的情况，接受社会监督。

第二十四条 发证机关应当及时向同级公安机关、环境保护部门通报经营许可证的发放情况。

第二十五条 安全生产监督管理部门在监督检查中，发现已经取得经营许可证的企业不再具备法律、法规、规章、国家标准、行业标准和本办法规定的安全生产条件，或者存在违反法律、法规、规章和本办法规定的行为的，应当依法作出处理，并及时告知原发证机关。

第二十六条 发证机关发现企业以欺骗、贿赂等不正当手段取得经营许可证的，应当撤销已经颁发的经营许可证。

第二十七条　已经取得经营许可证的企业有下列情形之一的，发证机关应当注销其经营许可证：

（一）经营许可证有效期届满未被批准延期的；

（二）终止危险化学品经营活动的；

（三）经营许可证被依法撤销的；

（四）经营许可证被依法吊销的。

发证机关注销经营许可证后，应当在当地主要新闻媒体或者本机关网站上发布公告，并通报企业所在地人民政府和县级以上安全生产监督管理部门。

第二十八条　县级发证机关应当将本行政区域内上一年度经营许可证的审批、颁发和监督管理情况报告市级发证机关。

市级发证机关应当将本行政区域内上一年度经营许可证的审批、颁发和监督管理情况报告省、自治区、直辖市人民政府安全生产监督管理部门。

省、自治区、直辖市人民政府安全生产监督管理部门应当按照有关统计规定，将本行政区域内上一年度经营许可证的审批、颁发和监督管理情况报告国家安全生产监督管理总局。

第五章　法律责任

第二十九条　未取得经营许可证从事危险化学品经营的，依照《中华人民共和国安全生产法》有关未经依法批准擅自生产、经营、储存危险物品的法律责任条款并处罚款；构成犯罪的，依法追究刑事责任。

企业在经营许可证有效期届满后，仍然从事危险化学品经营的，依照前款规定给予处罚。

第三十条　带有储存设施的企业违反《危险化学品安全管理条例》规定，有下列情形之一的，责令改正，处5万元以上10万元以下的罚款；拒不改正的，责令停产停业整顿；经停产停业整顿仍不具备法律、法规、规章、国家标准和行业标准规定的安全生产条件的，吊销其经营许可证：

（一）对重复使用的危险化学品包装物、容器，在重复使用前不进行检查的；

（二）未根据其储存的危险化学品的种类和危险特性，在作业场所设置相关安全设施、设备，或者未按照国家标准、行业标准或者国家有关规定对安全设施、设备进行经常性维护、保养的；

（三）未将危险化学品储存在专用仓库内，或者未将剧毒化学品以及储存数量构成重大危险源的其他危险化学品在专用仓库内单独存放的；

（四）未对其安全生产条件定期进行安全评价的；

（五）危险化学品的储存方式、方法或者储存数量不符合国家标准或者国家有关规定的；

（六）危险化学品专用仓库不符合国家标准、行业标准的要求的；

（七）未对危险化学品专用仓库的安全设施、设备定期进行检测、检验的。

第三十一条　伪造、变造或者出租、出借、转让经营许可证，或者使用伪造、变造的经营许可证的，处10万元以上20万元以下的罚款，有违法所得的，没收违法所得；构成违反治安管理行为的，依法给予治安管理处罚；构成犯罪的，依法追究刑事责任。

第三十二条　已经取得经营许可证的企业不再具备法律、法规和本办法规定的安全生产条件的，责令改正；逾期不改正的，责令停产停业整顿；经停产停业整顿仍不具备法律、法规、规章、国家标准和行业标准规定的安全生产条件的，吊销其经营许可证。

第三十三条　已经取得经营许可证的企业出现本办法第十四条、第十六条规定的情形之一，未依照本办法的规定申请变更的，责令限期改正，处1万元以下的罚款；逾期仍不申请变更的，处1万元以上3万元以下的罚款。

第三十四条　安全生产监督管理部门的工作人员徇私舞弊、滥用职权、弄虚作假、玩忽职守，未依法履行危险化学品经营许可证审批、颁发和监督管理职责的，依照有关规定给予处分。

第三十五条 承担安全评价的机构和安全评价人员出具虚假评价报告的，依照有关法律、法规、规章的规定给予行政处罚；构成犯罪的，依法追究刑事责任。

第三十六条 本办法规定的行政处罚，由安全生产监督管理部门决定。其中，本办法第三十一条规定的行政处罚和第三十条、第三十二条规定的吊销经营许可证的行政处罚，由发证机关决定。

第六章 附 则

第三十七条 购买危险化学品进行分装、充装或者加入非危险化学品的溶剂进行稀释，然后销售的，依照本办法执行。

使用长输管道输送并经营危险化学品的，应当向经营地点所在地发证机关申请经营许可证。

本办法所称储存设施，是指按照《危险化学品重大危险源辨识》(GB18218)确定，储存的危险化学品数量构成重大危险源的设施。

第三十八条 本办法施行前已取得经营许可证的企业，在其经营许可证有效期内可以继续从事危险化学品经营；经营许可证有效期届满后需要继续从事危险化学品经营的，应当依照本办法的规定重新申请经营许可证。

本办法施行前取得经营许可证的非企业的单位或者个人，在其经营许可证有效期内可以继续从事危险化学品经营；经营许可证有效期届满后需要继续从事危险化学品经营的，应当先依法登记为企业，再依照本办法的规定申请经营许可证。

第三十九条 经营许可证由国家安全生产监督管理总局统一印制。

第四十条 本办法自2012年9月1日起施行。原国家经济贸易委员会2002年10月8日公布的《危险化学品经营许可证管理办法》同时废止。

15. 危险化学品生产企业安全生产许可证实施办法

国家安全生产监督管理总局令第41号

第一章 总 则

第一条 为了严格规范危险化学品生产企业安全生产条件，做好危险化学品生产企业安全生产许可证的颁发和管理工作，根据《安全生产许可证条例》、《危险化学品安全管理条例》等法律、行政法规，制定本实施办法。

第二条 本办法所称危险化学品生产企业（以下简称企业），是指依法设立且取得工商营业执照或者工商核准文件从事生产最终产品或者中间产品列入《危险化学品目录》的企业。

第三条 企业应当依照本办法的规定取得危险化学品安全生产许可证（以下简称安全生产许可证）。未取得安全生产许可证的企业，不得从事危险化学品的生产活动。

企业涉及使用有毒物品的，除安全生产许可证外，还应当依法取得职业卫生安全许可证。

第四条 安全生产许可证的颁发管理工作实行企业申请、两级发证、属地监管的原则。

第五条 国家安全生产监督管理总局指导、监督全国安全生产许可证的颁发管理工作，并负责涉及危险化学品生产的中央企业及其直接控股涉及危险化学品生产的企业（总部）安全生产许可证的颁发管理。

省、自治区、直辖市安全生产监督管理部门（以下简称省级安全生产监督管理部门）负责本行政区域内本条第一款规定以外的企业安全生产许可证的颁发管理。

第六条 省级安全生产监督管理部门可以将其负责的安全生产许可证颁发工作，委托企业所在地设区的市级或者县级安全生产监督管理部门实施。涉及剧毒化学品生产的企业安全生产许可证颁发工作，不得委托实施。国家安全生产监督管理总局公布的涉及危险化工工艺和重点监管危险化学品的企业安全生产许可证颁发工作，不得委托县级安全生产监督管理部门实施。

受委托的设区的市级或者县级安全生产监督管理部门在受委托的范围内，以省级安全生产监督管理部门的名义实施许可，但不得再委托其他组织和个人实施。

国家安全生产监督管理总局、省级安全生产监督管理部门和受委托的设区的市级或者县级安全生产监督管理部门统称实施机关。

第七条 省级安全生产监督管理部门应当将受委托的设区的市级或者县级安全生产监督管理部门以及委托事项予以公告。

省级安全生产监督管理部门应当指导、监督受委托的设区的市级或者县级安全生产监督管理部门颁发安全生产许可证，并对其法律后果负责。

第二章 申请安全生产许可证的条件

第八条 企业选址布局、规划设计以及与重要场所、设施、区域的距离应当符合下列要求：

（一）国家产业政策；当地县级以上（含县级）人民政府的规划和布局；新设立企业建在地方人民政府规划的专门用于危险化学品生产、储存的区域内；

(二) 危险化学品生产装置或者储存危险化学品数量构成重大危险源的储存设施，与《危险化学品安全管理条例》第十九条第一款规定的八类场所、设施、区域的距离符合有关法律、法规、规章和国家标准或者行业标准的规定；

(三) 总体布局符合《化工企业总图运输设计规范》(GB 50489)、《工业企业总平面设计规范》(GB 50187)、《建筑设计防火规范》(GB 50016)等标准的要求。

石油化工企业除符合本条第一款规定条件外，还应当符合《石油化工企业设计防火规范》(GB 50160)的要求。

第九条 企业的厂房、作业场所、储存设施和安全设施、设备、工艺应当符合下列要求：

(一) 新建、改建、扩建建设项目经具备国家规定资质的单位设计、制造和施工建设；涉及危险化工工艺、重点监管危险化学品的装置，由具有综合甲级资质或者化工石化专业甲级设计资质的化工石化设计单位设计；

(二) 不得采用国家明令淘汰、禁止使用和危及安全生产的工艺、设备；新开发的危险化学品生产工艺必须在小试、中试、工业化试验的基础上逐步放大到工业化生产；国内首次使用的化工工艺，必须经过省级人民政府有关部门组织的安全可靠性论证；

(三) 涉及危险化工工艺、重点监管危险化学品的装置装设自动化控制系统；涉及危险化工工艺的大型化工装置装设紧急停车系统；涉及易燃易爆、有毒有害气体化学品的场所装设易燃易爆、有毒有害介质泄漏报警等安全设施；

(四) 生产区与非生产区分开设置，并符合国家标准或者行业标准规定的距离；

(五) 危险化学品生产装置和储存设施之间及其与建(构)筑物之间的距离符合有关标准规范的规定。

同一厂区内的设备、设施及建(构)筑物的布置必须适用同一标准的规定。

第十条 企业应当有相应的职业危害防护设施，并为从业人员配备符合国家标准或者行业标准的劳动防护用品。

第十一条 企业应当依据《危险化学品重大危险源辨识》(GB 18218)，对本企业的生产、储存和使用装置、设施或者场所进行重大危险源辨识。

对已确定为重大危险源的生产和储存设施，应当执行《危险化学品重大危险源监督管理暂行规定》。

第十二条 企业应当依法设置安全生产管理机构，配备专职安全生产管理人员。配备的专职安全生产管理人员必须能够满足安全生产的需要。

第十三条 企业应当建立全员安全生产责任制，保证每位从业人员的安全生产责任与职务、岗位相匹配。

第十四条 企业应当根据化工工艺、装置、设施等实际情况，制定完善下列主要安全生产规章制度：

(一) 安全生产例会等安全生产会议制度；

(二) 安全投入保障制度；

(三) 安全生产奖惩制度；

(四) 安全培训教育制度；

(五) 领导干部轮流现场带班制度；

(六) 特种作业人员管理制度；

(七) 安全检查和隐患排查治理制度；

(八) 重大危险源评估和安全管理制度；

(九) 变更管理制度；

(十) 应急管理制度；

(十一) 生产安全事故或者重大事件管理制度；

(十二) 防火、防爆、防中毒、防泄漏管理制度；

（十三）工艺、设备、电气仪表、公用工程安全管理制度；

（十四）动火、进入受限空间、吊装、高处、盲板抽堵、动土、断路、设备检维修等作业安全管理制度；

（十五）危险化学品安全管理制度；

（十六）职业健康相关管理制度；

（十七）劳动防护用品使用维护管理制度；

（十八）承包商管理制度；

（十九）安全管理制度及操作规程定期修订制度。

第十五条　企业应当根据危险化学品的生产工艺、技术、设备特点和原辅料、产品的危险性编制岗位操作安全规程。

第十六条　企业主要负责人、分管安全负责人和安全生产管理人员必须具备与其从事的生产经营活动相适应的安全生产知识和管理能力，依法参加安全生产培训，并经考核合格，取得安全资格证书。

企业分管安全负责人、分管生产负责人、分管技术负责人应当具有一定的化工专业知识或者相应的专业学历，专职安全生产管理人员应当具备国民教育化工化学类（或安全工程）中等职业教育以上学历或者化工化学类中级以上专业技术职称，或者具备危险物品安全类注册安全工程师资格。

特种作业人员应当依照《特种作业人员安全技术培训考核管理规定》，经专门的安全技术培训并考核合格，取得特种作业操作证书。

本条第一、二、三款规定以外的其他从业人员应当按照国家有关规定，经安全教育培训合格。

第十七条　企业应当按照国家规定提取与安全生产有关的费用，并保证安全生产所必须的资金投入。

第十八条　企业应当依法参加工伤保险，为从业人员缴纳保险费。

第十九条　企业应当依法委托具备国家规定资质的安全评价机构进行安全评价，并按照安全评价报告的意见对存在的安全生产问题进行整改。

第二十条　企业应当依法进行危险化学品登记，为用户提供化学品安全技术说明书，并在危险化学品包装（包括外包装件）上粘贴或者拴挂与包装内危险化学品相符的化学品安全标签。

第二十一条　企业应当符合下列应急管理要求：

（一）按照国家有关规定编制危险化学品事故应急预案并报有关部门备案；

（二）建立应急救援组织或者明确应急救援人员，配备必要的应急救援器材、设备设施，并定期进行演练。

生产、储存和使用氯气、氨气、光气、硫化氢等吸入性有毒有害气体的企业，除符合本条第一款的规定外，还应当配备至少两套以上全封闭防化服；构成重大危险源的，还应当设立气体防护站（组）。

第二十二条　企业除符合本章规定的安全生产条件，还应当符合有关法律、行政法规和国家标准或者行业标准规定的其他安全生产条件。

第三章　安全生产许可证的申请

第二十三条　中央企业及其直接控股涉及危险化学品生产的企业（总部）向国家安全生产监督管理总局申请安全生产许可证。

本条第一款规定以外的企业向所在地省级安全生产监督管理部门或其委托的安全生产监督管理部门申请安全生产许可证。

第二十四条　新建企业安全生产许可证的申请，应当在危险化学品生产建设项目安全设施竣工验收通过后10个工作日内提出。

第二十五条　企业申请安全生产许可证时，应当提交下列文件、资料，并对其内容的真实性负责：

（一）申请安全生产许可证的文件及申请书；

（二）安全生产责任制文件，安全生产规章制度、岗位操作安全规程清单；

（三）设置安全生产管理机构，配备专职安全生产管理人员的文件复制件；

（四）主要负责人、分管安全负责人、安全生产管理人员和特种作业人员的安全资格证或者特种作业操作证复制件；

（五）与安全生产有关的费用提取和使用情况报告，新建企业提交有关安全生产费用提取和使用规定的文件；

（六）为从业人员缴纳工伤保险费的证明材料；

（七）危险化学品事故应急救援预案的备案证明文件；

（八）危险化学品登记证复制件；

（九）工商营业执照副本或者工商核准文件复制件；

（十）具备资质的中介机构出具的安全评价报告；

（十一）新建企业的竣工验收意见书复印件；

（十二）应急救援组织或者应急救援人员，以及应急救援器材、设备设施清单。

中央企业及其直接控股涉及危险化学品生产的企业（总部）提交除本条第一款第四项中的特种作业操作证复制件和第八项、第十项、第十一项规定以外的文件、资料。

有危险化学品重大危险源的企业，除提交本条第一款规定的文件、资料外，还应当提供重大危险源及其应急预案的备案证明文件、资料。

第四章　安全生产许可证的颁发

第二十六条　实施机关收到企业申请文件、资料后，应当按照下列情况分别作出处理：

（一）申请事项依法不需要取得安全生产许可证的，即时告知企业不予受理；

（二）申请事项依法不属于本实施机关职责范围的，即时作出不予受理的决定，并告知企业向相应的实施机关申请；

（三）申请材料存在可以当场更正的错误的，允许企业当场更正，并受理其申请；

（四）申请材料不齐全或者不符合法定形式的，当场告知或者在5个工作日内出具补正告知书，一次告知企业需要补正的全部内容；逾期不告知的，自收到申请材料之日起即为受理；

（五）企业申请材料齐全、符合法定形式，或者按照实施机关要求提交全部补正材料的，立即受理其申请。

实施机关受理或者不予受理行政许可申请，应当出具加盖本机关专用印章和注明日期的书面凭证。

第二十七条　安全生产许可证申请受理后，实施机关应当组织对企业提交的申请文件、资料进行审查。对企业提交的文件、资料实质内容存在疑问，需要到现场核查的，应当指派工作人员就有关内容进行现场核查。工作人员应当如实提出现场核查意见。

第二十八条　实施机关应当在受理之日起45个工作日内作出是否准予许可的决定。审查过程中的现场核查所需时间不计算在本条规定的期限内。

第二十九条　实施机关作出准予许可决定的，应当自决定之日起10个工作日内颁发安全生产许可证。

实施机关作出不予许可的决定的，应当在10个工作日内书面告知企业并说明理由。

第三十条　企业在安全生产许可证有效期内变更主要负责人、企业名称或者注册地址的，应当自工商营业执照或者隶属关系变更之日起10个工作日内向实施机关提出变更申请，并提交下列文件、资料：

（一）变更后的工商营业执照副本复制件；

（二）变更主要负责人的，还应当提供主要负责人经安全生产监督管理部门考核合格后颁发的安全资格证复制件；

（三）变更注册地址的，还应当提供相关证明材料。

对已经受理的变更申请，实施机关应当在对企业提交的文件、资料审查无误后，方可办理安全生产许可证变更手续。

企业在安全生产许可证有效期内变更隶属关系的，仅需提交隶属关系变更证明材料报实施机关备案。

第三十一条 企业在安全生产许可证有效期内，当原生产装置新增产品或者改变工艺技术对企业的安全生产产生重大影响时，应当对该生产装置或者工艺技术进行专项安全评价，并对安全评价报告中提出的问题进行整改；在整改完成后，向原实施机关提出变更申请，提交安全评价报告。实施机关按照本办法第三十条的规定办理变更手续。

第三十二条 企业在安全生产许可证有效期内，有危险化学品新建、改建、扩建建设项目(以下简称建设项目)的，应当在建设项目安全设施竣工验收合格之日起10个工作日内向原实施机关提出变更申请，并提交建设项目安全设施竣工验收意见书等相关文件、资料。实施机关按照本办法第二十七条、第二十八条和第二十九条的规定办理变更手续。

第三十三条 安全生产许可证有效期为3年。企业安全生产许可证有效期届满后继续生产危险化学品的，应当在安全生产许可证有效期届满前3个月提出延期申请，并提交延期申请书和本办法第二十五条规定的申请文件、资料。

实施机关按照本办法第二十六条、第二十七条、第二十八条、第二十九条的规定进行审查，并作出是否准予延期的决定。

第三十四条 企业在安全生产许可证有效期内，符合下列条件的，其安全生产许可证届满时，经原实施机关同意，可不提交第二十五条第一款第二、七、八、十、十一项规定的文件、资料，直接办理延期手续：

（一）严格遵守有关安全生产的法律、法规和本办法的；

（二）取得安全生产许可证后，加强日常安全生产管理，未降低安全生产条件，并达到安全生产标准化等级二级以上的；

（三）未发生死亡事故的。

第三十五条 安全生产许可证分为正、副本，正本为悬挂式，副本为折页式，正、副本具有同等法律效力。

实施机关应当分别在安全生产许可证正、副本上载明编号、企业名称、主要负责人、注册地址、经济类型、许可范围、有效期、发证机关、发证日期等内容。其中，正本上的“许可范围”应当注明“危险化学品生产”，副本上的“许可范围”应当载明生产场所地址和对应的具体品种、生产能力。

安全生产许可证有效期的起始日为实施机关作出许可决定之日，截止日为起始日至三年后同一日期的前一日。有效期内有变更事项的，起始日和截止日不变，载明变更日期。

第三十六条 企业不得出租、出借、买卖或者以其他形式转让其取得的安全生产许可证，或者冒用他人取得的安全生产许可证、使用伪造的安全生产许可证。

第五章 监督管理

第三十七条 实施机关应当坚持公开、公平、公正的原则，依照本办法和有关安全生产行政许可的法律、法规规定，颁发安全生产许可证。

实施机关工作人员在安全生产许可证颁发及其监督管理工作中，不得索取或者接受企业的财物，不得谋取其他非法利益。

第三十八条 实施机关应当加强对安全生产许可证的监督管理，建立、健全安全生产许可证档案管理制度。

第三十九条 有下列情形之一的，实施机关应当撤销已经颁发的安全生产许可证：

(一) 超越职权颁发安全生产许可证的；

(二) 违反本办法规定的程序颁发安全生产许可证的；

(三) 以欺骗、贿赂等不正当手段取得安全生产许可证的。

第四十条 企业取得安全生产许可证后有下列情形之一的，实施机关应当注销其安全生产许可证：

(一) 安全生产许可证有效期届满未被批准延续的；

(二) 终止危险化学品生产活动的；

(三) 安全生产许可证被依法撤销的；

(四) 安全生产许可证被依法吊销的。

安全生产许可证注销后，实施机关应当在当地主要新闻媒体或者本机关网站上发布公告，并通报企业所在地人民政府和县级以上安全生产监督管理部门。

第四十一条 省级安全生产监督管理部门应当在每年1月15日前，将本行政区域内上年度安全生产许可证的颁发和管理情况报国家安全生产监督管理总局。

国家安全生产监督管理总局、省级安全生产监督管理部门应当定期向社会公布企业取得安全生产许可的情况，接受社会监督。

第六章 法律责任

第四十二条 实施机关工作人员有下列行为之一的，给予降级或者撤职的处分；构成犯罪的，依法追究刑事责任：

(一) 向不符合本办法第二章规定的安全生产条件的企业颁发安全生产许可证的；

(二) 发现企业未依法取得安全生产许可证擅自从事危险化学品生产活动，不依法处理的；

(三) 发现取得安全生产许可证的企业不再具备本办法第二章规定的安全生产条件，不依法处理的；

(四) 接到对违反本办法规定行为的举报后，不及时依法处理的；

(五) 在安全生产许可证颁发和监督管理工作中，索取或者接受企业的财物，或者谋取其他非法利益的。

第四十三条 企业取得安全生产许可证后发现其不具备本办法规定的安全生产条件的，依法暂扣其安全生产许可证1个月以上6个月以下；暂扣期满仍不具备本办法规定的安全生产条件的，依法吊销其安全生产许可证。

第四十四条 企业出租、出借或者以其他形式转让安全生产许可证的，没收违法所得，处10万元以上50万元以下的罚款，并吊销安全生产许可证；构成犯罪的，依法追究刑事责任。

第四十五条 企业有下列情形之一的，责令停止生产危险化学品，没收违法所得，并处10万元以上50万元以下的罚款；构成犯罪的，依法追究刑事责任：

(一) 未取得安全生产许可证，擅自进行危险化学品生产的；

(二) 接受转让的安全生产许可证的；

(三) 冒用或者使用伪造的安全生产许可证的。

第四十六条 企业在安全生产许可证有效期届满未办理延期手续，继续进行生产的，责令停止生产，限期补办延期手续，没收违法所得，并处5万元以上10万元以下的罚款；逾期仍不办理延期手续，继续进行生产的，依照本办法第四十五条的规定进行处罚。

第四十七条 企业在安全生产许可证有效期内主要负责人、企业名称、注册地址、隶属关系发生变更或者新增产品、改变工艺技术对企业安全生产产生重大影响，未按照本办法第三十条规定的时限提出安全生产许可证变更申请的，责令限期申请，处1万元以上3万元以下的罚款。

第四十八条 企业在安全生产许可证有效期内，其危险化学品建设项目安全设施竣工验收合格后，未按照本办法第三十二条规定的时限提出安全生产许可证变更申请并且擅自投入运行的，责令停止生产，限期申请，没收违法所得，并处1万元以上3万元以下的罚款。

第四十九条　发现企业隐瞒有关情况或者提供虚假材料申请安全生产许可证的，实施机关不予受理或者不予颁发安全生产许可证，并给予警告，该企业在1年内不得再次申请安全生产许可证。

企业以欺骗、贿赂等不正当手段取得安全生产许可证的，自实施机关撤销其安全生产许可证之日起3年内，该企业不得再次申请安全生产许可证。

第五十条　安全评价机构有下列情形之一的，给予警告，并处1万元以下的罚款；情节严重的，暂停资质半年，并处1万元以上3万元以下的罚款；对相关责任人依法给予处理：

（一）从业人员不到现场开展安全评价活动的；

（二）安全评价报告与实际情况不符，或者安全评价报告存在重大疏漏，但尚未造成重大损失的；

（三）未按照有关法律、法规、规章和国家标准或者行业标准的规定从事安全评价活动的。

第五十一条　承担安全评价、检测、检验的机构出具虚假报告和证明，构成犯罪的，依照刑法有关规定追究刑事责任；尚不够刑事处罚的，没收违法所得，违法所得在5千元以上的，并处违法所得2倍以上5倍以下的罚款，没有违法所得或者违法所得不足5千元的，单处或者并处5千元以上2万元以下的罚款，对其直接负责的主管人员和其他直接责任人员处5千元以上5万元以下的罚款；给他人造成损害的，与企业承担连带赔偿责任。

对有本条第一款违法行为的机构，依法撤销其相应资格；该机构取得的资质由其他部门颁发的，将其违法行为通报相关部门。

第五十二条　本办法规定的行政处罚，由国家安全生产监督管理总局、省级安全生产监督管理部门决定。省级安全生产监督管理部门可以委托设区的市级或者县级安全生产监督管理部门实施。

第七章　附　则

第五十三条　将纯度较低的化学品提纯至纯度较高的危险化学品的，适用本办法。购买某种危险化学品进行分装（包括充装）或者加入非危险化学品的溶剂进行稀释，然后销售或者使用的，不适用本办法。

第五十四条　本办法下列用语的含义：

（一）危险化学品目录，是指国家安全生产监督管理总局会同国务院工业和信息化、公安、环境保护、卫生、质量监督检验检疫、交通运输、铁路、民用航空、农业主管部门，依据《危险化学品安全管理条例》公布的危险化学品目录。

（二）中间产品，是指为满足生产的需要，生产一种或者多种产品为下一个生产过程参与化学反应的原料。

（三）作业场所，是指可能使从业人员接触危险化学品的任何作业活动场所，包括从事危险化学品的生产、操作、处置、储存、装卸等场所。

第五十五条　安全生产许可证由国家安全生产监督管理总局统一印制。

危险化学品安全生产许可的文书、安全生产许可证的格式、内容和编号办法，由国家安全生产监督管理总局另行规定。

第五十六条　省级安全生产监督管理部门可以根据当地实际情况制定安全生产许可证颁发管理的细则，并报国家安全生产监督管理总局备案。

第五十七条　本办法自2011年12月1日起施行。原国家安全生产监督管理局（国家煤矿安全监察局）2004年5月17日公布的《危险化学品生产企业安全生产许可证实施办法》同时废止。

16. 关于开展安全质量标准化活动的指导意见

安监管政法字〔2004〕62号

为贯彻落实《国务院关于进一步加强安全生产工作的决定》(国发〔2004〕2号，以下简称《决定》)，切实加强基层和基础“双基”工作，强化企业安全生产主体责任，促使各类企业加强安全质量工作，建立起自我约束、持续改进的安全生产长效机制，提高企业本质安全水平，推动安全生产状况的进一步稳定好转，现就开展安全质量标准化活动提出以下指导意见：

一、提高认识，增强抓好安全质量标准化工作的自觉性

一个时期以来，广大企业认真贯彻《中华人民共和国安全生产法》，执行关于生产经营单位安全保障的各项规定，不断加强安全生产工作。但由于基础工作薄弱，一些企业安全管理水平低，安全投入不足，责任措施不到位，规障制度不健全，从业人员安全意识淡薄等，致使各类事故多发，安全生产形势依然严峻。

煤炭行业近年来的实践表明，开展安全质量标准化活动，是加强安全生产“双基”工作，建立安全生产长效机制的一种有效方法。安全质量标准化借鉴了以往开展质量标准化活动的经验，同时又赋予了新的内涵，是新形势下安全生产工作方式方法的创新和发展。安全质量标准化就是企业各个生产岗位、生产环节的安全质量工作，必须符合法律、法规、规章、规程等规定，达到和保持一定的标准，使企业生产始终处于良好的安全运行状态，以适应企业发展需要，满足职工群众安全、文明生产的愿望。

安全质量标准化突出了安全生产工作的重要地位。强调安全生产始终是企业头等重要的工作任务，要自觉坚持“安全第一”的方针。安全质量标准化强调安全生产工作的规范化和标准化。要求企业的安全生产行为必须合法、规范，安全生产各项工作必须符合《中华人民共和国安全生产法》等法律法规和规章、规程以及技术标准。

要正确把握安全质量标准化的实质，提高对开展这项活动重要性的认识，增强抓好企业安全质量标准化工作的自觉性，把安全质量标准化活动当作关乎企业生存发展和职工群众安全利益的“生命工程”、“民心工程”，采取得力措施，把这项活动广泛开展起来，深入持久的坚持下去。

二、明确安全质量标准化的指导思想和工作目标

指导思想是：以“三个代表”重要思想为指导，认真贯彻落实《决定》，落实企业安全生产主体责任，坚持“安全第一、预防为主”，全面加强企业安全质量工作，突出重点，狠抓关键，求真务实，讲求实效，以点带面，稳步推进，通过开展安全质量标准化活动，促使各类企业建立自我约束、不断完善的安全生产长效机制，提高本质安全水平，促进安全生产状况的稳步好转。

按照这一指导思想，当前和今后一段时间的工作目标是：一年打基础，两年基本完善，三年初步规范，力争到2007年，煤矿、非煤矿山、危险化学品、交通运输、建筑施工等重点行业和领域国有大中型企业全部达到国家规定的安全质量标准，各类小企业达标率在50%以上；到2010年，各类企业都达到国家规定的标准，企业安全生产基础工作得到全面加强，安全生产面貌从根本上得到改善。

三、建立健全安全质量标准化工作体系

安全质量标准化是安全生产的重要基础工作。要从标准、目标、责任、控制、考核、信息等环节着手，逐步健全完善安全质量标准化工作体系。

一是制定安全质量标准。国家煤矿安全监察局已经颁布了《煤矿安全质量标准化及考核评级办法（试行）》（煤安监办自〔2004〕24号），这是煤矿安全质量标准化的全国性标准，各类煤矿企业要按照要求抓好质量标准化工作。同时，要尽快制定企业重点行业、重点领域安全质量标准化的全国性标准。在实践中不断修订各项标准，逐步形成全面完善的安全质量标准体系。

二是明确安全质量标准化工作目标。要按照国家安全生产监督管理局（国家煤矿安全监察局）（以下简称国家局）提出的工作目标和总体要求，研究制定符合本地区、本单位特点的工作目标和措施，提出年度达标计划和中长期规划。

三是分解落实安全质量标准化责任。把安全质量标准化工作目标进行层层分解，落实到各企业和企业的各个岗位，形成层层把关负责、配套联动的责任体系。

四是建立安全质量标准化工作网络和监控机制。各级安全生产监督管理部门和煤矿安全监察机构安排专门人员负责此项工作。各车间、班组、岗位都要有专兼职人员，形成完善的安全管理网络，及时发现和处理安全质量标准化活动中遇到的各项问题，做到处处有人抓、事事有人管，使安全质量工作始终处于有效的监控状态。

五是完善安全质量标准化考核制度。要制定考核评级办法和实施细则。企业要建立每月检查、每季考核、半年总结、全年评比的安全质量考核制度。考核评价工作可以引入社会中介机构参与，严格考核，增强公正性与可信度。

国家局将定期通报各地开展安全质量标准化工作的情况。各地也要加强安全质量标准化活动信息的交流，及时反映活动进展情况。

四、加强宣传教育和培训，增强广大职工遵守标准规程的自觉性

要发挥媒体作用，广造舆论声势，大力宣传党中央、国务院关于加强安全生产工作的一系列方针政策，宣传安全生产工作面临的形势任务，教育广大干部职工正确认识安全质量标准化的重要意义和作用，强化安全质量意识；大力宣传开展安全质量标准化的重要意义和作用，强化安全质量意识；大力宣传开展安全质量标准化活动的先进典型，认清本地区、本单位的差距，增强紧迫感，坚定信心，为安全质量标准化活动的深入持久开展奠定扎实的思想基础。

要着力抓好安全质量标准化培训工作。开展安全质量标准化活动，对职工队伍提出了更高要求。要充分发挥各级培训机构特别是企业安全技术培训中心的作用，组织开展企业领导、中层干部以及安全检查员、质量验收员等特殊岗位和特殊工种的培训。同时利用知识讲座、技术比武、岗位练兵等多种形式，向职工传授安全质量标准化知识，提高安全技术技能；企业聘用新职工，必须先进行培训，达到本岗位应知应会的要求后才能上岗；涉及安全生产的关键岗位和特殊工种，必须经考试合格，持证上岗。通过培训，提高干部职工的业务、技术素质和安全文化素质，为安全质量标准化活动打下良好的基础。

五、坚持“三个结合”，促进安全质量标准化与其他各方面工作同步发展

开展安全质量标准化活动，要与深入贯彻《中华人民共和国安全生产法》结合起来。通过开展安全质量标准化活动，对照《中华人民共和国安全生产法》和《决定》各项条款的规定和要求，对本单位的安全生产工作进行全面整顿规范，健全完善各项规章制度，依法规范安全操作规程（标准），将企业各方面、各岗位的安全质量行为都纳入法律化、制度化管理轨道。

开展安全质量标准化活动，要与深化安全专项整治结合起来。安全质量标准化活动是安全整治工作发展到一定阶段的必然要求，是安全整治的继续和深入。随着专项整治的深入，各类企业特别是矿山、危险化学品、建筑等高危企业的安全管理，必须提高到一个新的水平。要把规范安全质量工作、创建安全质量标准化企业，作为深入整治的重要内容，从根本上解决企业安全生产工作的基础性、深层次问题，把整治推向一个新的发展阶段。通过专项整治促进标准化建设，通过开展标准化活动推动专项整治向纵深发展。

开展安全质量标准化活动，要与实施“科技兴安”战略结合起来，同步推进。选择基础工作比较扎实、积极性较高的企业，进行安全科技示范工程试点，率先采用科技含量较高、安全性能可靠的新技术、新工艺、新设备和新材料，推行安全质量标准化，提高企业本质安全水平，培育以“科技兴安”推进安全质量标准化的模范企业。

六、加强领导，狠抓落实

（一）加强领导，密切配合。按照《决定》提出的关于安全生产工作格局的要求，安全质量标准化活动由地方政府统一领导，相关部门要负责组织，做好规划、规定政策、督促检查等工作。各级安全生产监督管理部门和煤矿安全监察机构要充分发挥作用，搞好协调，并做好监督检查和督促指导工作。各有关方面分工协作，密切配合，共同推进安全质量标准化工作。

（二）突出重点，务求实效。开展安全质量标准化活动是一项长期任务。各地区各单位要结合实际，按照工作目标的要求，立足建立安全生产长效机制，制定具体实施步骤。要突出重点，抓住关键环节，优先解决严重制约本地区、本单位安全状况稳定好转的问题，真正取得实际效果。

（三）加大安全生产投入，提高企业本质安全水平。开展安全质量标准化活动以及改善安全生产条件所必须的资金投入，依法由生产经营单位决策机构、主要负责人或投资人予以保证。各级安全监管部门要加大对企业安全生产投入情况的督查力度，监督企业按照《中华人民共和国安全生产法》和《决定》的要求，足额提取安全生产专项经费，用于开展安全质量标准化活动，淘汰那些危及安全生产的落后工艺和设备，改善安全生产条件，提升设备安全性能，提高企业本质安全水平。

（四）发挥典型作用，搞好分类指导。要广泛开展安全质量标准化竞赛活动。学习借鉴黑龙江省及其重点煤矿企业的经验，善于采用群众喜闻乐见的形式，广泛开展选树“样板工厂”、“样板矿井”、“样板站段”和“文明岗位”等多种形式的竞赛活动，充分调动企业的积极性，把活动扎扎实实地开展起来。要及时发现和培养安全质量标准化的典型，充分发挥典型的示范引路作用。要建立奖罚制度，把开展安全质量标准化活动与收入分配、干部政绩考核和使用等挂钩，形成强有力的激励约束机制。要深入基层、深入企业，区别不同行业的特点，搞好分类指导，及时发现和解决安全质量标准化活动中的问题，在实践中不断丰富安全质量标准化的内涵。

（五）加强督促检查，把活动引向深入。各级安全生产监督管理部门和煤矿安全监察机构要把安全质量标准化作为重要的基础工作和当前的一项重要任务来抓。广大安全质量监管监察人员要进一步转变作风，深入企业，加强指导监督。对安全质量标准化工作不力、进展缓慢的，要提出监察整改意见，以确保安全质量标准化活动的顺利进行。

二〇〇四年五月十一日

17. 根据作业类别选用劳动防护用品

作业类别名称	不可使用的防护品	必须使用的防护品	可考虑使用的防护品
A01 易燃易爆场所作业（如火工材料、易挥发、易燃液体及化学品，可燃性气体）	的确良、尼龙等着火焦结的衣物，聚氯乙烯塑料鞋、底面钉铁件的鞋等	棉布防护服、防静电服、防静电鞋	
A02 可燃性粉尘场所作业（如铝镁粉，可燃性化学物粉尘等）	的确良、尼龙等着火焦结的衣物、底面钉铁件的鞋等	棉布防护服，防毒口罩	防静电服，防静电鞋
A03 高温作业（如熔炼、浇铸、热轧、锻造、炉窑）	的确良、尼龙等着火焦结的衣物、聚氯乙烯塑料鞋	白帆布类隔热，耐高温鞋，防强光，紫外线，红外线护目镜或面罩、安全帽等	防寒帽，防滑鞋
A04 低温作业（如冰库）	低面钉铁件的鞋	防寒服、防寒手套、防寒鞋	防寒帽、防滑鞋
A05 低压带电作业（如高压设备或低压线路带电维修）		绝缘手套、绝缘鞋	安全帽，防异物伤害护目镜
A06 高压带电作业（如高压设备或高压线路带电维修）		绝缘手套、绝缘鞋、防异物伤害护目镜	防异物伤害护目镜，等电位防护服
A07 吸入性气相毒物作业（如氯乙烯、氯气、一氧化碳、光气、硫化氢、汞等）		防毒口罩	有相应滤毒罐的防毒面罩，空气呼吸器
A08 吸入性溶胶毒物作业（如铅、铬、铍、锰、镉等有毒金属及其化合物的烟雾和粉尘，高毒农药气溶胶，沥青烟雾，硅尘，石棉尘及其他有害物的动（植）物性粉尘）		防毒口罩、防尘口罩、护发帽	防化学液眼镜、有相应滤毒罐的防毒面罩，防毒防护服，防毒手套
A09 沾染性毒物作业（如有机磷农药，有机汞化合物，苯和苯的三硝基化合物，苯胺、酚、氯、联苯，放射性物质）		防化学液眼镜，防毒口罩、防毒服、防毒手套、防护帽	有相应滤毒罐的防毒面罩，空气呼吸器，护肤剂
A10 生物性毒物作业（如有毒性动（植）物养殖，生物毒素培养制剂，带菌或含有生物毒素的制品加工处理，腐烂物品处理，防疫检验）		防毒口罩、防毒服、防毒手套、护发帽、防异物伤害护目镜	有相应滤毒罐的防毒面具，护肤剂
A11 腐蚀性作业（如溴、硫酸、硝酸、氢氟酸、液体强碱、重铬酸钾、高锰酸钾）		防化学液眼镜、防毒口罩、防酸（碱）服，耐酸（碱）手套，耐酸碱鞋、护发帽	空气呼吸器

续表

作业类别名称	不可使用的防护品	必须使用的防护品	可考虑使用的防护品
A12 易污作业(如炭黑、染色、油漆、有关的卫生工作)		防尘口罩、护发帽、一般防护服、披肩、头罩、鞋罩、围裙、袖套	护肤剂
A13 恶味作业(如熬胶、恶臭物质处理与加工)		一般防护服	空气呼吸器，护肤剂，护发帽
A14 密闭场所作业(如密闭的罐体、房仓、孔道或排水系统、窑炉、存放耗氧器具或生物体进行耗氧过程的密闭空间)		空气呼吸器	
A15 噪声作业(如风钻、风机、气锤、铆接、冷作敲打等)			耳塞、耳罩、防噪声帽
A16 强光作业(如弧光、电弧焊、炉窑)		焊接护目镜和面罩炉窑护目镜和面罩	
A17 激光作业(如激光加工金属，激光焊接，激光测量，激光通讯，激光医疗)		防激光护目镜	
A18 荧光屏作业(如电脑操作，电视机调试)			护目镜，防低能辐射服
A19 微波作业(如微波机调试，微波发射，微波加工与利用)			防微波服、防微波护目镜
A20 射线作业(如放射性矿物开采选矿、冶炼、加工，核废料或核事故处理，放射性物质使用，*X* 射线检测)		防射线护目镜	
A21 高处作业(如建筑安装、架线、高崖作业、船傍悬吊、涂装、货物堆垒)	底面钉铁件的鞋	安全帽　安全带	防滑鞋
A22 存在物体坠落、撞击的作业(如建筑安装、冶金、采矿、钻探、造船、起重、森林采伐)		安全帽　防砸安全鞋	
A23 有碎屑飞溅的作业(如破碎、锤击、铸件切削、砂轮打磨、高压流体清洗)	手套	防异物伤害护目镜 一般防护服	
A24 操纵转动机械(如机床传动机械及传动带)	手套	护发帽 防异物伤害护目镜 一般防护服	

续表

作业类别名称	不可使用的防护品	必须使用的防护品	可考虑使用的防护品
A25 人工搬运（如人力抬、扛、搬移）	底面钉铁件的鞋	防滑手套	安全帽，防滑防护鞋，防砸安全鞋
A26 接触使用锋利器物的作业（如金属加工打毛清边，玻璃加工与装配）		一般防护服	防割手套 防砸安全鞋 防刺穿鞋
A27 地面存在尖利器物的作业（如森林作业，建筑工地）		防刺穿鞋	
A28 手持振动机械作业（如风钻、风铲、油锯）		减震手套	
A29 全身震动的作业		减震鞋	
A30 野外作业（如地质勘探，森林采伐，在地测量）		防水防护服（包括防水鞋）	防寒帽、防寒服、防寒手套、防寒鞋、防异物伤害护目镜、防滑防护鞋
A31 水上作业（如船台、水上平台作业，水上装卸运输，木材水运，水产养殖与捕捞）		防滑防护鞋、救生衣（圈）	安全带 水上作业服
A32 涉水作业（如矿业、隧道、水力采掘、地质钻探、下水工程、污水处理）		防水服　防水鞋	
A33 潜水作业（如水下采集救捞、水下养殖、水下勘查、水下建造焊接与切割）		潜水服	
A34 地下挖掘建筑作业（如井下采掘运输，地下开拓建筑安装）		安全帽	防尘口罩，耳塞，减震手套，防砸安全鞋，防水服，防水鞋
A35 车辆驾驶		一般防护服	防强光护目镜，防异物伤害护目镜，防冲击安全头盔
A36 铲、装、吊、推机械操纵（如铲机、推土机、装载机、天车、龙门吊、塔吊、单臂起重机）	一般防护服		防尘口罩
A37 一般作业（如自动化控制，精细装备与加工，缝纫工作台上手工胶合与包装）			一般防护服
A38 其他作业			一般防护服

参 考 文 献

1 刘铁民等. 安全生产管理知识. 北京：煤炭工业出版社，2005.

2 全国职业安全健康管理体系认证指导委员会. 注册审核员国家培训教程(基础知识部分). 北京：中国经济出版社，2002.

3 张海峰等. 职业安全健康管理. 北京：学苑出版社，2003.

4 中国石油化工集团公司安全环保局. 中国石油化工集团公司安全生产监督管理制度. 北京：中国石化出版社，2004.

5 张广华. 危险化学品生产安全技术与管理. 北京：中国石化出版社，2007.

6 国家经贸委安全生产局. 作业场所化学品安全管理. 北京：中国石化出版社，2006.

7 王自齐等. 化学事故与应急救援. 北京：化学工业出版社，2003.

8 张海峰. 常用危险化学品应急速查手册(第二版). 北京：中国石化出版社，2009.

9 国家安全生产监督管理总局化学品登记中心. 危险化学品从业单位安全生产标准化法律法规手册. 北京：中国石化出版社，2013.